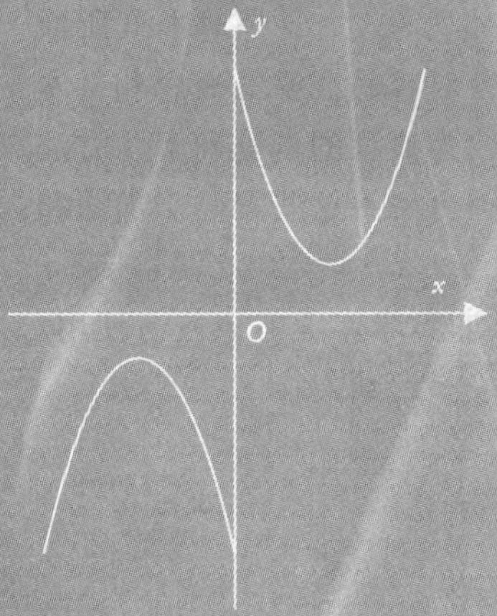

线性代数辅导书（第2版）

主　编　李继成
编　者　高安喜　魏　平　齐雪林
王勇茂　李　萍　刘晋平

西安交通大学出版社
XI'AN JIAOTONG UNIVERSITY PRESS

内容简介

本书每章由五个部分组成：第一部分是内容提要，其目的是通过对本章内容进行总结，使读者对本章内容有一个总体了解；第二部分是基本方法，主要是对本章所涉及的基本解题方法进行概括；第三部分是释疑解惑，主要针对容易混淆的概念和基本方法辅以正确的理解；第四部分是典型例题，主要对一些较为典型的例题和解题方法给以详细地解答和分析；第五部分是自测题，读者可通过练习解答这些习题来加深和巩固课程内容的基本概念、基本方法和基本理论。

本书可供大学本科非数学专业学生学习使用，也可供非数学专业考研复习使用。

图书在版编目(CIP)数据

线性代数辅导书/李继成主编：高安喜等编.—2版.—西安：西安交通大学出版社，2016.8(2021.8重印)

ISBN 978-7-5605-8941-1

Ⅰ.①线… Ⅱ.①李… ②高… Ⅲ.①线性代数-高等学校-教学参考资料 Ⅳ.①O151.2

中国版本图书馆CIP数据核字(2016)第198204号

书　　名 线性代数辅导书(第2版)
主　　编 李继成
责任编辑 任振国

出版发行 西安交通大学出版社
(西安市兴庆南路1号　邮政编码710048)
网　　址 http://www.xjtupress.com
电　　话 (029)82668357　82667874(发行中心)
(029)82668315(总编办)
传　　真 (029)82668280
印　　刷 陕西金德佳印务有限公司

开　　本 787mm×1 092mm　1/16　**印张** 9　**字数** 212千字
版次印次 2016年8月第1版　2021年8月第6次印刷
书　　号 ISBN 978-7-5605-8941-1
定　　价 19.80元

读者购书、书店添货、如发现印装质量问题，请与本社发行中心联系、调换。
订购热线：(029)82665248　(029)82665249
投稿热线：(029)82664954
读者信箱：jdlgy@yahoo.cn

前 言

“线性代数与空间解析几何”是高等院校本科生教育阶段的一门重要基础课，在工程领域以及科学技术研究等领域中有着广泛的应用，是一门系统性强，理论抽象，计算过程较繁杂，实用性较强的课程。为使读者在学习本门课程时能很好地把握课程内容，我们组织编写了这本教学辅导书。

本书共分为8章，每章由五个部分组成：第一部分是内容提要，其目的是通过对本章内容进行总结，使读者对本章内容有一个总体了解；第二部分是基本方法，主要是对本章所涉及的基本解题方法进行概括；第三部分是释疑解惑，主要针对容易混淆的概念和基本方法辅以正确的理解；第四部分是典型例题，主要对一些较为典型的例题和解题方法给以详细的解答和分析；第五部分是自测题，读者可通过练习解答这些习题来加深和巩固课程内容的基本概念、基本方法和基本理论。

在基本内容之后，给出了5套模拟试题。最后给出自测题和模拟试题参考答案。

本辅导书由李继成统一策划。高安喜编写第1章、第5章；魏平编写第2章、第3章；齐雪林编写第4章；刘晋平编写第6章；李萍编写第7章；王勇茂编写第8章，李继成统稿。

由于编者水平有限，加之时间仓促，缺点、错误在所难免，恳请读者批评指正。

作 者

2016年6月于西安交通大学

目　录

第 1 章　行列式

1.1　内容提要

1. n 阶行列式的定义

将 $n\times n$ 个元素排成 n 行 n 列的算式 $D=\begin{vmatrix} a_{11} & a_{12} & \cdots & a_{1n} \\ a_{21} & a_{22} & \cdots & a_{2n} \\ \vdots & \vdots & & \vdots \\ a_{n1} & a_{n2} & \cdots & a_{nn} \end{vmatrix}$ 称为 n 阶行列式 D，记 $D=\det(\boldsymbol{\alpha}_1,\boldsymbol{\alpha}_2,\cdots,\boldsymbol{\alpha}_i,\cdots,\boldsymbol{\alpha}_n)$ 或 $D=|a_{ij}|=\det(\boldsymbol{A})$，其值为 $D=a_{i1}A_{i1}+a_{i2}A_{i2}+\cdots+a_{in}A_{in}$. 其中，$A_{ij}=(-1)^{i+j}M_{ij}$ 是元素 a_{ij} 的代数余子式，M_{ij} 就是将 D 中 a_{ij} 所在的第 i 行第 j 列元素划去，余下的 $n-1$ 阶子式，称 M_{ij} 为元素 a_{ij} 的余子式.

n 阶行列式共有 $n!$ 项，每项都是取自不同行不同列的元素乘积，且赋予 $(-1)^{\tau}$，τ 是此项中行下标的逆序数与列下标逆序数之和.

2. 行列式的性质

(1) $\det(\boldsymbol{A}^{\mathrm{T}})=\det(\boldsymbol{A})$

(2) $\det(\boldsymbol{\alpha}_1,\boldsymbol{\alpha}_2,\cdots,k\boldsymbol{\alpha}_i,\cdots,\boldsymbol{\alpha}_n)=k\det(\boldsymbol{\alpha}_1,\boldsymbol{\alpha}_2,\cdots,\boldsymbol{\alpha}_i,\cdots,\boldsymbol{\alpha}_n)$

(3) $\det(\boldsymbol{\alpha}_1,\cdots,\boldsymbol{\alpha}_i,\cdots,\boldsymbol{\alpha}_j,\boldsymbol{\alpha}_n)=-\det(\boldsymbol{\alpha}_1,\cdots,\boldsymbol{\alpha}_j,\cdots,\boldsymbol{\alpha}_i,\cdots,\boldsymbol{\alpha}_n)$

(4) $\det(\boldsymbol{\alpha}_1,\cdots,\boldsymbol{\alpha}_i+\boldsymbol{\beta}_i,\cdots,\boldsymbol{\alpha}_n)=\det(\boldsymbol{A})+\det(\boldsymbol{\alpha}_1,\cdots,\boldsymbol{\beta}_i,\cdots,\boldsymbol{\alpha}_n)$

(5) $\det(\boldsymbol{A})=\det(\boldsymbol{\alpha}_1,\cdots,\boldsymbol{\alpha}_i+k\boldsymbol{\alpha}_j,\cdots,\boldsymbol{\alpha}_n)$

(6) $\sum_{i=1}^{n}a_{ij}A_{ik}=\det\boldsymbol{A}\cdot\delta_{jk}$；$\sum_{j=1}^{n}a_{ij}A_{kj}=\det\boldsymbol{A}\cdot\delta_{ik}$；（其中 $\delta_{jk}=\begin{cases}1, & j=k\\ 0, & j\neq k\end{cases}$ ）

1.2　基本方法

1. 行列式计算的基本方法

(1) 直接按定义展开；

(2) 利用性质，将行列式化为三角形行列式，行列式就等于对角线元素的乘积；

(3) 利用性质将某行（或列）元素化为仅剩一个非零元素，然后按定义计算.

2. 几种特殊行列式的计算

如三角形行列式的值等于其主对角线元素的乘积，范德蒙行列式.

3. 克莱姆法则

若线性方程组 $\sum_{j=1}^{n} a_{ij}x_j = b_i$,$(i=1,2,\cdots,n)$ 的系数行列式 $D=|a_{ij}|_n \neq 0$,则方程组有唯一解 $x_j=\dfrac{D_j}{D}$,$(j=1,2,\cdots,n)$;其中 D_j 是用常数列替换 D 的第 j 列元素所得行列式.

1.3 释疑解惑

问题 1.1 n 阶行列式难点是什么?

答 n 阶行列式的定义就是一个难点,对此,可以从 2 阶和 3 阶行列式的展开式来了解 n 阶行列式的定义,并且注意 n 阶行列式定义的结构有以下两个特点:

(1) D_n 等于它的所有取自不同行、不同列的 n 个元素的乘积的代数和,这里的"所有"是指对所有 n 阶排列求和,而 n 阶排列共有 $n!$ 种,所以 D_n 的展开式中共有 $n!$ 个乘积项.

(2) 展开式中每个乘积项 $a_{1j_1}a_{2j_2}\cdots a_{nj_n}$ 前面所带符号为 $(-1)^{\tau(j_1j_2\cdots j_n)}$,即当行指标成自然排列,而列指标所成排列 $(j_1j_2\cdots j_n)$ 为偶排列时,该乘积项前面带正号,否则带负号.

问题 1.2 n 阶行列式的重点是什么?

答 按定义计算一个 n 阶行列式需要作 $n!(n-1)$ 次乘法运算,当 n 较大时,计算量太大,而且还要确定每一项前面所带的符号,所以按定义计算一般的 n 阶行列式几乎是不可能的. 但行列式的计算又是一个重要问题,因此,掌握行列式的基本计算方法就是学习行列式的重点.

问题 1.3 行列式的基本计算方法有哪些?

答 (1) 利用行列式的性质将行列式化成较简单的且易于计算的行列式(如三角形行列式等).

(2) 利用行列式的展开定理,将高阶行列式化成低阶行列式来计算.

(3) 行列式的具体计算方法技巧性较强,常常因题而异. 特别是含有字母的高阶行列式的计算,是行列式计算的一个难点. 对此,应该注意分析行列式的特点,灵活运用行列式的性质,采取适当的计算方法.

问题 1.4 用克莱姆法则解线性方程组应注意什么?

答 克莱姆法则是线性方程组理论中的重要结论,利用它可以简洁地表示方程组的解,还可以在不求解方程组的情况下判断解的情况,但必须注意应用克莱姆法则有两个条件:

(1) 方程组的系数组成 n 阶行列式;

(2) 系数行列式不为零.

由于受这样两个条件制约,所以克莱姆法则主要用于理论问题及较简单方程组的求解.

1.4 典型例题

例 1.1 计算 n 阶行列式 $D_n=\begin{vmatrix} x & a & \cdots & a \\ a & x & \cdots & a \\ \vdots & \vdots & & \vdots \\ a & a & \cdots & x \end{vmatrix}$

解　显然，该行列式的各列元素之和均为 $x+(n-1)a$，因此，将 $2,3,\cdots,n$ 行均加到第 1 行，并提取第 1 行的公因子可得

$$D_n=[x+(n-1)a]\begin{vmatrix}1&1&\cdots&1\\a&x&\cdots&a\\\vdots&\vdots&&\vdots\\a&a&\cdots&x\end{vmatrix},$$

再将第 1 行的 $(-a)$ 倍加至其余各行后可化成上三角形行列式

$$D_n=[x+(n-1)a]\begin{vmatrix}1&1&\cdots&1\\0&x-a&\cdots&0\\\vdots&\vdots&&\vdots\\0&0&\cdots&x-a\end{vmatrix}=[x+(n-1)a](x-a)^{n-1}.$$

例 1.2　计算 $n+1$ 阶行列式

$$D_{n+1}=\begin{vmatrix}x&a_1&a_2&\cdots&a_n\\a_1&x&a_2&\cdots&a_n\\a_1&a_2&x&\cdots&a_n\\\vdots&\vdots&\vdots&&\vdots\\a_1&a_2&a_3&\cdots&x\end{vmatrix}.$$

解　显然，这是一个行和相等的行列式，因此，将第 $2,3,\cdots,n+1$ 列都加到第 1 列，并提取第 1 列的公因子 $x+\sum\limits_{i=1}^{n}a_i$ 得

$$D_{n+1}=\left(x+\sum_{i=1}^{n}a_i\right)\begin{vmatrix}1&a_1&a_2&\cdots&a_n\\1&x&a_2&\cdots&a_n\\1&a_2&x&\cdots&a_n\\\vdots&\vdots&\vdots&&\vdots\\1&a_2&a_3&\cdots&x\end{vmatrix},$$

再将第 1 列的 $(-a_i)$ 倍加到第 i 列 $(i=2,\cdots,n)$，就把行列式化成了下三角形行列式

$$D_{n+1}=\left(x+\sum_{i=1}^{n}a_i\right)\begin{vmatrix}1&0&0&\cdots&0\\1&x-a_1&0&\cdots&0\\1&a_2-a_1&x-a_2&\cdots&0\\\vdots&\vdots&\vdots&&\vdots\\1&a_2-a_1&a_3-a_2&\cdots&x-a_n\end{vmatrix}=\left(x+\sum_{i=1}^{n}a_i\right)\prod_{i=1}^{n}(x-a_i).$$

例 1.3　计算 n 阶行列式 $D_n=\begin{vmatrix}1&2&3&\cdots&n\\1&2&0&\cdots&0\\1&0&3&\cdots&0\\\vdots&\vdots&\vdots&&\vdots\\1&0&0&\cdots&n\end{vmatrix}$.

解　先提取各列的公因子，将 a_{ii} 元素都化成1. 再将第 2 至第 n 列的 (-1) 倍加至第1列，即

$$D_n=n!\begin{vmatrix}1&1&1&\cdots&1\\1&1&0&\cdots&0\\1&0&1&\cdots&0\\\vdots&\vdots&\vdots&&\vdots\\1&0&0&\cdots&1\end{vmatrix}=n!\begin{vmatrix}2-n&1&1&\cdots&1\\0&1&0&\cdots&0\\0&0&1&\cdots&0\\\vdots&\vdots&\vdots&&\vdots\\0&0&0&\cdots&1\end{vmatrix}=n!(2-n).$$

例 1.4 计算 n 阶行列式

$$D_n=\begin{vmatrix}x+1&x&x&\cdots&x\\x&x+2&x&\cdots&x\\x&x&x+3&\cdots&x\\\vdots&\vdots&\vdots&&\vdots\\x&x&x&\cdots&x+n\end{vmatrix}.$$

解 D_n 有很多元素为 x，若将第 1 行的(−1) 倍分别加至后边各行，就可将行列式中很多元素化成零，从而便于计算.

$$D_n=\begin{vmatrix}x+1&x&x&\cdots&x\\-1&2&0&\cdots&0\\-1&0&3&\cdots&0\\\vdots&\vdots&\vdots&&\vdots\\-1&0&0&\cdots&n\end{vmatrix}=n!\begin{vmatrix}x+1&\frac{x}{2}&\frac{x}{3}&\cdots&\frac{x}{n}\\-1&1&0&\cdots&0\\-1&0&1&\cdots&0\\\vdots&\vdots&\vdots&&\vdots\\-1&0&0&\cdots&1\end{vmatrix}$$

$$=n!\begin{vmatrix}1+\sum\limits_{j=1}^{n}\frac{x}{j}&\frac{x}{2}&\frac{x}{3}&\cdots&\frac{x}{n}\\0&1&0&\cdots&0\\0&0&1&\cdots&0\\\vdots&\vdots&\vdots&&\vdots\\0&0&0&\cdots&1\end{vmatrix}=n!\left(1+\sum_{j=1}^{n}\frac{x}{j}\right).$$

例 1.5 计算 n 阶行列式(其中 $a\neq b$)

$$D_n=\begin{vmatrix}c_1&b&b&\cdots&b&b\\c_2&a&b&\cdots&b&b\\c_3&b&a&\cdots&b&b\\c_{n-1}&b&b&\cdots&a&b\\\vdots&\vdots&\vdots&&\vdots&\vdots\\c_n&b&b&\cdots&b&a\end{vmatrix}.$$

解 观察可见:D_n 中有较多的元素为 b，因此，把第 1 行(−1) 倍分别加到后边各行上得

$$D_n=\begin{vmatrix}c_1&b&b&\cdots&b&b\\c_2-c_1&a-b&0&\cdots&0&0\\c_3-c_1&0&a-b&\cdots&0&0\\\vdots&\vdots&\vdots&&\vdots&\vdots\\c_{n-1}-c_1&0&0&\cdots&a-b&0\\c_n-c_1&0&0&\cdots&0&a-b\end{vmatrix},$$

现在,只要把第 i 行的 $\dfrac{-b}{a-b}$ 倍加到第 1 行上($i=1,2,\cdots,n$) 即得

$$D_n=\begin{vmatrix} c_1-\dfrac{b}{a-b}\sum_{i=2}^{n}(c_i-c_1) & 0 & 0 & \cdots & 0 & 0 \\ c_2-c_1 & a-b & 0 & \cdots & 0 & 0 \\ c_3-c_1 & 0 & a-b & \cdots & 0 & 0 \\ \vdots & \vdots & \vdots & & \vdots & \vdots \\ c_{n-1}-c_1 & 0 & 0 & \cdots & a-b & 0 \\ c_n-c_1 & 0 & 0 & \cdots & 0 & a-b \end{vmatrix}$$

$$=(a-b)^{n-1}\left[c_1-\frac{b}{a-b}\sum_{i=2}^{b}(c_i-c_1)\right].$$

例 1.6　计算 n 阶行列式 $D_n=|\,a_{ij}\,|$,其中 $a_{ij}=|\,i-j\,|$,$(i,j=1,2,\cdots,n)$.

解　由 D_n 的定义知

$$D_n=\begin{vmatrix} 0 & 1 & 2 & \cdots & n-2 & n-1 \\ 1 & 0 & 1 & \cdots & n-3 & n-2 \\ 2 & 1 & 0 & \cdots & n-4 & n-3 \\ \vdots & \vdots & \vdots & & \vdots & \vdots \\ n-2 & n-3 & n-4 & \cdots & 0 & 1 \\ n-1 & n-2 & n-3 & \cdots & 1 & 0 \end{vmatrix}.$$

D_n 有如下特点:相邻两行(列)的对应元素相差为 1,因此相邻两行(列)对应元素相减得 1 或 -1,而元素为 1 或 -1 的行列式显然是便于计算的. 因此,为了把 D_n 的元素化成 1 或 -1,先把第 $n-1$ 行的 (-1) 倍加至第 n 行,再把第 $n-2$ 行的 (-1) 倍加至第 $n-1$ 行,依次类推,最后把第 1 行的 (-1) 倍加至第 2 行得

$$D_n=\begin{vmatrix} 0 & 1 & 2 & \cdots & n-2 & n-1 \\ 1 & -1 & -1 & \cdots & -1 & -1 \\ 1 & 1 & -1 & \cdots & -1 & -1 \\ \vdots & \vdots & \vdots & & \vdots & \vdots \\ 1 & 1 & 1 & \cdots & -1 & -1 \\ 1 & 1 & 1 & \cdots & 1 & -1 \end{vmatrix},$$

于是,所化成的行列式满足主对角线下边的元素全为 1,而第 n 列除 a_{1n} 元素外全为 -1,所以,把第 n 列分别加至前边各列,就把行列式化成了上三角形行列式

$$D_n=\begin{vmatrix} n-1 & n & n+1 & \cdots & 2n-3 & n-1 \\ 0 & -2 & -2 & \cdots & -2 & -1 \\ 0 & 0 & -2 & \cdots & -2 & -1 \\ \vdots & \vdots & \vdots & & \vdots & \vdots \\ 0 & 0 & 0 & \cdots & -2 & -1 \\ 0 & 0 & 0 & \cdots & 0 & -1 \end{vmatrix}=(-1)^{n-1}2^{n-2}(n-1).$$

例 1.7　计算 n 阶行列式

$$D_n=\begin{vmatrix} a & b & 0 & \cdots & 0 & 0 \\ 0 & a & b & \cdots & 0 & 0 \\ 0 & 0 & a & \cdots & 0 & 0 \\ \vdots & \vdots & \vdots & & \vdots & \vdots \\ 0 & 0 & 0 & \cdots & a & b \\ b & 0 & 0 & \cdots & 0 & a \end{vmatrix}.$$

解 D_n 第1列中除 a_{11} 和 a_{n1} 元素外,其他元素均为零,且 a_{11} 元素的代数余子式为一上三角行列式,a_{n1} 元素的余子式为一下三角行列式,因此,按第 1 列展开得

$$D_n=a^n+(-1)^{n+1}b^n.$$

例 1.8 计算 n 阶行列式

$$D_n=\begin{vmatrix} x & -1 & 0 & \cdots & 0 & 0 \\ 0 & x & -1 & \cdots & 0 & 0 \\ 0 & 0 & x & \cdots & 0 & 0 \\ \vdots & \vdots & \vdots & & \vdots & \vdots \\ 0 & 0 & 0 & \cdots & x & -1 \\ a_n & a_{n-1} & a_{n-2} & \cdots & a_2 & x+a_1 \end{vmatrix}.$$

解 由于 D_n 的 a_{n1} 元素的余子式为一下三角行列式,所以我们设法把 D_n 第 1 列中除 a_{n1} 外的其他元素化成零,以便于按第 1 列展开. 为此,先把第 n 列的 x 倍加至第 $n-1$ 列,再把第 $n-1$ 列 x 的倍加至第 $n-2$ 列,……,最后把第 2 列的 x 加至第 1 列得

$$D_n=\begin{vmatrix} 0 & -1 & 0 & \cdots & 0 & 0 \\ 0 & x & -1 & \cdots & 0 & 0 \\ 0 & 0 & x & \cdots & 0 & 0 \\ \vdots & \vdots & \vdots & & \vdots & \vdots \\ 0 & 0 & 0 & \cdots & x & -1 \\ x^n+\sum\limits_{k=0}^{n-1}a_{n-k}x^k & a_{n-1} & a_{n-2} & \cdots & a_2 & x+a_1 \end{vmatrix}$$

$$=(-1)^{n+1}\left(x^n+\sum_{k=0}^{n-1}a_{n-k}x^k\right)(-1)^{n-1}$$

$$=x^n+\sum_{k=0}^{n-1}a_{n-k}x^k.$$

例 1.9 计算 n 阶行列式

$$D_n=\begin{vmatrix} \alpha+\beta & \alpha\beta & 0 & \cdots & 0 & 0 \\ 1 & \alpha+\beta & \alpha\beta & \cdots & 0 & 0 \\ 0 & 1 & \alpha+\beta & \cdots & 0 & 0 \\ \vdots & \vdots & \vdots & & \vdots & \vdots \\ 0 & 0 & 0 & \cdots & \alpha+\beta & \alpha\beta \\ 0 & 0 & 0 & \cdots & 1 & \alpha+\beta \end{vmatrix}.$$

解 将 D_n 按第 1 列分成两个行列式得

$$D_n = \begin{vmatrix} \alpha & \alpha\beta & 0 & \cdots & 0 & 0 \\ 0 & \alpha+\beta & \alpha\beta & \cdots & 0 & 0 \\ 0 & 1 & \alpha+\beta & \cdots & 0 & 0 \\ \vdots & \vdots & \vdots & & \vdots & \vdots \\ 0 & 0 & 0 & \cdots & \alpha+\beta & \alpha\beta \\ 0 & 0 & 0 & \cdots & 1 & \alpha+\beta \end{vmatrix} + \begin{vmatrix} \beta & \alpha\beta & 0 & \cdots & 0 & 0 \\ 1 & \alpha+\beta & \alpha\beta & \cdots & 0 & 0 \\ 0 & 1 & \alpha+\beta & \cdots & 0 & 0 \\ \vdots & \vdots & \vdots & & \vdots & \vdots \\ 0 & 0 & 0 & \cdots & \alpha+\beta & \alpha\beta \\ 0 & 0 & 0 & \cdots & 1 & \alpha+\beta \end{vmatrix}$$

$$= \alpha D_{n-1} + \beta^n,$$

$$D_n = \begin{vmatrix} \beta & \alpha\beta & 0 & \cdots & 0 & 0 \\ 0 & \alpha+\beta & \alpha\beta & \cdots & 0 & 0 \\ 0 & 1 & \alpha+\beta & \cdots & 0 & 0 \\ \vdots & \vdots & \vdots & & \vdots & \vdots \\ 0 & 0 & 0 & \cdots & \alpha+\beta & \alpha\beta \\ 0 & 0 & 0 & \cdots & 1 & \alpha+\beta \end{vmatrix} + \begin{vmatrix} \alpha & \alpha\beta & 0 & \cdots & 0 & 0 \\ 1 & \alpha+\beta & \alpha\beta & \cdots & 0 & 0 \\ 0 & 1 & \alpha+\beta & \cdots & 0 & 0 \\ \vdots & \vdots & \vdots & & \vdots & \vdots \\ 0 & 0 & 0 & \cdots & \alpha+\beta & \alpha\beta \\ 0 & 0 & 0 & \cdots & 1 & \alpha+\beta \end{vmatrix}$$

$$= \beta D_{n-1} + \alpha^n,$$

两式联立解得

$$D_n = \frac{\alpha^{n+1} - \beta^{n+1}}{\alpha - \beta} \quad (\alpha \neq \beta),$$

$\alpha = \beta$ 时，容易解得 $D_n = (n+1)\alpha^n$.

例 1.10　计算 $D_3 = \begin{vmatrix} 1 & \omega & \omega^2 \\ \omega^2 & 1 & \omega \\ \omega & \omega^2 & 1 \end{vmatrix}$，其中 $\omega^3 = 1$.

解　$D_3 \xlongequal{r_2 + r_1 \times (-\omega^2)} \begin{vmatrix} 1 & \omega & \omega^2 \\ 0 & 1-\omega^2 & \omega-\omega^4 \\ \omega & \omega^2 & 1 \end{vmatrix} \xlongequal{r_3 + r_1 \times (-\omega)} \begin{vmatrix} 1 & \omega & \omega^2 \\ 0 & 1-\omega^3 & \omega-\omega^4 \\ 0 & 0 & 1-\omega^3 \end{vmatrix}$

$= (1-\omega^3)^2 = 0.$

例 1.11　计算 $D_n = \begin{vmatrix} 1 & 1 & \cdots & 1 & -n \\ 1 & 1 & \cdots & -n & 1 \\ \vdots & \vdots & & \vdots & \vdots \\ 1 & -n & \cdots & 1 & 1 \\ -n & 1 & \cdots & 1 & 1 \end{vmatrix}$.

解　各行元素之和皆为 -1，把各列加到第 1 列，再将第 1 行乘以 (-1) 到其余各行得

$$D_n = (-1)\begin{vmatrix} 1 & 1 & \cdots & 1 & -n \\ 0 & 0 & \cdots & -n-1 & 1+n \\ \vdots & \vdots & & \vdots & \vdots \\ 0 & -n-1 & \cdots & 0 & 1+n \\ 0 & 0 & \cdots & 0 & 1+n \end{vmatrix}$$

$$= (-1)\begin{vmatrix} 0 & 0 & \cdots & -n-1 & 1+n \\ 0 & 0 & \cdots & 0 & 1+n \\ \vdots & \vdots & & \vdots & \vdots \\ -n-1 & 0 & \cdots & 0 & 1+n \\ 0 & 0 & \cdots & 0 & 1+n \end{vmatrix}$$

$$= (-1)(n+1)(-1)^{\frac{(n-2)(n-3)}{2}}(-n-1)^{n-2}$$

$$= (-1)^{\frac{n(n+1)}{2}}(n+1)^{n-1}.$$

例 1.12 计算 $D_n = \begin{vmatrix} 1 & 2 & 3 & \cdots & n-1 & n \\ 2 & 3 & 4 & \cdots & n & 1 \\ 3 & 4 & 5 & \cdots & 1 & 2 \\ \vdots & \vdots & \vdots & & \vdots & \vdots \\ n-1 & n & 1 & \cdots & n-3 & n-2 \\ n & 1 & 2 & \cdots & n-2 & n-1 \end{vmatrix}$.

解 显然各行元素之和均为$\dfrac{n(n+1)}{2}$，把各列元素加到第 1 列，提出公因子$\dfrac{n(n+1)}{2}$，并从最后一行起，依次减前一行，一直做到第 2 行减第 1 行(共做 $n-1$ 次)，即得

$$D_n = \frac{n(n+1)}{2}\begin{vmatrix} 1 & 2 & 3 & \cdots & n-1 & n \\ 0 & 1 & 1 & \cdots & 1 & 1-n \\ 0 & 1 & 1 & \cdots & 1-n & 1 \\ \vdots & \vdots & \vdots & & \vdots & \vdots \\ 0 & 1 & 1-n & \cdots & 1 & 1 \\ 0 & 1-n & 1 & \cdots & 1 & 1 \end{vmatrix}_n$$

$$= \frac{n(n+1)}{2}\begin{vmatrix} 1 & 1 & \cdots & 1 & 1-n \\ 0 & 0 & \cdots & -n & n \\ \vdots & \vdots & & \vdots & \vdots \\ 0 & -n & \cdots & 0 & n \\ -n & 0 & \cdots & 0 & n \end{vmatrix}_{n-1},$$

再将各行乘以$\dfrac{1}{n}$加到第 1 行得(除过第 1 行)

$$D_n = \frac{(n+1)n}{2}\begin{vmatrix} 0 & 0 & \cdots & 0 & -1 \\ 0 & 0 & \cdots & -n & n \\ \vdots & \vdots & & \vdots & \vdots \\ 0 & -n & \cdots & 0 & n \\ -n & 0 & \cdots & 0 & n \end{vmatrix} = (-1)^{\frac{n(n-1)}{2}} \cdot \frac{n+1}{2} \cdot n^{n-1}.$$

例 1.13 求使 3 个点(x_1,y_1)，(x_2,y_2)，(x_3,y_3)位于同一直线上的充分必要条件.

解 在平面直角坐标系中直线的一般方程为

$$ax + by + c = 0 \tag{1-1}$$

3 个点位于该直线上时，点的坐标满足方程组

$$\begin{cases} ax_1 + by_1 + c = 0 \\ ax_2 + by_2 + c = 0 \\ ax_3 + by_3 + c = 0 \end{cases} \tag{1-2}$$

作为一条直线，方程(1-1)中a、b、c不全为零，因此关于变量a、b、c的齐次线性方程组(1-2)有非零解. 所以 3 个点位于同一直线上等价于方程组(1-2)有非零解，由克莱姆法则知，3 个点(x_1,y_1)，(x_2,y_2)，(x_3,y_3)位于一直线上的充分必要条件为

$$\begin{vmatrix} x_1 & y_1 & 1 \\ x_2 & y_2 & 1 \\ x_3 & y_3 & 1 \end{vmatrix} = 0.$$

例 1.14　写出通过点(1,1,1),(1,1,−1),(1,−1,1),(−1,0,0)的球面方程.

解　空间直角坐标系中球面的一般方程为 $x^2+y^2+z^2+ax+by+cz+d=0$. 若上述四点在球面上,则其坐标满足该方程组

$$\begin{cases} a+b+c+d=-3 \\ a+b-c+d=-3 \\ a-b+c+d=-3 \\ a-d=1 \end{cases} \tag{1-3}$$

解方程组(1-3)得 $a=-1, b=c=0, d=-2$.

所以该球面的一般方程为 $x^2+y^2+z^2-x-2=0$,配方得

$$(x-\frac{1}{2})^2+y^2+z^2=(\frac{3}{2})^2$$

所以球面半径为$\frac{3}{2}$,球心坐标为$(\frac{1}{2},0,0)$.

注:读者不妨尝试写出类似例 1.13 的充分必要条件.

例 1.15　计算 n 阶行列式

$$D_n = \begin{vmatrix} 1+a_1 & a_2 & \cdots & a_n \\ a_1 & 1+a_2 & \cdots & a_n \\ \vdots & \vdots & & \vdots \\ a_1 & a_2 & \cdots & 1+a_n \end{vmatrix}$$

解　将 D_n 写成一个便于计算的 $n+1$ 阶行列式(在 D_n 的第 1 行前边加了一行,又在所得行列式的第 1 列前边加了一列,且使所得 $n+1$ 阶行列式的值与原来行列式 D_n 的值相等.)

$$D_n = \begin{vmatrix} 1 & a_1 & a_2 & \cdots & a_n \\ 0 & 1+a_1 & a_2 & \cdots & a_n \\ 0 & a_1 & 1+a_2 & \cdots & a_n \\ \vdots & \vdots & \vdots & & \vdots \\ 0 & a_1 & a_2 & \cdots & 1+a_n \end{vmatrix} \xlongequal[(i=2,\cdots,n+1)]{-r_1+r_i} \begin{vmatrix} 1 & a_1 & a_2 & \cdots & a_n \\ -1 & 1 & 0 & \cdots & 0 \\ -1 & 0 & 1 & \cdots & 0 \\ \vdots & \vdots & \vdots & & \vdots \\ -1 & 0 & 0 & \cdots & 1 \end{vmatrix}$$

$$\xlongequal[(i=2,\cdots,n+1)]{c_i+c_1} \begin{vmatrix} 1+\sum_{i=1}^{n}a_i & a_1 & a_2 & \cdots & a_n \\ 0 & 1 & 0 & \cdots & 0 \\ 0 & 0 & 1 & \cdots & 0 \\ \vdots & \vdots & \vdots & & \vdots \\ 0 & 0 & 0 & \cdots & 1 \end{vmatrix} = 1+\sum_{i=1}^{n}a_i$$

例 1.16　计算 n 阶行列式(其中 $a_i \neq 0, i=1,2,\cdots,n$)

$$D_n=\begin{vmatrix} a_1^{n-1} & a_2^{n-1} & a_3^{n-1} & \cdots & a_n^{n-1} \\ a_1^{n-2}b_1 & a_2^{n-2}b_2 & a_3^{n-2}b_3 & \cdots & a_n^{n-2}b_n \\ \vdots & \vdots & \vdots & & \vdots \\ a_1b_1^{n-2} & a_2b_2^{n-2} & a_3b_3^{n-2} & \cdots & a_nb_n^{n-2} \\ b_1^{n-1} & b_2^{n-1} & b_3^{n-1} & \cdots & b_n^{n-1} \end{vmatrix}$$

解　从 D_n 的第 j 列提取因子 a_j^{n-1}，$(j=1,2,\cdots,n)$，由范德蒙行列式的结论得

$$D_n=\begin{vmatrix} 1 & 1 & 1 & \cdots & 1 \\ \frac{b_1}{a_1} & \frac{b_2}{a_2} & \frac{b_3}{a_3} & \cdots & \frac{b_n}{a_n} \\ \vdots & \vdots & \vdots & & \vdots \\ \left(\frac{b_1}{a_1}\right)^2 & \left(\frac{b_2}{a_2}\right)^2 & \left(\frac{b_3}{a_3}\right)^2 & \cdots & \left(\frac{b_n}{a_n}\right)^2 \\ \left(\frac{b_1}{a_1}\right)^{n-1} & \left(\frac{b_2}{a_2}\right)^{n-1} & \left(\frac{b_3}{a_3}\right)^{n-1} & \cdots & \left(\frac{b_n}{a_n}\right)^{n-1} \end{vmatrix}$$

$$=(a_1a_2\cdots a_n)^{n-1}\prod_{1\leqslant j<i\leqslant n}\left(\frac{b_i}{a_i}-\frac{b_j}{a_j}\right).$$

1.5　自测题

一、填空题

1. $\begin{vmatrix} 1 & 0 & -1 \\ 2 & 4 & 0 \\ 0 & 4 & 1 \end{vmatrix}=$________.

2. 由行列式的定义计算 $f(x)=\begin{vmatrix} 2x & x & 1 & 2 \\ 1 & x & 1 & -1 \\ 3 & 2 & x & 1 \\ 1 & 1 & 1 & x \end{vmatrix}$ 中 x^4 的系数 $=$________.

3. $D=\begin{vmatrix} 1 & -1 & 2 \\ 0 & -1 & 3 \\ -2 & 1 & 2 \end{vmatrix}$，则 $A_{31}+A_{32}+A_{33}=$________.

4. 若 $D=\begin{vmatrix} 3 & -1 & 2 \\ 0 & 1 & 2 \\ 1 & 3 & 2 \end{vmatrix}$，则 $A_{11}+A_{21}+A_{31}=$________.

5. 若行列式每行元素之和都为零，则此行列式的值为________.

二、选择题

1. $D=\begin{vmatrix}3&4&0&0\\2&3&0&0\\0&0&5&6\\0&0&7&8\end{vmatrix}=(\quad)$.

(A) 2　　(B) -2　　(C) 0　　(D) 1

2. 若 $\begin{vmatrix}1&2&5\\1&3&-2\\2&5&u\end{vmatrix}=0$，则 $u=(\quad)$.

(A) 2　　(B) 3　　(C) -2　　(D) -3

3. $D_1=\begin{vmatrix}1&3&1\\2&2&3\\3&1&5\end{vmatrix}$，$D_2=\begin{vmatrix}\lambda&0&-1\\0&\lambda-1&0\\-1&0&\lambda\end{vmatrix}$，若 $D_1=D_2$，则 $\lambda=(\quad)$.

(A) 0,1　　(B) 0,2　　(C) $1,-1$　　(D) $2,-1$

4. 当满足(　)时，方程组 $\begin{cases}kx+z=0\\2x+ky+z=0\\kx-2y+z=0\end{cases}$ 有非零解.

(A) $k=0$　　(B) $k=-1$　　(C) $k=2$　　(D) $k=-2$

5. 设 $D=\begin{vmatrix}a_{11}&\cdots&a_{1n}\\\vdots&\ddots&\vdots\\a_{n1}&\cdots&a_{nn}\end{vmatrix}$，其中 M_{ij} 为 a_{ij} 的余子式，A_{ij} 为 a_{ij} 的代数余子式，则 $D=(\quad)$.

(A) $a_{i1}M_{i1}+a_{i2}M_{i2}+\cdots+a_{in}M_{in}$

(B) $a_{i1}A_{i1}+a_{i2}A_{i2}+\cdots+a_{in}A_{in}$

(C) $(-1)^{i+1}a_{i1}M_{j1}+(-1)^{i+2}a_{i2}M_{j2}+\cdots+(-1)^{i+n}a_{in}M_{jn}$

(D) $(-1)^{i+1}a_{i1}A_{i1}+(-1)^{i+2}a_{i2}A_{i2}+\cdots+(-1)^{i+n}a_{in}A_{in}$

三、计算题

1. 利用行列式的性质计算下列行列式：

(1) $\begin{vmatrix}12&13\\9988&9987\end{vmatrix}$　　(2) $\begin{vmatrix}1&2&3\\0&1&2\\1&1&1\end{vmatrix}$　　(3) $\begin{vmatrix}246&427&327\\14&543&443\\-342&721&621\end{vmatrix}$

2. 用克莱姆法则解方程组

$$\begin{cases}x_1+x_2+x_3=0\\x_1+2x_2+3x_3=-1\\x_1+3x_2+6x_3=0\end{cases}$$

3. 判断齐次线性方程组是否有非零解

$$\begin{cases} x_1 + x_2 + 2x_3 = 0 \\ 2x_1 - x_2 + x_3 = 0 \\ x_1 - 2x_2 + x_3 = 0 \end{cases}$$

四、证明题

1. $\begin{vmatrix} x & y & x+y \\ y & x+y & x \\ x+y & x & y \end{vmatrix} = -2(x^2 + y^3)$

2. $\begin{vmatrix} 1+x & 1 & 1 & 1 \\ 1 & 1-x & 1 & 1 \\ 1 & 1 & 1+y & 1 \\ 1 & 1 & 1 & 1-y \end{vmatrix} = x^2 y^2$

第2章　矩　阵

2.1　内容提要

1. 矩阵的定义

将 $m\times n$ 个元素按一定的次序排成 m 行 n 列的"数表"，称为一个矩阵. 记为 $\boldsymbol{A}=(a_{ij})_{m\times n}$，$k\boldsymbol{A}=(ka_{ij})_{m\times n}$（$k$ 为常数）；若 $\boldsymbol{B}=(b_{ij})_{m\times n}$，则 $\boldsymbol{A}\pm\boldsymbol{B}=(a_{ij}\pm b_{ij})$；若 $\boldsymbol{C}=(c_{ij})_{n\times k}$，则 $\boldsymbol{AC}=(d_{ij})_{m\times k}$，其中 $d_{ij}=\sum\limits_{k=1}^{n}a_{ik}c_{kj}$.（注：同阶矩阵可以相加减，两个矩阵相乘，左矩阵的列数必须和右矩阵的行数相等）.

2. 矩阵的乘法满足以下运算规律

(1) $(\boldsymbol{AB})\boldsymbol{C}=\boldsymbol{A}(\boldsymbol{BC})$；

(2) $k(\boldsymbol{AB})=(k\boldsymbol{A})\boldsymbol{B}=\boldsymbol{A}(k\boldsymbol{B})$，其中 k 为常数；

(3) $\boldsymbol{A}(\boldsymbol{B}+\boldsymbol{C})=\boldsymbol{AB}+\boldsymbol{AC}$，$(\boldsymbol{B}+\boldsymbol{C})\boldsymbol{A}=\boldsymbol{BA}+\boldsymbol{CA}$.

3. 矩阵的乘法的特殊性

(1) $\boldsymbol{AB}\neq\boldsymbol{BA}$；

(2) 由 $\boldsymbol{AB}=\boldsymbol{O}$ 不能推出 $\boldsymbol{A}=\boldsymbol{O}$ 或 $\boldsymbol{B}=\boldsymbol{O}$；

(3) 由 $\boldsymbol{AB}=\boldsymbol{AC}$ 一般不能推出 $\boldsymbol{B}=\boldsymbol{C}$，但若 $\boldsymbol{A}$ 可逆，则必有 $\boldsymbol{B}=\boldsymbol{C}$；

(4) 方阵 $\boldsymbol{A}$ 与 $\boldsymbol{B}$ 的乘积的行列式满足 $|\boldsymbol{AB}|=|\boldsymbol{A}||\boldsymbol{B}|$；

(5) 设 $\boldsymbol{A}$ 为 n 阶方阵，则 $|k\boldsymbol{A}|=k^n|\boldsymbol{A}|$（$k$ 为常数）.

4. 矩阵的幂

方阵 $\boldsymbol{A}$ 的 k 次幂为 $\boldsymbol{A}^k=\boldsymbol{AA}\cdots\boldsymbol{A}$（$k$ 个 $\boldsymbol{A}$ 连乘）.

由此推出 $\boldsymbol{A}^k\boldsymbol{A}^l=\boldsymbol{A}^{k+l}$，$(\boldsymbol{A}^k)^l=\boldsymbol{A}^{kl}$（$k,l$ 均为正整数），但是，一般来说 $(\boldsymbol{AB})^k\neq\boldsymbol{A}^k\boldsymbol{B}^k$，若 $\boldsymbol{AB}=\boldsymbol{BA}$，则 $(\boldsymbol{AB})^k=\boldsymbol{A}^k\boldsymbol{B}^k=\boldsymbol{B}^k\boldsymbol{A}^k$.

5. 矩阵的转置运算满足以下运算律

(1) $(\boldsymbol{A}^{\mathrm{T}})^{\mathrm{T}}=\boldsymbol{A}$；

(2) $(\boldsymbol{A}+\boldsymbol{B})^{\mathrm{T}}=\boldsymbol{A}^{\mathrm{T}}+\boldsymbol{B}^{\mathrm{T}}$；

(3) $(k\boldsymbol{A})^{\mathrm{T}}=k\boldsymbol{A}^{\mathrm{T}}$（$k$ 为常数）；

(4) $(\boldsymbol{AB})^{\mathrm{T}}=\boldsymbol{B}^{\mathrm{T}}\boldsymbol{A}^{\mathrm{T}}$，进而有 $(\boldsymbol{A}_1\boldsymbol{A}_2\cdots\boldsymbol{A}_m)^{\mathrm{T}}=\boldsymbol{A}_m^{\mathrm{T}}\boldsymbol{A}_{m-1}^{\mathrm{T}}\cdots\boldsymbol{A}_2^{\mathrm{T}}\boldsymbol{A}_1^{\mathrm{T}}$.

6. 可逆矩阵及其逆矩阵

(1) 若方阵 $\boldsymbol{A}$、$\boldsymbol{B}$ 满足 $\boldsymbol{AB}=\boldsymbol{BA}=\boldsymbol{I}$($\boldsymbol{I}$[①] 为单位阵)，则称 $\boldsymbol{A}$ 为可逆阵，并称 $\boldsymbol{A}$ 与 $\boldsymbol{B}$ 互逆，记作 $\boldsymbol{A}^{-1}=\boldsymbol{B}$；

(2) 矩阵 $\boldsymbol{A}$ 可逆的充分必要条件为 $|\boldsymbol{A}|\neq 0$；

(3) 可逆矩阵的逆矩阵是唯一的；

(4) 可逆阵满足以下运算律：

1° $(\boldsymbol{A}^{-1})^{-1}=\boldsymbol{A}$；

2° $(k\boldsymbol{A})^{-1}=\dfrac{1}{k}\boldsymbol{A}^{-1}$($k$ 为非零常数)；

3° $(\boldsymbol{AB})^{-1}=\boldsymbol{B}^{-1}\boldsymbol{A}^{-1}$；

4° $(\boldsymbol{A}^{\mathrm{T}})^{-1}=(\boldsymbol{A}^{-1})^{\mathrm{T}}$；

5° $|\boldsymbol{A}^{-1}|=\dfrac{1}{|\boldsymbol{A}|}$；

6° $(\boldsymbol{A}^{*})^{-1}=(\boldsymbol{A}^{-1})^{*}$($\boldsymbol{A}^{*}$ 为 $\boldsymbol{A}$ 的伴随矩阵).

7. 矩阵的初等变换与初等矩阵

(1) 矩阵的 3 种初等行(列) 变换为：

1° 第 i 行(列) 乘以非零数常数 c；

2° 第 i 行(列) 乘以常数 c 加到第 j 行(列)；

3° 第 i 行(列) 与第 j 行(列) 对换；

4° 对单位矩阵施以 3 个初等变换，得 3 个初等矩阵：$E(i(c))$；$E(i(c)+j)$；$E(i,j)$.

(2) 初等矩阵左乘矩阵 $\boldsymbol{A}$，即 $E(i(c))\boldsymbol{A}$，$E(i(c)+j)\boldsymbol{A}$，$E(i,j)\boldsymbol{A}$，等价于对 $\boldsymbol{A}$ 做上述 3 种初等行变换，初等矩阵右乘矩阵 $\boldsymbol{A}$ 等价于对 $\boldsymbol{A}$ 做相应的初等列变换.

(3) 初等矩阵都是可逆矩阵，它们的逆矩阵仍然是初等矩阵.

(4) 由于对可逆矩阵 $\boldsymbol{A}$ 做若干次初等行变换(或列变换)，可将其化为单位矩阵，所以可逆矩阵 $\boldsymbol{A}$ 可以表示成若干个初等矩阵的乘积.

8. 分块矩阵的运算

(1) 加法和数量乘法

设分块矩阵 $\boldsymbol{A}=(\boldsymbol{A}_{kl})_{r\times s}$，$\boldsymbol{B}=(\boldsymbol{B}_{kl})_{r\times s}$ 且 $\boldsymbol{A}$ 与 $\boldsymbol{B}$ 的对应子块 $\boldsymbol{A}_{kl}$ 与 $\boldsymbol{B}_{kl}$ 是同型矩阵，则 $\boldsymbol{A}+\boldsymbol{B}=(\boldsymbol{A}_{kl}+\boldsymbol{B}_{kl})_{r\times s}$，$\lambda\boldsymbol{A}=(\lambda\boldsymbol{A}_{kl})_{r\times s}$($\lambda$ 是常数).

(2) 乘法

分块矩阵 $\boldsymbol{A}=(\boldsymbol{A}_{kl})_{r\times s}$，$\boldsymbol{B}=(\boldsymbol{B}_{kl})_{s\times t}$，且 $\boldsymbol{A}$ 的列分块法和 $\boldsymbol{B}$ 的行分块法完全相同，则 $\boldsymbol{AB}=(\boldsymbol{C}_{kl})_{r\times t}$，$\boldsymbol{C}_{kl}=\sum\limits_{j=1}^{s}\boldsymbol{A}_{kj}\boldsymbol{B}_{jl}$.

(3) 转置

分块矩阵 $\boldsymbol{A}=(\boldsymbol{A}_{kl})_{s\times t}$ 的转置矩阵为 $\boldsymbol{A}^{\mathrm{T}}=(\boldsymbol{B}_{lk})_{t\times s}$，其中 $\boldsymbol{B}_{lk}=\boldsymbol{A}_{kl}^{\mathrm{T}}$.

---

① 单位矩阵也可用 $\boldsymbol{E}$ 表示，本书两种符号均使用.

2.2 基本方法

求逆阵的基本方法：

(1) 用定义.

(2) 用伴随矩阵　$\boldsymbol{A}^{-1}=\dfrac{1}{|\boldsymbol{A}|}\boldsymbol{A}^{*}$（$\boldsymbol{A}^{*}$ 为 $\boldsymbol{A}$ 的伴随阵）.

(3) 用初等变换法　$(\boldsymbol{A},\boldsymbol{I})\xrightarrow{\text{初等行变换}}(\boldsymbol{I},\boldsymbol{A}^{-1})$；$\begin{pmatrix}\boldsymbol{A}\\ \boldsymbol{I}\end{pmatrix}\xrightarrow{\text{初等列变换}}\begin{pmatrix}\boldsymbol{I}\\ \boldsymbol{A}^{-1}\end{pmatrix}$.

2.3 释疑解惑

问题 2.1　矩阵运算中重点应注意什么？

答　在矩阵的运算中，矩阵的乘法尤为重要，必须注意以下几点：

(1) 只有左乘阵 $\boldsymbol{A}$ 的列数与右乘阵 $\boldsymbol{B}$ 的行数相等时，$\boldsymbol{A}$ 与 $\boldsymbol{B}$ 才能相乘，即 $\boldsymbol{AB}$ 才有意义.

(2) 若 $\boldsymbol{C}=\boldsymbol{AB}$，$\boldsymbol{C}$ 的 (i,j) 元素 c_{ij} 等于 $\boldsymbol{A}$ 的第 i 行各元素与 $\boldsymbol{B}$ 的第 j 列对应元素乘积之和，即 $c_{ij}=a_{i1}b_{1j}+a_{i2}b_{2j}+\cdots+a_{is}b_{sj}=\sum\limits_{k=1}^{s}a_{ik}b_{kj}\quad(i=1,2,\cdots,m,j=1,2,\cdots,n)$. 按照矩阵乘法的定义，用一个 $1\times m$ 阵左乘一个 $m\times 1$ 阵，得到一个一阶方阵或是一个数.

(3) 矩阵乘法不满足交换律，即一般情况下 $\boldsymbol{AB}\neq\boldsymbol{BA}$.

(4) $\boldsymbol{AB}=\boldsymbol{0}$ 未必有 $\boldsymbol{A}=\boldsymbol{0}$ 或 $\boldsymbol{B}=\boldsymbol{0}$.

(5) $\boldsymbol{AB}=\boldsymbol{AC}$，$\boldsymbol{A}\neq\boldsymbol{0}$，未必有 $\boldsymbol{B}=\boldsymbol{C}$.

问题 2.2　矩阵求逆要注意些什么？

答　逆矩阵是矩阵理论中非常重要的概念，求逆矩阵的方法有定义法、公式法、初等变换法等，其中初等变换法是求逆矩阵的基本方法. 伴随矩阵是和逆矩阵密切相关的一个概念，处理伴随矩阵的有关概念、性质、计算及与逆矩阵的关系时，有两个基本点：一是伴随阵的定义；二是与伴随阵有关的几个基本公式：

(1) $\boldsymbol{A}^{-1}=\dfrac{1}{|\boldsymbol{A}|}\boldsymbol{A}^{*}\quad(|\boldsymbol{A}|\neq 0)$；　(2) $(\boldsymbol{A}^{*})^{-1}=\dfrac{1}{|\boldsymbol{A}|}\boldsymbol{A}\quad(|\boldsymbol{A}|\neq 0)$；

(3) $(k\boldsymbol{A})^{*}=k^{n-1}\boldsymbol{A}^{*}$　（k 为常数，$\boldsymbol{A}$ 为任意 $n(\geqslant 2)$ 阶方阵）；

(4) $|\boldsymbol{A}^{*}|=|\boldsymbol{A}|^{n-1}$；　(5) $(\boldsymbol{A}^{*})^{*}=|\boldsymbol{A}|^{n-2}\boldsymbol{A}$；　(6) $\boldsymbol{AA}^{*}=\boldsymbol{A}^{*}\boldsymbol{A}=|\boldsymbol{A}|\boldsymbol{I}_n$.

问题 2.3　矩阵的初等变换有什么作用？

答　矩阵的初等变换(特别是用初等行变换)化矩阵为阶梯形矩阵，这是线性代数中用得最多的一种变换，它在求逆矩阵、矩阵的秩、向量组的秩、向量组的极大线性无关组、用消元法解线性方程组等问题中都有重要的应用，必须熟练掌握用矩阵初等变换化矩阵为阶梯形的方法，并逐步掌握用其解决其它相关问题.

问题 2.4　分块矩阵有什么用途？

答　分块矩阵用来处理大型矩阵和讨论矩阵行(列)向量组的性质，分块矩阵的元素是小块矩阵，但在运算时，又把分块矩阵看作通常矩阵的元素，并按矩阵的加(减)法、数乘、乘法等法则进行运算，但要注意以下两点：

(1) 分块矩阵相乘的法则，若矩阵 $\boldsymbol{AB}$ 有意义，只要左边 $\boldsymbol{A}$ 关于列的分法与右边矩阵 $\boldsymbol{B}$ 的行分法相同，则分块矩阵 $\boldsymbol{A}$ 与 $\boldsymbol{B}$ 可以相乘，而且仍然按照通常矩阵的"左行乘右列"的法则进行，但仍然要注意相乘的小块矩阵的次序.

(2) 按行、列分块，若 $\boldsymbol{AB}$ 有意义，设 $\boldsymbol{B}=[\boldsymbol{\beta}_1,\boldsymbol{\beta}_2,\cdots,\boldsymbol{\beta}_n]$，则 $\boldsymbol{AB}=[\boldsymbol{A\beta}_1,\boldsymbol{A\beta}_2,\cdots,\boldsymbol{A\beta}_n]$，另外，分块对角矩阵的运算参看教材上相关内容.

2.4 典型例题

例 2.1 设行矩阵 $\boldsymbol{\alpha}=\left[\frac{1}{2},0,\cdots,0,\frac{1}{2}\right]$，矩阵 $\boldsymbol{A}=\boldsymbol{I}-\boldsymbol{\alpha}^{\mathrm{T}}\boldsymbol{\alpha}$，$\boldsymbol{B}=\boldsymbol{I}+2\boldsymbol{\alpha}^{\mathrm{T}}\boldsymbol{\alpha}$，其中 $\boldsymbol{I}$ 为 n 阶单位阵，$\boldsymbol{\alpha}^{\mathrm{T}}$ 为 $\boldsymbol{\alpha}$ 的转置，求 $\boldsymbol{AB}$.

解 $\boldsymbol{AB}=(\boldsymbol{I}-\boldsymbol{\alpha}^{\mathrm{T}}\boldsymbol{\alpha})(\boldsymbol{I}+2\boldsymbol{\alpha}^{\mathrm{T}}\boldsymbol{\alpha})=\boldsymbol{I}+2\boldsymbol{\alpha}^{\mathrm{T}}\boldsymbol{\alpha}-\boldsymbol{\alpha}^{\mathrm{T}}\boldsymbol{\alpha}-2\boldsymbol{\alpha}^{\mathrm{T}}(\boldsymbol{\alpha}\boldsymbol{\alpha}^{\mathrm{T}})\boldsymbol{\alpha}$，由于 $\boldsymbol{\alpha}\boldsymbol{\alpha}^{\mathrm{T}}=\frac{1}{2}$，所以 $\boldsymbol{AB}=\boldsymbol{I}$.

例 2.2 设矩阵 $\boldsymbol{A}=\begin{bmatrix}1&1&0\\0&1&1\\0&0&1\end{bmatrix}$，求 $\boldsymbol{A}^n(n=2,3,\cdots)$.

解 $\boldsymbol{A}^2=\begin{bmatrix}1&1&0\\0&1&1\\0&0&1\end{bmatrix}\begin{bmatrix}1&1&0\\0&1&1\\0&0&1\end{bmatrix}=\begin{bmatrix}1&2&1\\0&1&2\\0&0&1\end{bmatrix}$，

$$\boldsymbol{A}^3=\boldsymbol{A}^2\boldsymbol{A}=\begin{bmatrix}1&2&1\\0&1&2\\0&0&1\end{bmatrix}\begin{bmatrix}1&1&0\\0&1&1\\0&0&1\end{bmatrix}=\begin{bmatrix}1&3&3\\0&1&3\\0&0&1\end{bmatrix},$$

因此猜想：$\boldsymbol{A}^n=\begin{bmatrix}1&n&\frac{n(n-1)}{2}\\0&1&n\\0&0&1\end{bmatrix}$. 下面用数学归纳法证明该猜想是成立的.

当 $n=2$ 时，显然成立. 假设当 $n=k$ 时成立，即

$$\boldsymbol{A}^k=\begin{bmatrix}1&k&\frac{k(k-1)}{2}\\0&1&k\\0&0&1\end{bmatrix}.$$

考虑 $n=k+1$ 时的情形，

$$\boldsymbol{A}^{k+1}=\boldsymbol{A}^k\cdot\boldsymbol{A}=\begin{bmatrix}1&k&\frac{k(k-1)}{2}\\0&1&k\\0&0&1\end{bmatrix}\begin{bmatrix}1&1&0\\0&1&1\\0&0&1\end{bmatrix}=\begin{bmatrix}1&k+1&\frac{k(k+1)}{2}\\0&1&k+1\\0&0&1\end{bmatrix},$$

因此，猜想成立.

例 2.3 设 n 阶矩阵 $\boldsymbol{A},\boldsymbol{B}$ 满足 $\boldsymbol{A}=\frac{1}{2}(\boldsymbol{B}+\boldsymbol{I})$，证明 $\boldsymbol{A}^2=\boldsymbol{A}$ 当且仅当 $\boldsymbol{B}^2=\boldsymbol{I}$，($\boldsymbol{I}$ 为单位

阵).

证　必要性　设 $A^2=A$ 即 $\left[\frac{1}{2}(B+I)\right]^2=\frac{1}{2}(B+I)$

亦即:$B^2+2B+I=2B+2I$　移项即得:$B^2=I$.

充分性　设 $B^2=I$,则由题设条件 $A=\frac{1}{2}(B+I)$ 得

$$A^2=\left[\frac{1}{2}(B+I)\right]^2=\frac{1}{4}(B^2+2B+I)=\frac{1}{4}(I+2B+I)=\frac{1}{2}(B+I)=A.$$　证毕

例 2.4　设 n 阶实对称阵 $A=(a_{ij})$ 满足 $A^2=O$. 证明:$A=O$.

证　因为 A 为实对称阵,故有 $A^{\mathrm{T}}=A$,因此必有 $AA^{\mathrm{T}}=A^2=O$,考虑 AA^{T} 的元素运算

$$[a_{i1},a_{i2},\cdots,a_{in}]\begin{bmatrix}a_{i1}\\a_{i2}\\\vdots\\a_{in}\end{bmatrix}=\sum_{j=1}^{n}a_{ij}^2=0,\ (i=1,2,\cdots,n)$$

由于 a_{ij} 为实数,故得 $a_{ik}=0\quad(i,k=1,2,\cdots,n)$,亦即 $A=0$.

注:一般地,由 $A^2=O$ 推不出 $A=O$,例如,$A=\begin{bmatrix}1&1\\-1&-1\end{bmatrix}$,虽然 $A^2=O$,但 $A\neq O$.

例 2.5　设 A 为 n 阶对称矩阵,B 为 n 阶反对称阵. 证明:AB 为反对称阵当且仅当 $AB=BA$.

证　由已知条件有 $A^{\mathrm{T}}=A,B^{\mathrm{T}}=-B$.

必要性　设 AB 为反对称阵,则有 $(AB)^{\mathrm{T}}=-AB$,即 $B^{\mathrm{T}}A^{\mathrm{T}}=-AB$

由题设条件,有 $-BA=-AB$,故 $AB=BA$.

充分性　设 $AB=BA$,则 $(AB)^{\mathrm{T}}=B^{\mathrm{T}}A^{\mathrm{T}}=-BA=-AB$,故 AB 为反对称阵.

例 2.6　设 $A=\begin{bmatrix}0&a_1&0&\cdots&0\\0&0&a_2&\cdots&0\\\vdots&\vdots&\vdots&&\vdots\\0&0&0&\cdots&a_{n-1}\\a_n&0&0&\cdots&0\end{bmatrix}$,其中 $a_i\neq 0\quad(i=1,2,\cdots,n)$,试求 A^{-1}.

解　用初等变换

$$[A\mid I]=\begin{bmatrix}0&a_1&0&\cdots&0&1&0&\cdots&0&0\\0&0&a_2&\cdots&0&0&1&\cdots&0&0\\\vdots&\vdots&\vdots&&\vdots&\vdots&\vdots&&\vdots&\vdots\\0&0&0&\cdots&a_{n-1}&0&0&\cdots&1&0\\a_n&0&0&\cdots&0&0&0&\cdots&0&1\end{bmatrix}$$

$$\longrightarrow\begin{bmatrix}a_n&0&0&\cdots&0&0&0&\cdots&0&1\\0&a_1&0&\cdots&0&1&0&\cdots&0&0\\0&0&a_2&\cdots&0&0&1&\cdots&0&0\\\vdots&\vdots&\vdots&&\vdots&\vdots&\vdots&&\vdots&\vdots\\0&0&0&\cdots&a_{n-1}&0&0&\cdots&1&0\end{bmatrix}$$

$$\longrightarrow\begin{bmatrix}1 & 0 & 0 & \cdots & 0 & 0 & 0 & \cdots & 0 & \frac{1}{a_n}\\ 0 & 1 & 0 & \cdots & 0 & \frac{1}{a_1} & 0 & \cdots & 0 & 0\\ 0 & 0 & 1 & \cdots & 0 & 0 & \frac{1}{a_2} & \cdots & 0 & 0\\ \vdots & \vdots & \vdots & & \vdots & \vdots & \vdots & & \vdots & \vdots\\ 0 & 0 & 0 & \cdots & 1 & 0 & 0 & \cdots & \frac{1}{a_{n-1}} & 0\end{bmatrix}.$$

所以

$$\boldsymbol{A}^{-1}=\begin{bmatrix}0 & 0 & \cdots & 0 & \frac{1}{a_n}\\ \frac{1}{a_1} & 0 & \cdots & 0 & 0\\ 0 & \frac{1}{a_2} & \cdots & 0 & 0\\ \vdots & \vdots & & \vdots & \vdots\\ 0 & 0 & \cdots & \frac{1}{a_{n-1}} & 0\end{bmatrix}.$$

例 2.7 设 n 阶矩阵 $\boldsymbol{B}$ 的元素全为 1，即 $\boldsymbol{B}=\begin{bmatrix}1 & 1 & \cdots & 1\\ 1 & 1 & \cdots & 1\\ \vdots & \vdots & & \vdots\\ 1 & 1 & \cdots & 1\end{bmatrix}$，证明：$(\boldsymbol{E}-\boldsymbol{B})^{-1}=\boldsymbol{E}-\frac{1}{n-1}\boldsymbol{B}$.（其中 $\boldsymbol{E}$ 为单位阵）

证 只需验证 $(\boldsymbol{E}-\boldsymbol{B})(\boldsymbol{E}-\frac{1}{n-1}\boldsymbol{B})=\boldsymbol{E}$ 即可.

$$(\boldsymbol{E}-\boldsymbol{B})(\boldsymbol{E}-\frac{1}{n-1}\boldsymbol{B})=\boldsymbol{E}-\frac{1}{n-1}\boldsymbol{B}-\boldsymbol{B}+\frac{1}{n-1}\boldsymbol{B}^2,$$

而 $\boldsymbol{B}^2=\begin{bmatrix}1 & 1 & \cdots & 1\\ 1 & 1 & \cdots & 1\\ \vdots & \vdots & & \vdots\\ 1 & 1 & \cdots & 1\end{bmatrix}\begin{bmatrix}1 & 1 & \cdots & 1\\ 1 & 1 & \cdots & 1\\ \vdots & \vdots & & \vdots\\ 1 & 1 & \cdots & 1\end{bmatrix}=\begin{bmatrix}n & n & \cdots & n\\ n & n & \cdots & n\\ \vdots & \vdots & & \vdots\\ n & n & \cdots & n\end{bmatrix}=n\boldsymbol{B}$.

所以 $(\boldsymbol{E}-\boldsymbol{B})(\boldsymbol{E}-\frac{1}{n-1}\boldsymbol{B})=\boldsymbol{E}-(1+\frac{1}{n-1})\boldsymbol{B}+\frac{n}{n-1}\boldsymbol{B}=\boldsymbol{E}$，得证.

例 2.8 设 n 阶矩阵 $\boldsymbol{A}$ 可逆，$\boldsymbol{\alpha}$、$\boldsymbol{\beta}$ 均为行列矩阵，且 $1+\boldsymbol{\beta}^{\mathrm{T}}\boldsymbol{A}^{-1}\boldsymbol{\alpha}\neq 0$. 证明：矩阵 $\boldsymbol{A}+\boldsymbol{\alpha}\boldsymbol{\beta}^{\mathrm{T}}$ 可逆. 且 $(\boldsymbol{A}+\boldsymbol{\alpha}\boldsymbol{\beta}^{\mathrm{T}})^{-1}=\boldsymbol{A}^{-1}-\frac{\boldsymbol{A}^{-1}\boldsymbol{\alpha}\boldsymbol{\beta}^{\mathrm{T}}\boldsymbol{A}^{-1}}{1+\boldsymbol{\beta}^{\mathrm{T}}\boldsymbol{A}^{-1}\boldsymbol{\alpha}}$.

证 因

$$\begin{aligned}(\boldsymbol{A}+\boldsymbol{\alpha}\boldsymbol{\beta}^{\mathrm{T}})\left(\boldsymbol{A}^{-1}-\frac{\boldsymbol{A}^{-1}\boldsymbol{\alpha}\boldsymbol{\beta}^{\mathrm{T}}\boldsymbol{A}^{-1}}{1+\boldsymbol{\beta}^{\mathrm{T}}\boldsymbol{A}^{-1}\boldsymbol{\alpha}}\right)&=\boldsymbol{E}+\boldsymbol{\alpha}\boldsymbol{\beta}^{\mathrm{T}}\boldsymbol{A}^{-1}-\frac{\boldsymbol{\alpha}\boldsymbol{\beta}^{\mathrm{T}}\boldsymbol{A}^{-1}+\boldsymbol{\alpha}(\boldsymbol{\beta}^{\mathrm{T}}\boldsymbol{A}^{-1}\boldsymbol{\alpha})\boldsymbol{\beta}^{\mathrm{T}}\boldsymbol{A}^{-1}}{1+\boldsymbol{\beta}^{\mathrm{T}}\boldsymbol{A}^{-1}\boldsymbol{\alpha}}\\ &=\boldsymbol{E}+\boldsymbol{\alpha}\boldsymbol{\beta}^{\mathrm{T}}\boldsymbol{A}^{-1}-\frac{(1+\boldsymbol{\beta}^{\mathrm{T}}\boldsymbol{A}^{-1}\boldsymbol{\alpha})\boldsymbol{\alpha}\boldsymbol{\beta}^{\mathrm{T}}\boldsymbol{A}^{-1}}{1+\boldsymbol{\beta}^{\mathrm{T}}\boldsymbol{A}^{-1}\boldsymbol{\alpha}}=\boldsymbol{E},\end{aligned}$$

所以 $\boldsymbol{A}+\boldsymbol{\alpha}\boldsymbol{\beta}^{\mathrm{T}}$ 可逆.

例 2.9　设 $\boldsymbol{A},\boldsymbol{B},\boldsymbol{A}+\boldsymbol{B}$ 均为 n 阶可逆矩阵. 证明:

(1) $\boldsymbol{A}^{-1}+\boldsymbol{B}^{-1}$ 可逆,且 $(\boldsymbol{A}^{-1}+\boldsymbol{B}^{-1})^{-1}=\boldsymbol{A}(\boldsymbol{A}+\boldsymbol{B})^{-1}\boldsymbol{B}$;

(2) $\boldsymbol{A}(\boldsymbol{A}+\boldsymbol{B})^{-1}\boldsymbol{B}=\boldsymbol{B}(\boldsymbol{A}+\boldsymbol{B})^{-1}\boldsymbol{A}$.

证　(1) $$\begin{aligned}\boldsymbol{A}(\boldsymbol{A}+\boldsymbol{B})^{-1}\boldsymbol{B}&=\boldsymbol{A}[\boldsymbol{B}(\boldsymbol{B}^{-1}+\boldsymbol{A}^{-1})\boldsymbol{A}]^{-1}\boldsymbol{B}=\boldsymbol{A}[\boldsymbol{A}^{-1}(\boldsymbol{B}^{-1}+\boldsymbol{A}^{-1})^{-1}\boldsymbol{B}^{-1}]\boldsymbol{B}\\&=\boldsymbol{A}\boldsymbol{A}^{-1}(\boldsymbol{B}^{-1}+\boldsymbol{A}^{-1})^{-1}\boldsymbol{B}^{-1}\boldsymbol{B}=(\boldsymbol{B}^{-1}+\boldsymbol{A}^{-1})^{-1}.\end{aligned}$$

(2) 因为 $$\begin{aligned}(\boldsymbol{A}^{-1}+\boldsymbol{B}^{-1})[\boldsymbol{B}(\boldsymbol{A}+\boldsymbol{B})^{-1}\boldsymbol{A}]&=(\boldsymbol{A}^{-1}\boldsymbol{B}+\boldsymbol{E})(\boldsymbol{A}+\boldsymbol{B})^{-1}\boldsymbol{A}\\&=\boldsymbol{A}^{-1}(\boldsymbol{B}+\boldsymbol{A})(\boldsymbol{A}+\boldsymbol{B})^{-1}\boldsymbol{A}=\boldsymbol{A}^{-1}\boldsymbol{A}=\boldsymbol{E},\end{aligned}$$

所以,$(\boldsymbol{A}^{-1}+\boldsymbol{B}^{-1})^{-1}=\boldsymbol{B}(\boldsymbol{A}+\boldsymbol{B})^{-1}\boldsymbol{A}$. 由逆阵的唯一性得证.

例 2.10　已知 n 阶矩阵 $\boldsymbol{A}$ 满足 $\boldsymbol{A}^2+\boldsymbol{A}-4\boldsymbol{I}=0$,证明:$\boldsymbol{A}-\boldsymbol{I}$ 可逆,并求 $(\boldsymbol{A}-\boldsymbol{I})^{-1}$.

证　由题设得 $\boldsymbol{A}^2+\boldsymbol{A}=4\boldsymbol{I}$.　所以 $\boldsymbol{A}^2+\boldsymbol{A}-2\boldsymbol{I}=2\boldsymbol{I}$.

即 $(\boldsymbol{A}-\boldsymbol{I})(\boldsymbol{A}+2\boldsymbol{I})=2\boldsymbol{I}$ 或 $(\boldsymbol{A}-\boldsymbol{I})\dfrac{\boldsymbol{A}+2\boldsymbol{I}}{2}=\boldsymbol{I}$,所以 $(\boldsymbol{A}-\boldsymbol{I})^{-1}=\dfrac{\boldsymbol{A}+2\boldsymbol{I}}{2}$.

例 2.11　设矩阵 $\boldsymbol{A}=\begin{bmatrix}0&1&0\\-1&1&1\\-1&0&-1\end{bmatrix}$,$\boldsymbol{B}=\begin{bmatrix}1&-1\\2&0\\5&-3\end{bmatrix}$,矩阵 $\boldsymbol{X}$ 满足 $\boldsymbol{X}=\boldsymbol{A}\boldsymbol{X}+\boldsymbol{B}$,求 $\boldsymbol{X}$.

解　由 $\boldsymbol{X}=\boldsymbol{A}\boldsymbol{X}+\boldsymbol{B}$ 得 $(\boldsymbol{E}-\boldsymbol{A})\boldsymbol{X}=\boldsymbol{B}$,矩阵 $\boldsymbol{E}-\boldsymbol{A}=\begin{bmatrix}1&-1&0\\1&0&-1\\1&0&2\end{bmatrix}$ 可逆. 用 $(\boldsymbol{E}-\boldsymbol{A})^{-1}$ 左乘 $(\boldsymbol{E}-\boldsymbol{A})\boldsymbol{X}=\boldsymbol{B}$ 两端,得

$$\boldsymbol{X}=(\boldsymbol{E}-\boldsymbol{A})^{-1}\boldsymbol{B}$$

又因为 $(\boldsymbol{E}-\boldsymbol{A},\boldsymbol{B})=\begin{bmatrix}0&-1&0&1&-1\\1&0&-1&2&0\\1&0&2&5&-3\end{bmatrix}\to\begin{bmatrix}1&0&0&3&-1\\0&1&0&2&0\\0&0&1&1&-1\end{bmatrix}$

所以 $\boldsymbol{X}=\begin{bmatrix}3&-1\\2&0\\1&-1\end{bmatrix}$

例 2.12　设矩阵 $\boldsymbol{A}=\begin{bmatrix}1&1&1&1\\1&1&-1&-1\\1&-1&1&-1\\1&-1&-1&1\end{bmatrix}$.

(1) 求 $\boldsymbol{A}^n(n=2,3,\cdots)$;

(2) 若方阵 $\boldsymbol{B}$ 满足 $\boldsymbol{A}^2+\boldsymbol{A}\boldsymbol{B}-\boldsymbol{A}=\boldsymbol{E}$,求 $\boldsymbol{B}$.

解　(1) 由于 $\boldsymbol{A}^2=\begin{bmatrix}1&1&1&1\\1&1&-1&-1\\1&-1&1&-1\\1&-1&-1&1\end{bmatrix}\begin{bmatrix}1&1&1&1\\1&1&-1&-1\\1&-1&1&-1\\1&-1&-1&1\end{bmatrix}=\begin{bmatrix}4&0&0&0\\0&4&0&0\\0&0&4&0\\0&0&0&4\end{bmatrix}=4\boldsymbol{E}$.

所以:$\boldsymbol{A}^{2k}=(\boldsymbol{A}^2)^k=(4\boldsymbol{E})^k=4^k\boldsymbol{E}$. $\boldsymbol{A}^{2k+1}=\boldsymbol{A}^{2k}\boldsymbol{A}=4^k\boldsymbol{A}$. $(k=1,2,\cdots)$

(2) 由 $\boldsymbol{A}^2=4\boldsymbol{E}$ 知 $\boldsymbol{A}$ 可逆,且 $\boldsymbol{A}^{-1}=\dfrac{1}{4}\boldsymbol{A}$,故由 $\boldsymbol{A}\boldsymbol{B}=\boldsymbol{E}+\boldsymbol{A}-\boldsymbol{A}^2$,两端左乘以 $\boldsymbol{A}^{-1}$ 得

$$B = A^{-1}(E + A - A^2) = A^{-1} + E - A = \frac{1}{4}A + E - A = E - \frac{3}{4}A.$$

例 2.13 设矩阵 $A = \begin{bmatrix} 1 & -1 & 1 \\ 1 & 1 & 0 \\ 2 & 1 & 1 \end{bmatrix}$，矩阵 B 满足 $AB + 4E = A^2 - 2B$，求矩阵 B.

解 由题设方程得：$AB + 2B = A^2 - 4E$，即

$$(A + 2E)B = (A + 2E)(A - 2E).$$

由于 $|A + 2E| = \begin{vmatrix} 3 & -1 & 1 \\ 1 & 3 & 0 \\ 2 & 1 & 3 \end{vmatrix} \neq 0$. 所以 $A + 2E$ 可逆，于是

$$B = A - 2E = \begin{bmatrix} -1 & -1 & 1 \\ 1 & -1 & 0 \\ 2 & 1 & -1 \end{bmatrix}.$$

例 2.14 用初等行变换把矩阵 $A = \begin{bmatrix} 0 & 1 & 7 & 8 \\ 1 & 3 & 3 & 8 \\ -2 & -5 & 1 & -8 \end{bmatrix}$ 化成阶梯形矩阵 M，并求初等方阵 P_1, P_2, P_3，使得 A 可以表示成 $A = P_1P_2P_3M$.

解

$$A \xrightarrow{r_1 \leftrightarrow r_2} \begin{bmatrix} 1 & 3 & 3 & 8 \\ 0 & 1 & 7 & 8 \\ -2 & -5 & 1 & -8 \end{bmatrix} \xrightarrow{2r_1 + r_3} \begin{bmatrix} 1 & 3 & 3 & 8 \\ 0 & 1 & 7 & 8 \\ 0 & 1 & 7 & 8 \end{bmatrix} \xrightarrow{-r_2 + r_3} \begin{bmatrix} 1 & 3 & 3 & 8 \\ 0 & 1 & 7 & 8 \\ 0 & 0 & 0 & 0 \end{bmatrix} = M.$$

上面所作初等行变换对应的初等方阵依次是：

$$Q_1 = \begin{bmatrix} 0 & 1 & 0 \\ 1 & 0 & 0 \\ 0 & 0 & 1 \end{bmatrix}, \quad Q_2 = \begin{bmatrix} 1 & 0 & 0 \\ 0 & 1 & 0 \\ 2 & 0 & 1 \end{bmatrix}, \quad Q_3 = \begin{bmatrix} 1 & 0 & 0 \\ 0 & 1 & 0 \\ 0 & -1 & 1 \end{bmatrix},$$

由初等变换与初等方阵的关系，有 $Q_3Q_2Q_1A = M$.

两端左乘以 $(Q_3Q_2Q_1)^{-1}$ 得

$$A = (Q_3Q_2Q_1)^{-1}M = Q_1^{-1}Q_2^{-1}Q_3^{-1}M.$$

记 $P_1 = Q_1^{-1}, P_2 = Q_2^{-1}, P_3 = Q_3^{-1}$，则 P_1, P_2, P_3 仍为初等阵. 故，$A = P_1P_2P_3M$，其中

$$P_1 = Q_1^{-1} = \begin{bmatrix} 0 & 1 & 0 \\ 1 & 0 & 0 \\ 0 & 0 & 1 \end{bmatrix}, P_2 = Q_2^{-1} = \begin{bmatrix} 1 & 0 & 0 \\ 0 & 1 & 0 \\ -2 & 0 & 1 \end{bmatrix}, P_3 = Q_3^{-1} = \begin{bmatrix} 1 & 0 & 0 \\ 0 & 1 & 0 \\ 0 & 1 & 1 \end{bmatrix}.$$

例 2.15 设 A、B、C、D 均为 n 阶矩阵，且 A 可逆，证明：

(1) $\begin{vmatrix} A & B \\ C & D \end{vmatrix} = |A||D - CA^{-1}B|$；

(2) 当 $AC = CA$ 时，有 $\begin{vmatrix} A & B \\ C & D \end{vmatrix} = |AD - CB|$.

证 (1) 由于分块上三角方阵的行列式易求，据拉普拉斯展开定理可得

$$\begin{vmatrix} P & R \\ O & Q \end{vmatrix} = |P||Q|, \quad (\text{其中 } P、Q \text{ 均为方阵})$$

所以，我们设法将矩阵$\begin{vmatrix} A & B \\ C & D \end{vmatrix}$中的矩阵$C$化为零块.

我们用$\begin{bmatrix} E_n & O \\ -CA^{-1} & E_n \end{bmatrix}$左乘$\begin{bmatrix} A & B \\ C & D \end{bmatrix}$得

$$\begin{bmatrix} E_n & O \\ -CA^{-1} & E_n \end{bmatrix}\begin{bmatrix} A & B \\ C & D \end{bmatrix}=\begin{bmatrix} A & B \\ O & D-CA^{-1}B \end{bmatrix},$$

两边取行列式，即得

$$\begin{vmatrix} A & B \\ C & D \end{vmatrix}=|A||D-CA^{-1}B|$$

注：若D可逆，则类似可证$\begin{vmatrix} A & B \\ C & D \end{vmatrix}=|D||A-BD^{-1}C|$，其中$D-CA^{-1}B$称为矩阵$\begin{vmatrix} A & B \\ C & D \end{vmatrix}$的 schur 补.

(2) 当$AC=CA$时，由(1)得：

$$\begin{vmatrix} A & B \\ C & D \end{vmatrix}=|A(D-CA^{-1}B)|=|AD-ACA^{-1}B|=|AD-CB|.$$

例 2.16　设A为$m\times n$阶矩阵，B为$n\times m$阶矩阵，证明：$|I_m-AB|=|I_n-BA|$. 其中I_k为k阶单位阵.

证　由分块矩阵乘法得

$$\begin{bmatrix} I_m & O \\ -B & I_n \end{bmatrix}\begin{bmatrix} I_m & A \\ B & I_n \end{bmatrix}=\begin{bmatrix} I_m & A \\ O & I_n-BA \end{bmatrix},$$

$$\begin{bmatrix} I_m & -A \\ O & I_n \end{bmatrix}\begin{bmatrix} I_m & A \\ B & I_n \end{bmatrix}=\begin{bmatrix} I_m-AB & O \\ B & I_n \end{bmatrix},$$

以上两式两端分别取行列式得

$$\begin{vmatrix} I_m & A \\ B & I_n \end{vmatrix}=|I_n-BA|,\quad \begin{vmatrix} I_m & A \\ B & I_n \end{vmatrix}=|I_m-AB|.$$

故结论得证.

例 2.17　设A,B均为n阶方阵，且满足$A^2=I,B^2=I,|A|+|B|=0$. 证明：$|A+B|=0$.

证　由$A^2=I$两端取行列式得$|A|=\pm1$，同理有$|B|=\pm1$，又$|A|=-|B|$. 故有$|A||B|=-1$，又由$A^2=I,B^2=I$，所以有

$$|A+B|=|AI+IB|=|AB^2+A^2B|=|A(B+A)B|=-|A+B|,$$

于是得$|A+B|=0$.

例 2.18　证明：n阶反对称矩阵可逆的必要条件是n为偶数，举例说明n为偶数不是n阶反对称矩阵可逆的充分条件.

证　设A为n阶反对称阵，则$A^T=-A$. 于是$|A|=|A^T|=|-A|=(-1)^n|A|$.

当n为奇数时，$|A|=-|A|$. 所以$|A|=0$. 因此不可逆，故n阶反对称阵可逆的必要条件为n是偶数. 但偶数阶反对称阵不一定可逆. 例如，四阶反对称阵

$$\boldsymbol{A}=\begin{bmatrix}0 & -1 & 0 & 0\\ 1 & 0 & 1 & 0\\ 0 & -1 & 0 & 0\\ 0 & 0 & 0 & 0\end{bmatrix},$$

不可逆.

例 2.19 设 $\boldsymbol{A}$ 为 n 阶($n\geqslant 2$)可逆矩阵,证明:

(1) $(\boldsymbol{A}^*)^{-1}=(\boldsymbol{A}^{-1})^*$; (2) $(\boldsymbol{A}^{\mathrm{T}})^*=(\boldsymbol{A}^*)^{\mathrm{T}}$; (3) $(k\boldsymbol{A})^*=k^{n-1}\boldsymbol{A}^*$($k$ 为非零常数).

证 这里主要是利用可逆矩阵 $\boldsymbol{A}$ 的逆矩阵 $\boldsymbol{A}^{-1}$ 与 $\boldsymbol{A}$ 的伴随矩阵 $\boldsymbol{A}^*$ 的关系,即

$$\boldsymbol{A}^{-1}=|\boldsymbol{A}^{-1}|\boldsymbol{A}^*;\quad \boldsymbol{A}^*=|\boldsymbol{A}|\boldsymbol{A}^{-1}.$$

(1) $(\boldsymbol{A}^*)^{-1}=(|\boldsymbol{A}|\boldsymbol{A}^{-1})^{-1}=\dfrac{1}{|\boldsymbol{A}|}\boldsymbol{A}=|\boldsymbol{A}^{-1}|\boldsymbol{A}=(\boldsymbol{A}^{-1})^*$.

(2) $(\boldsymbol{A}^*)^{\mathrm{T}}=(|\boldsymbol{A}|\boldsymbol{A}^{-1})^{\mathrm{T}}=|\boldsymbol{A}|(\boldsymbol{A}^{-1})^{\mathrm{T}}=|\boldsymbol{A}|(\boldsymbol{A}^{\mathrm{T}})^{-1}=|\boldsymbol{A}^{\mathrm{T}}|(\boldsymbol{A}^{\mathrm{T}})^{-1}=(\boldsymbol{A}^{\mathrm{T}})^*$.

(3) 利用 $\boldsymbol{A}^*=|\boldsymbol{A}|\boldsymbol{A}^{-1}$ 得

$$(k\boldsymbol{A})^*=|k\boldsymbol{A}|(k\boldsymbol{A})^{-1}=k^n|\boldsymbol{A}|\frac{1}{k}\boldsymbol{A}^{-1}=k^{n-1}|\boldsymbol{A}|\boldsymbol{A}^{-1}=k^{n-1}\boldsymbol{A}^*.$$

这里需要指出,(2)、(3) 的结论,当 $\boldsymbol{A}$ 不可逆时也是成立,这需要用伴随阵的定义来证明.

2.5 自测题

一、填空题

1. 设 $\boldsymbol{A}=\begin{bmatrix}0 & -a & -b\\ a & 0 & c\\ b & -c & 0\end{bmatrix}$,$\boldsymbol{B}=\begin{bmatrix}100 & 50 & 200\\ 180 & 60 & 360\\ 200 & 70 & 400\end{bmatrix}$,则 $|\boldsymbol{A}|+|\boldsymbol{B}|=$ ________.

2. 设 $\boldsymbol{A}=(1\quad 2\quad 3)$,$\boldsymbol{B}=(1\quad 1/2\quad 1/3)$,则$(\boldsymbol{A}^{\mathrm{T}}\boldsymbol{B})^k=$ ________.

3. 已知三阶矩阵 $\boldsymbol{A}$ 的行列式 $|\boldsymbol{A}|=1$,则 $|(-2\boldsymbol{A})^{-1}-\boldsymbol{A}^*|=$ ________.

4. 已知 $\boldsymbol{A}=\begin{bmatrix}1 & 2 & 5\\ 2 & a & 7\\ 1 & 3 & 2\end{bmatrix}$不可逆,则 a ________.

5. 已知三阶方阵 $\boldsymbol{A}$、$\boldsymbol{B}$ 分别分块表示为 $\boldsymbol{A}=\begin{bmatrix}\boldsymbol{\alpha}\\ 2\boldsymbol{\gamma}_2\\ 3\boldsymbol{\gamma}_3\end{bmatrix}$、$\boldsymbol{B}=\begin{bmatrix}\boldsymbol{\beta}\\ \boldsymbol{\gamma}_2\\ \boldsymbol{\gamma}_3\end{bmatrix}$,且 $|\boldsymbol{A}|=6$, $|\boldsymbol{B}|=1$,则 $|\boldsymbol{A}-\boldsymbol{B}|=$ ________.

二、选择题

1. 设 $\boldsymbol{A}$、$\boldsymbol{B}$ 均为 n 阶矩阵,则下列结论正确的为( ).

(A) $|\boldsymbol{AB}|=|\boldsymbol{B}||\boldsymbol{A}|$ (B) $|\boldsymbol{A}+\boldsymbol{B}|=|\boldsymbol{A}|+|\boldsymbol{B}|$

(C) $|\boldsymbol{A}-\boldsymbol{B}|=|\boldsymbol{B}-\boldsymbol{A}|$ (D) $\det(\det(\boldsymbol{A})\boldsymbol{B})=\det(\boldsymbol{A})\det(\boldsymbol{B})$

2. 设 $\boldsymbol{A}$、$\boldsymbol{B}$、$\boldsymbol{C}$ 均为 n 阶矩阵,且满足 $\boldsymbol{ABC}=\boldsymbol{E}$,则下列结论正确的为( ).

(A) $ACB=E$　(B) $CBA=E$　(C) $BAC=E$　(D) $BCA=E$

3. 设 $\boldsymbol{\alpha}$ 为 $n\times1$ 阶矩阵,且 $\boldsymbol{\alpha}^{T}\boldsymbol{\alpha}=1$,方阵 $A=E-2\boldsymbol{\alpha}\boldsymbol{\alpha}^{T}$,则 $AA^{T}=$(　).

(A) E　(B) $-E$　(C) $2E$　(D) $2A$

4. 设矩阵 $A=\begin{bmatrix}1&1&-1\\0&2&3\\0&0&4\end{bmatrix}$,则 $\left[\frac{1}{2}A^{*}\right]^{-1}=$(　).

(A) $\frac{1}{2}A$　(B) $\frac{1}{4}A$　(C) $\frac{1}{8}A$　(D) $\frac{1}{16}A$

5. 若 n 阶方阵 A 可逆,则 A^{*} 可逆,且 A^{*} 的逆阵为(　).

(A) A　(B) $|A|A$　(C) $\frac{A}{|A|}$　(D) $\frac{A}{|A|^{n-1}}$

三、计算题

1. 已知矩阵 $A=\begin{bmatrix}-1&1&1\\1&0&2\\1&1&-1\end{bmatrix}$,$B=\begin{bmatrix}1&0&0\\0&2&0\\0&0&-1\end{bmatrix}$,满足 $AX=BA$,计算 A^{-1}、X、X^{5}.

2. 设 3 阶方阵 A、B 满足 $A^{-1}BA=6A+BA$,且 $A=\begin{bmatrix}1/3&0&0\\0&1/4&0\\0&0&1/7\end{bmatrix}$,求 B.

3. 已知矩阵 $A=\begin{bmatrix}1&0&1\\0&2&0\\1&0&1\end{bmatrix}$,满足 $AB+E=A^{2}+B$,计算 B.

4. 设方阵 X 满足 $A^{*}X=A^{-1}+2X$,其中 $A=\begin{bmatrix}1&1&-1\\-1&1&1\\1&-1&1\end{bmatrix}$,求矩阵 X^{-1}.

5. 设 $A=\begin{bmatrix}2&1&0\\1&2&0\\0&0&3\end{bmatrix}$,3 阶矩阵 B 满足 $ABA^{*}=2BA^{*}+3A^{-1}$,求 B^{*}.

6. 设 $A=\begin{bmatrix}2&&\\&2&\\&&3\end{bmatrix}$,$B=\begin{bmatrix}1&1&1\\3&3&3\\2&2&2\end{bmatrix}$,矩阵 X 满足 $AXA-ABA=XA-AB$,求 X^{3}.

四、证明题

1. 若 A 满足方程 $A^{2}-2A-4E=O$,证明 $A-E$ 可逆,并求 $A-E$ 的逆阵.

2. 设 A、B 都是对称矩阵,A 和 $E+AB$ 都可逆,求证 $(E+AB)^{-1}A$ 是对称矩阵.

第 3 章　几何向量及其应用

3.1　内容提要

1. 向量的加法与数乘

设 $\boldsymbol{a}=(a_x,a_y,a_z)$，$\boldsymbol{b}=(b_x,b_y,b_z)$. λ、μ 是两个实数，则

$$\lambda\boldsymbol{a}+\mu\boldsymbol{b}=(\lambda a_x+\mu b_x,\lambda a_y+\mu b_y,\lambda a_z+\mu b_z).$$

由此得

$$\boldsymbol{a}\parallel\boldsymbol{b}\Leftrightarrow\frac{a_x}{b_x}=\frac{a_y}{b_y}=\frac{a_z}{b_z}.\tag{3-1}$$

2. 向量的数量积

$$\boldsymbol{a}\cdot\boldsymbol{b}=|\boldsymbol{a}||\boldsymbol{b}|\cos\theta,\text{(其中 }\theta\text{ 为 }\boldsymbol{a},\boldsymbol{b}\text{ 的夹角)}\tag{3-2}$$

$$\boldsymbol{a}\cdot\boldsymbol{b}=|\boldsymbol{a}|\,\mathrm{prj}_{\boldsymbol{a}}\boldsymbol{b}=|\boldsymbol{b}|\,\mathrm{prj}_{\boldsymbol{b}}\boldsymbol{a}.$$

若 $\boldsymbol{a}=(a_x,a_y,a_z)$，$\boldsymbol{b}=(b_x,b_y,b_z)$，则

$$\boldsymbol{a}\cdot\boldsymbol{b}=a_xb_x+a_yb_y+a_zb_z.\tag{3-3}$$

由此得　$\boldsymbol{a}\perp\boldsymbol{b}\Leftrightarrow\boldsymbol{a}\cdot\boldsymbol{b}=0\Leftrightarrow a_xb_x+a_yb_y+a_zb_z=0.$

(1) 称 $\|\boldsymbol{a}\|=\sqrt{a_x^2+a_y^2+a_z^2}$ 为向量 $\boldsymbol{a}=(a_x,a_y,a_z)$ 的模.

(2) 设 $\boldsymbol{a}$ 与 x、y、z 轴正向的夹角分别记为 α、β、γ，则 $\boldsymbol{a}$ 的方向余弦为

$$\cos\alpha=\frac{a_x}{|\boldsymbol{a}|}=\frac{a_x}{\sqrt{a_x^2+a_y^2+a_z^2}}$$

$$\cos\beta=\frac{a_y}{|\boldsymbol{a}|}=\frac{a_y}{\sqrt{a_x^2+a_y^2+a_z^2}}$$

$$\cos\gamma=\frac{a_z}{|\boldsymbol{a}|}=\frac{a_z}{\sqrt{a_x^2+a_y^2+a_z^2}}$$

显然，向量的方向余弦应满足

$$\cos^2\alpha+\cos^2\beta+\cos^2\gamma=1.$$

数量积 $|\boldsymbol{ab}|=||\boldsymbol{a}||\,||\boldsymbol{b}||\cos\theta$ 的几何意义表示：以 $\boldsymbol{a}$、$\boldsymbol{b}$ 为邻边的平行四边形的面积.

3. 向量的向量积

两个向量 $\boldsymbol{a}$ 与 $\boldsymbol{b}$ 的向量积仍是向量，记为

$$\boldsymbol{c}=\boldsymbol{a}\times\boldsymbol{b}\quad\text{(亦称叉乘)}$$

向量积满足以下两个条件：

(1) 模　$\|\boldsymbol{a}\times\boldsymbol{b}\|=\|\boldsymbol{a}\|\,\|\boldsymbol{b}\|\sin\theta$，（$\theta$ 是 $\boldsymbol{a}$、$\boldsymbol{b}$ 的夹角）；

(2) 方向　$\boldsymbol{a}\times\boldsymbol{b}$ 同时垂直于 $\boldsymbol{a}$ 和 $\boldsymbol{b}$，且 $\boldsymbol{a}$、$\boldsymbol{b}$、$\boldsymbol{a}\times\boldsymbol{b}$ 符合右手法则（即使右手拇指、食指与中指张成直角，若拇指指向 $\boldsymbol{a}$ 的正向，食指指向 $\boldsymbol{b}$ 的正向，那么中指便指向 $\boldsymbol{a}\times\boldsymbol{b}$ 的方向）. 若设 $\boldsymbol{a}=(a_x,a_y,a_z)$，$\boldsymbol{b}=(b_x,b_y,b_z)$，则

$$\boldsymbol{a}\times\boldsymbol{b}=\begin{vmatrix}\boldsymbol{i} & \boldsymbol{j} & \boldsymbol{k}\\ a_x & a_y & a_z\\ b_x & b_y & b_z\end{vmatrix}. \tag{3-4}$$

其中 $\boldsymbol{i}$、$\boldsymbol{j}$、$\boldsymbol{k}$ 分别表示 x 轴、y 轴、z 轴正向的单位向量.

向量积有如下性质：

(1) $\boldsymbol{a}\times\boldsymbol{b}=-\boldsymbol{b}\times\boldsymbol{a}$(向量积的交换律不成立)；

(2) $(\lambda\boldsymbol{a})\times\boldsymbol{b}=\boldsymbol{a}\times(\lambda\boldsymbol{b})=\lambda(\boldsymbol{a}\times\boldsymbol{b})$(向量积与数乘的结合律成立)；

(3) $\boldsymbol{a}\times(\boldsymbol{b}+\boldsymbol{c})=\boldsymbol{a}\times\boldsymbol{b}+\boldsymbol{a}\times\boldsymbol{c},(\boldsymbol{b}+\boldsymbol{c})\times\boldsymbol{a}=\boldsymbol{b}\times\boldsymbol{a}+\boldsymbol{c}\times\boldsymbol{a}$.

4. 三向量的混合积

设 $\boldsymbol{a}=(a_x,a_y,a_z),\boldsymbol{b}=(b_x,b_y,b_z),\boldsymbol{c}=(c_x,c_y,c_z)$,则混合积为

$$(\boldsymbol{a}\times\boldsymbol{b})\cdot\boldsymbol{c}=\begin{vmatrix}a_y & a_z\\ b_y & b_z\end{vmatrix}c_x+\begin{vmatrix}a_z & a_x\\ b_z & b_x\end{vmatrix}c_y+\begin{vmatrix}a_x & a_y\\ b_x & b_y\end{vmatrix}c_z,$$

即

$$(\boldsymbol{a}\times\boldsymbol{b})\cdot\boldsymbol{c}=\begin{vmatrix}a_x & a_y & a_z\\ b_x & b_y & b_z\\ c_x & c_y & c_z\end{vmatrix}. \tag{3-5}$$

由行列式的性质可知混合积满足

$$(\boldsymbol{a}\times\boldsymbol{b})\cdot\boldsymbol{c}=\boldsymbol{a}\cdot(\boldsymbol{b}\times\boldsymbol{c})=(\boldsymbol{c}\times\boldsymbol{a})\cdot\boldsymbol{b}.$$

混合积的绝对值 $|(\boldsymbol{a}\times\boldsymbol{b})\cdot\boldsymbol{c}|$ 的几何意义表示以向量 $\boldsymbol{a}$、$\boldsymbol{b}$、$\boldsymbol{c}$ 为相邻边的平行六面体的体积. 由此得三向量 $\boldsymbol{a}$、$\boldsymbol{b}$、$\boldsymbol{c}$ 共面 $\Leftrightarrow(\boldsymbol{a}\times\boldsymbol{b})\cdot\boldsymbol{c}=0$.

5. 平面方程

(1) 点法式方程　过点 $P_0(x_0,y_0,z_0)$ 且以 $\boldsymbol{n}=(A,B,C)$ 为法向量的平面方程为

$$A(x-x_0)+B(y-y_0)+C(z-z_0)=0.$$

(2) 一般式方程　若 $A^2+B^2+C^2\neq 0$,则方程

$$Ax+By+Cz+D=0 \tag{3-6}$$

是空间平面的一般方程,换言之,在 3 维空间中平面可用三元一次方程表示,三元一次方程表示一平面.

(3) 截距式方程　过 $A(a,0,0),B(0,b,0)$,和 $C(0,0,c)$ 三点($abc\neq 0$) 的平面方程为

$$\frac{x}{a}+\frac{y}{b}+\frac{z}{c}=1,$$

这就是平面的截距式方程. 称 a、b、c 为平面与三个坐标轴的截距.

6. 直线方程

(1) 直线 L 的一般方程 $\begin{cases}A_1x+B_1y+C_1z+D_1=0,\\ A_2x+B_2y+C_2z+D_2=0.\end{cases}$　(3-7)

设 λ、μ 是任一实数且不全为 0,则方程

$$\lambda(A_1x+B_1y+C_1z+D_1)+\mu(A_2x+B_2y+C_2z+D_2)=0 \tag{3-8}$$

表示过直线 L 的所有平面方程,亦称为过直线(3-7) 的平面束.

(2) 过点 $P_0(x_0,y_0,z_0)$ 且平行于向量 $\boldsymbol{l}=(l,m,n)$ 的直线方程为

$$\frac{x-x_0}{l}=\frac{y-y_0}{m}=\frac{z-z_0}{n}.$$

(3) 直线 L 的参数方程为

$$\begin{cases}x=x_0+lt\\ y=y_0+mt\\ z=z_0+nt\end{cases} \tag{3-9}$$

其中 t 称为参数(或参变量) (3-10)

7. 两平面间的位置关系

设 $\pi_1:A_1x+B_1y+C_1z+D_1=0$,$\pi_2:A_2x+B_2y+C_2z+D_2=0$ 为两张平面,则 $\boldsymbol{n}_1=(A_1,B_1,C_1)$,$\boldsymbol{n}_2=(A_2,B_2,C_2)$ 分别表示两平面的法向量,故

(1) 当二平面平行不重合时,$\dfrac{A_1}{A_2}=\dfrac{B_1}{B_2}=\dfrac{C_1}{C_2}\neq\dfrac{D_1}{D_2}$;

(2) 当二平面不平行,则 $\boldsymbol{n}_1$ 与 $\boldsymbol{n}_2$ 的夹角 θ 的余弦

$$\cos\theta=\frac{\boldsymbol{n}_1\cdot\boldsymbol{n}_2}{\|\boldsymbol{n}_1\|\ \|\boldsymbol{n}_2\|}=\frac{A_1A_2+B_1B_2+C_1C_2}{\sqrt{A_1^2+B_1^2+C_1^2}\sqrt{A_2^2+B_2^2+C_2^2}}.$$

特别地,两平面垂直的充要条件是

$$A_1A_2+B_1B_2+C_1C_2=0.$$

8. 直线与平面的位置关系

已知平面 $\pi:Ax+By+Cz+D=0$ 和直线 $L:\dfrac{x-x_0}{l}=\dfrac{y-y_0}{m}=\dfrac{z-z_0}{n}$,

(1) $L\,/\!/\,\pi\Leftrightarrow Al+Bm+Cn=0$;

(2) $L\perp\pi\Leftrightarrow\dfrac{A}{l}=\dfrac{B}{m}=\dfrac{C}{n}$;

(3) 设 φ 为平面与直线的夹角,则 $\sin\varphi=\dfrac{Al+Bm+Cn}{\sqrt{A^2+B^2+C^2}\cdot\sqrt{l^2+m^2+n^2}}$.

9. 直线与直线的位置关系

设二直线 $L_1:\dfrac{x-x_1}{l_1}=\dfrac{y-y_1}{m_1}=\dfrac{z-z_1}{n_1}$, $L_2:\dfrac{x-x_2}{l_2}=\dfrac{y-y_2}{m_2}=\dfrac{z-z_2}{n_2}$.

(1) $L_1\,/\!/\,L_2\Leftrightarrow\dfrac{l_1}{l_2}=\dfrac{m_1}{m_2}=\dfrac{n_1}{n_2}$;

(2) 两直线相交,设 $M_1(x_1,y_1,z_1)\in L_1$,$M_2(x_2,y_2,z_2)\in L_2$,$(x_2-x_1,y_2-y_1,z_2-z_1)$ 与 L_1,L_2 共面,则

$$\begin{vmatrix}x_2-x_1 & y_2-y_1 & z_2-z_1\\ l_1 & m_1 & n_1\\ l_2 & m_2 & n_2\end{vmatrix}=0. \tag{3-11}$$

如果 L_1 与 L_2 的夹角为 θ,则两直线的夹角余弦为

$$\cos\theta=\frac{l_1l_2+m_1m_2+n_1n_2}{\sqrt{l_1^2+m_1^2+n_1^2}\sqrt{l_2^2+m_2^2+n_2^2}}$$

10. 两点距离公式

设 $M_1(x_1,y_1,z_1)$ 与 $M_2(x_2,y_2,z_2)$ 为空间中两点,则两点间的距离

$$|\overrightarrow{M_1M_2}|=\sqrt{(x_2-x_1)^2+(y_2-y_1)^2+(z_2-z_1)^2}. \tag{3-12}$$

11. 定比分点

设 $M(x,y,z)$ 分线段 M_1M_2 成定比 $\frac{M_1M}{MM_2}=\lambda$，其中 M_1M、MM_2 是两线段的长度，则

$$x=\frac{x_1+\lambda x_2}{1+\lambda},\quad y=\frac{y_1+\lambda y_2}{1+\lambda},\quad z=\frac{z_1+\lambda z_2}{1+\lambda}.$$

12. 点到平面的距离公式

已知点 $M_0(x_0,y_0,z_0)$ 和平面 $\pi: Ax+By+Cz+D=0$，点 M_0 到平面 π 的距离为

$$d=|\mathrm{Prj}_{\boldsymbol{n}}\overrightarrow{M_0M}|=\frac{|\boldsymbol{n}\cdot\overrightarrow{M_0M}|}{|\boldsymbol{n}|},$$

即

$$d=\frac{|Ax_0+By_0+Cz_0+D|}{\sqrt{A^2+B^2+C^2}}. \tag{3-13}$$

13. 两异面直线的距离

设 $\boldsymbol{L}_1$、$\boldsymbol{L}_2$ 为两异面直线的方向向量，$M_1(x_1,y_1,z_1)\in L_1$，$M_2(x_2,y_2,z_2)\in L_2$，则两异面直线的最短距离为

$$d=\frac{|\overrightarrow{M_1M_2}\cdot(\boldsymbol{L}_1\times\boldsymbol{L}_2)|}{|\boldsymbol{L}_1\times\boldsymbol{L}_2|}. \tag{3-14}$$

3.2　基本方法

1. 建立空间平面方程的基本方法

(1) 如果已知定点 $P_0(x_0,y_0,z_0)$ 及法向量 $\boldsymbol{n}=(A,B,C)$，则平面方程为

$$A(x-x_0)+B(y-y_0)+C(z-z_0)=0.$$

(2) 如果已知截距 $A(a,0,0)$，$B(0,b,0)$ 和 $C(0,0,c)$ 三点（$abc\neq 0$），则平面方程为

$$\frac{x}{a}+\frac{y}{b}+\frac{z}{c}=1.$$

(3) 如果已知直线 $\begin{cases}A_1x+B_1y+C_1z+D_1=0\\A_2x+B_2y+C_2z+D_2=0\end{cases}$，过此直线的平面方程可以写成

$$\lambda(A_1x+B_1y+C_1z+D_1)+\mu(A_2x+B_2y+C_2z+D_2)=0,\ (\lambda、\mu\ \text{不全为零})$$

然后根据具体条件确定 λ、μ.

2. 建立空间直线方程的基本方法

(1) 过点 $P_0(x_0,y_0,z_0)$ 且平行于向量 $\boldsymbol{l}=(l,m,n)$ 的直线方程为

$$\frac{x-x_0}{l}=\frac{y-y_0}{m}=\frac{z-z_0}{n}$$

参数方程为

$$\begin{cases}x=x_0+lt\\y=y_0+mt\\z=z_0+nt\end{cases}$$

其中 t 称为参数

(2) 因为直线的一般方程为两平面的交线，所以用面束的方法求构成直线的两平面方程也是一个比较好的方法.

3.3　释疑解惑

问题 3.1　向量的数量积有什么作用?

答　利用两向量的数量积可以求两向量的夹角、两直线的夹角、两平面的夹角以及任一向量的方向余弦，还可以利用两向量的垂直关系建立平面方程和空间直线方程等.

问题 3.2　向量的向量积有什么作用?

答　利用两向量的向量积可以求与已知向量垂直的问题，也可以求两向量的夹角、两直线的夹角、两平面的夹角，还可以利用两向量的平行关系建立平面方程和空间直线方程等.

问题 3.3　空间直线的一般式方程如何转化为对称式方程?

答　对于一般式直线方程转换成对称式方程，要计算两点：一是直线的方向向量，二是要计算直线上一点的坐标. 设直线的一般式方程为 $\begin{cases}A_1x+B_1y+C_1z+D_1=0\\A_2x+B_2y+C_2z+D_2=0\end{cases}$，$\boldsymbol{n}_1=(A_1,B_1,C_1)$，$\boldsymbol{n}_2=(A_2,B_2,C_2)$ 为两平面的法向量的坐标，两平面交线的方向向量为 $\boldsymbol{l}=\boldsymbol{n}_1\times\boldsymbol{n}_2=(l,m,n)$，又设直线上一点为 $P_0(x_0,y_0,z_0)$，则直线的对称式方程为 $\dfrac{x-x_0}{l}=\dfrac{y-y_0}{m}=\dfrac{z-z_0}{n}$(见例 3.5).

问题 3.4　如何判断空间两直线是异面直线?

答　设两直线方程为 $\dfrac{x-x_1}{l_1}=\dfrac{y-y_1}{m_1}=\dfrac{z-z_1}{n_1}$，$\dfrac{x-x_2}{l_2}=\dfrac{y-y_2}{m_2}=\dfrac{z-z_2}{n_2}$，方向向量分别是 $\alpha=(l_1,m_1,n_1)$，$\beta=(l_2,m_2,n_2)$，两直线上各取一点 $P_1(x_1,y_1,z_1)$，$P_2(x_2,y_2,z_2)$，则当三向量 $\alpha,\beta,\overrightarrow{P_1P_2}$ 的混合积不等于零时，两直线为异面直线，如果混合积 $(\alpha,\beta,\overrightarrow{P_1P_2})=\mathbf{0}$，则两直线为共面直线.

问题 3.5　如何用平面束求平面方程?

答　设空间直线方程为 $\begin{cases}A_1x+B_1y+C_1z+D_1=0\\A_2x+B_2y+C_2z+D_2=0\end{cases}$，则过此直线的所有平面方程为

$$\lambda(A_1x+B_1y+C_1z-D_1)+\mu(A_2x+B_2y+C_2z-D_2)=0,\ (\lambda,\mu\text{ 不全为零})$$

这样就可根据要求平面的其他条件确定 λ、μ(见例 3.8).

3.4　典型例题

例 3.1　证明一般三角形的余弦定理.

解　如图 3.1，

$|\overrightarrow{AB}|=c$，$|\overrightarrow{CB}|=a$，$|\overrightarrow{CA}|=b$，$(\overrightarrow{CB},\overrightarrow{CA})=C$，

$$\overrightarrow{AB}=\overrightarrow{CB}-\overrightarrow{CA},$$

故

$$\overrightarrow{AB}\cdot\overrightarrow{AB}=(\overrightarrow{CB}-\overrightarrow{CA})\cdot(\overrightarrow{CB}-\overrightarrow{CA})$$
$$=(\overrightarrow{CB})^2+(\overrightarrow{CA})^2-2\overrightarrow{CA}\cdot\overrightarrow{CB},$$

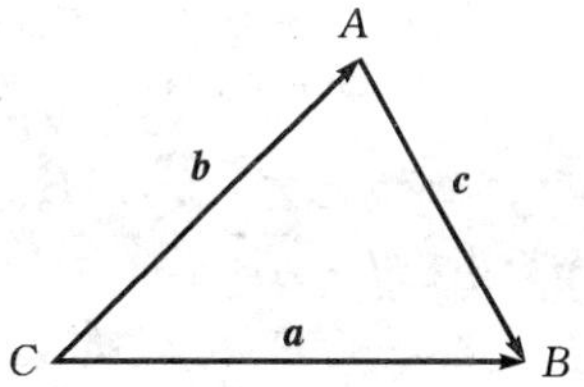

图 3.1

即得余弦定理

$$c^2=a^2+b^2-2ab\cos C.$$

例 3.2　求向量 $\boldsymbol{x}=2\boldsymbol{a}+3\boldsymbol{b}$ 与 $\boldsymbol{y}=3\boldsymbol{a}-\boldsymbol{b}$ 的夹角 φ. 已知 $\|\boldsymbol{a}\|=2,\|\boldsymbol{b}\|=1$, $\boldsymbol{a}$、$\boldsymbol{b}$ 的夹角为 $\frac{\pi}{3}$.

解　$$\cos\varphi=\frac{\boldsymbol{x}\cdot\boldsymbol{y}}{\|\boldsymbol{x}\|\,\|\boldsymbol{y}\|}=\frac{(2\boldsymbol{a}+3\boldsymbol{b})\cdot(3\boldsymbol{a}-\boldsymbol{b})}{\sqrt{(2\boldsymbol{a}+3\boldsymbol{b})^2}\sqrt{(3\boldsymbol{a}-\boldsymbol{b})^2}}$$
$$=\frac{6\boldsymbol{a}^2-3\boldsymbol{b}^2+7\boldsymbol{a}\cdot\boldsymbol{b}}{\sqrt{4\boldsymbol{a}^2+9\boldsymbol{b}^2+12\boldsymbol{a}\cdot\boldsymbol{b}}\sqrt{9\boldsymbol{a}^2+\boldsymbol{b}^2-6\boldsymbol{a}\cdot\boldsymbol{b}}}=\frac{28}{\sqrt{37\times31}},$$
$$\varphi=\arccos\frac{28}{\sqrt{37\times31}}\approx\arccos0.8\approx35^\circ.$$

例 3.3　已知三点 $A(1,0,1),B(-2,3,1),C(3,-1,2)$,求 $S_{\triangle ABC}$.

解　因为 $\|\overrightarrow{AB}\times\overrightarrow{AC}\|$ 是以$\overrightarrow{AB}$、$\overrightarrow{AC}$ 为邻边的平行四边形的面积,故

$$S_{\triangle ABC}=\frac{1}{2}\|\overrightarrow{AB}\times\overrightarrow{AC}\|,$$

而

$$\overrightarrow{AB}\times\overrightarrow{AC}=(-3,3,0)\times(2,-1,1)=(3,3,-3),$$

所以　$$S_{\triangle ABC}=\frac{1}{2}\sqrt{3^2+3^2+(-3)^2}=\frac{3}{2}\sqrt{3}.$$

例 3.4　已知 $A(1,2,3),B(1,0,0),C(3,-1,-2),D(0,5,2)$,求三棱锥 A-BCD 的体积.

解　此体积为以$\overrightarrow{AB}=(0,-2,-3)$,$\overrightarrow{AC}=(2,-3,-5)$ 和$\overrightarrow{AD}=(-1,3,-1)$ 为邻边的平行六面体体积的 1/6,故

$$V_{A\text{-}BCD}=\frac{1}{6}\|(\overrightarrow{AB}\times\overrightarrow{AC})\cdot\overrightarrow{AD}\|=\left|\frac{1}{6}\begin{vmatrix}0&-2&-3\\2&-3&-5\\-1&3&-1\end{vmatrix}\right|=\frac{23}{6}.$$

例 3.5　将直线方程 $L:\begin{cases}x-2y+z+4=0\\2x+y-2z+4=0\end{cases}$化为对称式方程.

解　方法 Ⅰ:用几何方法. 在 L 上找一点,不妨令 $x=0$,解得 $y=z=4$,即点$(0,4,4)\in L$;又由 $\boldsymbol{n}_1=(1,-2,1)$,$\boldsymbol{n}_2=(2,1,-2)$ 是平面的法向量,均与 $\boldsymbol{L}$ 相垂直,故 $(1,-2,1)\times(2,1,-2)=(3,4,5)$ 可做为所求直线的方向向量,所求直线的对称式方程为

$$\frac{x}{3}=\frac{y-4}{4}=\frac{z-4}{5}.$$

方法 Ⅱ:用代数变形. 从两方程中消去 y 得

$5x-3z+12=0$,即$\frac{x}{3}=\frac{z-4}{5}$;从二方程中消去 z 得 $4x-3y+12=0$,即$\frac{x}{3}=\frac{y-4}{4}$,

故所求直线的对称式方程为

$$\frac{x}{3}=\frac{y-4}{4}=\frac{z-4}{5}.$$

例 3.6 证明三角形三条高交于一点.

证 设已知 $AH \perp BC, BH \perp AC$(见图 3.2). 利用数量积定义,问题转化为:已知 $\overrightarrow{AH} \cdot \overrightarrow{BC} = \overrightarrow{BH} \cdot \overrightarrow{AC} = 0$, 求证 $\overrightarrow{CH} \cdot \overrightarrow{AB} = 0$.

由

$$\begin{aligned}\overrightarrow{CH} \cdot \overrightarrow{AB} &= (\overrightarrow{CA} + \overrightarrow{AH}) \cdot \overrightarrow{AB} \\ &= \overrightarrow{CA} \cdot \overrightarrow{AB} + \overrightarrow{AH} \cdot (\overrightarrow{AC} + \overrightarrow{CB}) \\ &= \overrightarrow{CA} \cdot \overrightarrow{AB} + \overrightarrow{AH} \cdot \overrightarrow{AC} \\ &= \overrightarrow{AC} \cdot (\overrightarrow{AH} - \overrightarrow{AB}) = \overrightarrow{AC} \cdot \overrightarrow{BH} = 0,\end{aligned}$$

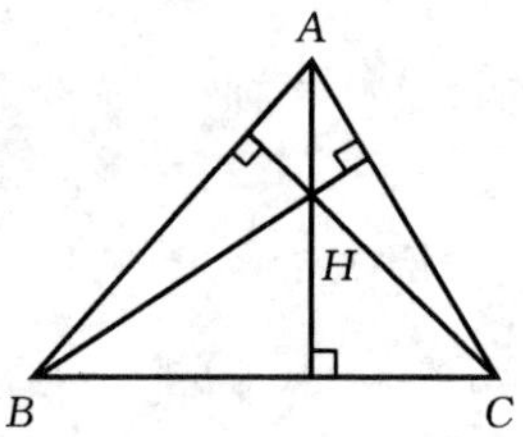

图 3.2

故

$$\overrightarrow{CH} \perp \overrightarrow{AB}.$$

例 3.7 求二平面 $2x - y + z = 7$ 和 $x + y + 2z = 11$ 所成二面角的平分面的方程.

解 由于所求平面上任一点 (x,y,z) 到二平面的距离相等,故所求平面上的点 (x,y,z) 满足方程

$$\frac{|2x - y + z - 7|}{\sqrt{6}} = \frac{|x + y + 2z - 11|}{\sqrt{6}},$$

即

$$2x - y + z - 7 = \pm(x + y + 2z - 11)$$

故所求平面方程为 $x - 2y - z + 4 = 0$ 或 $x + z - 6 = 0$.

显然,从几何性质很容易知道所求得的两平面是相互垂直的,即 $(1,-2,-1) \perp (1,1,-1)$.

例 3.8 求由两直线:

$$L_1: \begin{cases} x = 2z + 1 \\ y = 3z + 2 \end{cases}, \quad L_2: \begin{cases} 2x = 2 - z \\ 3y = z + 6 \end{cases}$$

所决定的平面方程.

解 方法 Ⅰ:将二直线化为对称式方程得

$$L_1: \frac{x-1}{2} = \frac{y-2}{3} = z, \quad L_2: \frac{x-1}{-3} = \frac{y-2}{2} = \frac{z}{6},$$

问题化为求过点 $A(1,2,0)$ 与向量 $\boldsymbol{l}_1 = (2,3,1)$ 及 $\boldsymbol{l}_2 = (-3,2,6)$ 平行的平面. 因为 $\boldsymbol{n} = (2,3,1) \times (-3,2,6) = (16,-15,13)$,所以,所求平面为

$$16(x-1) - 15(y-2) + 13z = 0,$$

即

$$16x - 15y + 13z + 14 = 0.$$

方法 Ⅱ:过 L_1 的平面方程为

$$x - 2z - 1 + \lambda(y - 3z - 2) = 0, \text{或 } x + \lambda y - (2 + 3\lambda)z - (2\lambda + 1) = 0,$$

过 L_2 的平面方程为 $2x + z - 2 + \mu(3y - z - 6) = 0$,或 $2x + 3\mu y - (\mu - 1)z - 2(3\mu + 1) = 0$,根据题意,所求平面应是两平面束中相互平行的平面,故对应系数成比例

$$\frac{1}{2} = \frac{\lambda}{3\mu} = \frac{2 + 3\lambda}{\mu - 1} = \frac{2\lambda + 1}{2(3\mu + 1)},$$

令 $\lambda = 3t, \mu = 2t$,则得

$$\frac{2 + 9t}{2t - 1} = \frac{1}{2}, \text{得 } t = -\frac{5}{16}, \quad \lambda = -\frac{15}{16},$$

代入相应平面方程整理即得

$$16x-15y+13z+14=0.$$

方法 Ⅲ：在 L_1 上任取二点 $A(1,2,0)$ 和 $B(3,5,1)$；在 L_2 上取一点 $C(4,0,-6)$，设动点 $P(x,y,z)$ 是平面上任一点，则三向量 $\overrightarrow{AB}$、$\overrightarrow{AC}$、$\overrightarrow{AP}$ 共面，即

$$\begin{vmatrix} x-1 & y-2 & z \\ 3 & -2 & -6 \\ 2 & 3 & 1 \end{vmatrix}=0$$

为所求平面方程.

例 3.9　求过点 $P_0(-1,0,4)$ 与平面 $3x-4y+z-10=0$ 平行且又与直线 $\dfrac{x+1}{1}=\dfrac{y-3}{1}=\dfrac{z}{2}$ 相交的直线方程.

解　方法 Ⅰ：过已知点与已知平面平行的平面方程为

$$3(x+1)-4y+z-4=0,$$

已知直线的参数方程为

$$x+1=t,y-3=t,z=2t,$$

代入平面方程得：$3t-12-4t+2t-4=0$，所以，$t=16$，

故已知直线与平面的交点坐标为 $(15,19,32)$，这点也在所求直线上，所以，所求直线的方向向量为 $\boldsymbol{L}=(16,19,28)$，故其方程为

$$L:\frac{x+1}{16}=\frac{y}{19}=\frac{z-4}{28}.$$

方法 Ⅱ：过已知点与已知平面平行的平面方程为 $3(x+1)-4y+z-4=0$，而所求直线又在由已知点和直线所决定的平面内，而此平面在过直线的平面束：$2x-z+2+\lambda(x-y+4)=0$ 内，以 $(-1,0,4)$ 代入得

$$-2-3+2+\lambda(-1+4)=0,\lambda=\frac{4}{5},$$

得此平面方程

$$10x-4y-3z+22=0,$$

联立两式，即为所求直线的一般方程

$$L:\begin{cases}3x-4y+z-1=0,\\10x-4y-3z+22=0.\end{cases}$$

例 3.10　一直线过点 $A(1,2,1)$ 且垂直于直线 L_1：$\dfrac{x-1}{3}=\dfrac{y}{2}=\dfrac{z+1}{1}$，又和直线 L_2：$\dfrac{x}{2}=y=\dfrac{z}{-1}$ 相交，求此直线方程.

解　设所求直线与 L_2 的交点为 $B(x_0,y_0,z_0)$，则有 $\dfrac{x_0}{2}=y_0=\dfrac{z_0}{-1}$，即 $x_0=2y_0,z_0=-y_0$，

$$\overrightarrow{AB}=(x_0-1,y_0-2,z_0-1)\perp L_1,$$

所以

$$3(x_0-1)+2(y_0-2)+(z_0-1)=0,$$

将 $x_0=2y_0,z_0=-y_0$ 代入上式，得 $y_0=\dfrac{8}{7},x_0=\dfrac{16}{7},z_0=-\dfrac{8}{7},\overrightarrow{AB}=\dfrac{3}{7}(3,-2,-5)$，所求直线方程为

$$\frac{x-1}{3}=\frac{y-2}{-2}=\frac{z-1}{-5}.$$

例 3.11 已知两直线的方程为：L_1：$\begin{cases}2x-2y-z+1=0\\x+2y-2z-4=0\end{cases}$，$L_2$：$\frac{x-1}{1}=\frac{y+2}{2}=\frac{z}{-1}$.

(1) 证明二直线异面；

(2) 求它们之间的距离；

(3) 求此二直线的公垂线方程(即与它们垂直相交).

解 (1) 化 L_1 为对称式得

L_1：$\frac{x}{2}=\frac{y-1}{1}=\frac{z+1}{2}$，因此取点 $M_1(0,1,-1)$ 及方向向量 $\boldsymbol{L}_1=(2,1,2)$，

对 L_2 同样取点 $M_2(1,-2,0)$ 及方向向量 $\boldsymbol{L}_1=(1,2,-1)$ 故

$$\overrightarrow{M_1M_2}\cdot(\boldsymbol{L}_1\times\boldsymbol{L}_2)=\begin{vmatrix}1&-3&1\\2&1&2\\1&2&-1\end{vmatrix}=\begin{vmatrix}0&-3&1\\0&1&2\\2&2&-1\end{vmatrix}=-14\neq 0$$ 知 L_1 和 L_2 异面.

(2) $\boldsymbol{L}_1\times\boldsymbol{L}_2=(-5,4,3)$，$\|\boldsymbol{L}_1\times\boldsymbol{L}_2\|=5\sqrt{2}$，所以，两直线之间的距离为

$$d=\frac{|\overrightarrow{M_1M_2}\cdot(\boldsymbol{L}_1\times\boldsymbol{L}_2)|}{\|\boldsymbol{L}_1\times\boldsymbol{L}_2\|}=\frac{14}{5\sqrt{2}}.$$

(3) 为求公垂线 L，易知其方向 $\boldsymbol{L}\parallel\boldsymbol{L}_1\times\boldsymbol{L}_2=(-5,4,3)$，但很难找到 L 上一点. 因此，我们转而考虑建立 L 的一般方程，即找包含 L 的两张平面. 设 L 已知，则 L 与 L_1 所决定的平面 π_1 及 L 与 L_2 所决定的平面 π_2 的交线就是 L，所以只要分别建立 π_1、π_2 的方程即可.

π_1 过 L_1 上点 $M_1(0,1,-1)$，法向量 $\boldsymbol{n}_1=\boldsymbol{L}_1\times\boldsymbol{L}=(2,1,2)\times(-5,4,3)=(-5,-16,13)$，因此，得 π_1 的方程为

$$5x+16y-13z-29=0;$$

π_2 过 $M_2(1,-2,0)$，$\boldsymbol{n}_2=\boldsymbol{L}_2\times\boldsymbol{L}=(1,2,-1)\times(-5,4,3)=(10,2,14)\parallel(5,1,7)$，故 π_2 的方程为 $5x+y+7z-3=0$，因此，所求直线的方程为

$$L:\begin{cases}5x+16y-13z-29=0\\5x+y+7z-3=0\end{cases}$$

例 3.12 证明：两直线 $L_1:x=y=z-4$，$L_2:-x=y=z$ 异面；求两直线间的距离；并求与 L_1，L_2 都垂直且相交的直线方程.

解 设 $\boldsymbol{a}_1=(1,1,1)^{\mathrm{T}}$，$\boldsymbol{a}_2=(-1,1,1)^{\mathrm{T}}$，取点 $P_1(0,0,4)\in L_1$，点 $P_2(0,0,0)\in L_2$，$\overrightarrow{P_1P_2}=(0,0,-4)$，混合积 $(\boldsymbol{a}_1,\boldsymbol{a}_2,\overrightarrow{P_1P_2})=-8\neq 0$，故 L_1、L_2 异面.

L_1 与 L_2 的距离 $d=\frac{|(\boldsymbol{a}_1\quad\boldsymbol{a}_2\quad\overrightarrow{P_1P_2})|}{\|\boldsymbol{a}_1\times\boldsymbol{a}_2\|}=\frac{8}{2\sqrt{2}}=2\sqrt{2}.$

公垂线 L 的方向向量 $\boldsymbol{l}\parallel(0,1,-1)$，含 L、L_1 的平面方程为 $-2(x-0)+1(y-0)+1(z-4)=0$，含 L、L_2 的平面方程为 $-2(x-0)-1(y-0)-1(z+0)=0$，故，公垂线 L 的方程为

$$\begin{cases}2x-y-z+4=0\\2x+y+z=0\end{cases}$$

例 3.13　求以 $\Gamma:\begin{cases}y=0\\z=x^2\end{cases}$ 为准线，母线平行于向量(2,1,1)的柱面方程.

解　设柱面上的点为 $\boldsymbol{p}(x,y,z)$，准线 Γ 上的点为 $\boldsymbol{p}_\Gamma(x_\Gamma,y_\Gamma,z_\Gamma)$，则

$$\boldsymbol{p}_\Gamma-\boldsymbol{p}=t(2,1,1),$$

即 $\begin{cases}x_\Gamma-x=2t\\y_\Gamma-y=t\\z_\Gamma-z=t\end{cases}$，　或 $\begin{cases}x_\Gamma=x+2t\\y_\Gamma=y+t\\z_\Gamma=z+t\end{cases}$

代入 $\Gamma:\begin{cases}y=0\\z=x^2\end{cases}$，　得 $\begin{cases}y+t=0\\z+t=(x+2t)^2\end{cases}$

消去 t，即得所求柱面方程 $z-y=(x-2y)^2$，或 $x^2+4y^2-4xy+y-z=0$.

3.5　自测题

一、填空题

1. 设 $\boldsymbol{a}=3\boldsymbol{i}-\boldsymbol{j}-2\boldsymbol{k}$，$\boldsymbol{b}=\boldsymbol{i}+2\boldsymbol{j}-\boldsymbol{k}$，则 $(-2\boldsymbol{a})\cdot 3\boldsymbol{b}=$ ________.

2. 设 $\boldsymbol{a}=2\boldsymbol{i}+\boldsymbol{j}$，$\boldsymbol{b}=\boldsymbol{k}-\boldsymbol{j}$，以 $\boldsymbol{a}$、$\boldsymbol{b}$ 为邻边的平行四边形的两对角线长为________；两对角线夹角余弦为________；及平行四边形面积为________.

3. 过点(0,1,1)垂直于平面 $2x-y+z+1=0$ 的直线方程为________.

4. 过点 $A(0,1,0)$，$B(1,0,1)$ 平行于 $\dfrac{x-3}{-2}=\dfrac{y+1}{3}=\dfrac{z-1}{1}$ 的平面方程为________.

5. 已知两条直线 $L_1:\dfrac{x-1}{1}=\dfrac{y-2}{0}=\dfrac{z-3}{-1}$，$L_2:\dfrac{x+2}{2}=\dfrac{y-1}{1}=\dfrac{z}{1}$，则过 L_1 且平行于 L_2 的平面方程是________.

二、选择题

1. 平面 $x+ky-z-2=0$ 与 $2x+y+z-1=0$ 相互垂直，则 k 等于(　).

(A) 1　　(B) 2　　(C) -1　　(D) -2

2. 通过点 $M(1,2,3)$ 且平行于直线 $\dfrac{x-2}{2}=\dfrac{y-3}{1}=\dfrac{z-1}{3}$ 的直线方程为(　).

(A) $\dfrac{x-2}{1}=\dfrac{y-3}{2}=\dfrac{z-1}{3}$　　(B) $\dfrac{x-1}{1}=\dfrac{y-2}{2}=\dfrac{z-3}{3}$

(C) $\dfrac{x-1}{-2}=\dfrac{y-2}{-1}=\dfrac{z-3}{-3}$　　(D) $2(x-1)+(y-2)+3(z-3)=0$

3. 设直线 $\dfrac{x}{3}=\dfrac{y}{k}=\dfrac{z}{4}$ 与平面 $2x-9y+3z-10=0$ 平行，则 k 等于(　).

(A) 2　　(B) 6　　(C) 8　　(D) 10

4. 两平行平面 $x+y-z+1=0$，$2x+2y-2z=3$ 间的距离为(　).

(A) $\dfrac{3}{2}$　　(B) $\dfrac{5}{\sqrt{3}}$　　(C) $\dfrac{1}{\sqrt{12}}$　　(D) $\dfrac{5}{6}\sqrt{3}$

5. 过 Ox 点轴和点 $M(1,2,3,)$ 的平面方程是(　).

(A) $x-1=0$　　(B) $3y-2z=0$

(C) $-3y+2z-6=0$　　(D) $2y-3z=0$

三、计算题

1. 求过三平面 $2x+y-z-2=0$,$x-3y+z+1=0$ 和 $x+y+z-3=0$ 的交点,且平行于 $x+y+2z=0$ 的平面方程.

2. 求经过直线 $L:\dfrac{x-2}{5}=\dfrac{y+1}{2}=\dfrac{z-2}{4}$ 且垂直于平面 $x+4y-3z+7=0$ 的平面方程.

3. 证明两直线 $L_1:x=y=z-4$,$L_2:-x=y=z$ 异面;求两直线间的距离;并求与 L_1、L_2 都垂直且相交的直线方程.

4. 一直线过点 $A(1,2,1)$ 且垂直于直线 $L_1:\dfrac{x-1}{3}=\dfrac{y}{2}=\dfrac{z+1}{1}$,又和直线 $L_2:\dfrac{x}{2}=y=\dfrac{z}{-1}$ 相交,求此直线方程 .

5. 已知直线 $L_1:\begin{cases}x+y-z-1=0\\2x+y-z-2=0\end{cases}$ 和 $L_2:\begin{cases}x+2y-z-2=0\\x+2y+2z+4=0\end{cases}$.

(1) 证明此二直线异面;

(2) 求此二直线间的距离;

(3) 求此二直线的公垂线方程.

四、证明题

1. 已知空间中的四个点 $A(x_1,y_1,z_1)$,$B(x_2,y_2,z_2)$,$C(x_3,y_3,z_3)$,$D(x_4,y_4,z_4)$,求证:

$$V_{A\text{-}BCD}=\frac{1}{6}\left\|\begin{matrix}x_1&y_1&z_1&1\\x_2&y_2&z_2&1\\x_3&y_3&z_3&1\\x_4&y_4&z_4&1\end{matrix}\right\|.$$

2. 证明:若 $\boldsymbol{a}\times\boldsymbol{b}+\boldsymbol{b}\times\boldsymbol{c}+\boldsymbol{c}\times\boldsymbol{a}=0$,则 $\boldsymbol{a}$、$\boldsymbol{b}$、$\boldsymbol{c}$ 共面.

第4章　n 维向量与线性方程组

4.1　内容提要

1. n 元线性方程组

$$\text{称}\begin{cases}a_{11}x_1+a_{12}x_2+\cdots+a_{1n}x_n=b_1\\a_{21}x_1+a_{22}x_2+\cdots+a_{2n}x_n=b_2\\\qquad\vdots\\a_{m1}x_1+a_{m2}x_2+\cdots+a_{mn}x_n=b_m\end{cases}\text{为 } n \text{ 元线性方程组}\tag{4-1}$$

写成矩阵形式

$$\boldsymbol{Ax}=\boldsymbol{b}\tag{4-2}$$

其中，$\boldsymbol{A}=(a_{ij})_{m\times n}$，$\boldsymbol{x}=(x_1,x_2,\cdots,x_n)^{\mathrm{T}}$，$\boldsymbol{b}=(b_1,b_2,\cdots,b_m)^{\mathrm{T}}$．称 $\boldsymbol{A}$ 为方程组(4-1)的系数矩阵，$\bar{\boldsymbol{A}}=(\boldsymbol{A}\mid\boldsymbol{b})$ 为增广矩阵．若 $\boldsymbol{b}\neq 0$，则 $\boldsymbol{Ax}=\boldsymbol{b}$ 为 n 元非齐次线性方程组，并称 n 元齐次线性方程组 $\boldsymbol{Ax}=\boldsymbol{0}$ 为与 $\boldsymbol{Ax}=\boldsymbol{b}$ 对应的齐次线性方程组(或称 $\boldsymbol{Ax}=\boldsymbol{0}$ 为 $\boldsymbol{Ax}=\boldsymbol{b}$ 的导出组)．

定理 4.1(非齐次线性方程组有解判定定理)　n 元非齐次线性方程组 $\boldsymbol{Ax}=\boldsymbol{b}$ 有解的充分必要条件是其系数矩阵的秩等于其增广矩阵的秩，即 $r(\boldsymbol{A})=r(\bar{\boldsymbol{A}})$．当有解时，若 $r(\boldsymbol{A})=r(\bar{\boldsymbol{A}})=n$(未知量个数)，则 $\boldsymbol{Ax}=\boldsymbol{b}$ 有唯一解；若 $r(\boldsymbol{A})=r(\bar{\boldsymbol{A}})=r<n$(未知量个数) 则 $\boldsymbol{Ax}=\boldsymbol{b}$ 有无穷多解，此时通解中有 $n-r$ 个自由未知量．

定理 4.2　n 元齐次线性方程组 $\boldsymbol{Ax}=\boldsymbol{0}$ 仅有零解的充分必要条件是其系数矩阵的秩 $r(\boldsymbol{A})=n$；方程组 $\boldsymbol{Ax}=\boldsymbol{0}$ 有非零解的充分必要条件是其系数矩阵的秩 $r(\boldsymbol{A})<n$，此时通解中有 $n-r$ 个自由未知量．

特别地，(1) 当 $\boldsymbol{A}$ 为 n 阶方阵，方程组 $\boldsymbol{Ax}=\boldsymbol{0}$ 仅有零解 $\Leftrightarrow\det(\boldsymbol{A})\neq 0$；$\boldsymbol{Ax}=\boldsymbol{0}$ 有非零解 $\Leftrightarrow\det(\boldsymbol{A})=0$．

(2) 当 $\boldsymbol{A}$ 为 $m\times n$ 矩阵，且 $m<n$，则方程组 $\boldsymbol{Ax}=\boldsymbol{0}$ 必有非零解．

2. 向量组的线性组合

定义 4.1(线性组合与线性表示)　设 $\boldsymbol{\alpha}_1,\boldsymbol{\alpha}_2,\cdots,\boldsymbol{\alpha}_m$ 是一组 n 维向量，$k_1,k_2,\cdots,k_m$ 是一组常数，则称向量 $k_1\boldsymbol{\alpha}_1+k_2\boldsymbol{\alpha}_2+\cdots+k_m\boldsymbol{\alpha}_m$ 为 $\boldsymbol{\alpha}_1,\boldsymbol{\alpha}_2,\cdots,\boldsymbol{\alpha}_m$ 的一个线性组合．如果向量 $\boldsymbol{\beta}$ 可以表示为 $\boldsymbol{\beta}=k_1\boldsymbol{\alpha}_1+k_2\boldsymbol{\alpha}_2+\cdots+k_m\boldsymbol{\alpha}_m$，则称向量 $\boldsymbol{\beta}$ 可由向量组 $\boldsymbol{\alpha}_1,\boldsymbol{\alpha}_2,\cdots,\boldsymbol{\alpha}_m$ 线性表示，或称向量 $\boldsymbol{\beta}$ 是向量组 $\boldsymbol{\alpha}_1,\boldsymbol{\alpha}_2,\cdots,\boldsymbol{\alpha}_m$ 的线性组合．

线性方程组的向量表示形式：由向量的线性运算和向量相等的定义，可将非齐次线性方程组 $\boldsymbol{Ax}=\boldsymbol{b}$ 写成如下向量形式

$$x_1\begin{bmatrix}a_{11}\\a_{21}\\\vdots\\a_{m1}\end{bmatrix}+x_2\begin{bmatrix}a_{12}\\a_{22}\\\vdots\\a_{m2}\end{bmatrix}+\cdots+x_n\begin{bmatrix}a_{1n}\\a_{2n}\\\vdots\\a_{mn}\end{bmatrix}=\begin{bmatrix}b_1\\b_2\\\vdots\\b_m\end{bmatrix}\text{或 } x_1\boldsymbol{\alpha}_1+x_2\boldsymbol{\alpha}_2+\cdots+x_n\boldsymbol{\alpha}_n=\boldsymbol{b}, \tag{4-3}$$

同样地,可将齐次线性方程组 $Ax=0$ 写成如下向量形式:

$$x_1\begin{bmatrix}a_{11}\\a_{21}\\\vdots\\a_{m1}\end{bmatrix}+x_2\begin{bmatrix}a_{12}\\a_{22}\\\vdots\\a_{m2}\end{bmatrix}+\cdots+x_n\begin{bmatrix}a_{1n}\\a_{2n}\\\vdots\\a_{mn}\end{bmatrix}=\begin{bmatrix}0\\0\\\vdots\\0\end{bmatrix}\text{或 } x_1\boldsymbol{\alpha}_1+x_2\boldsymbol{\alpha}_2+\cdots+x_n\boldsymbol{\alpha}_n=\boldsymbol{0}. \tag{4-4}$$

由定义 4.1 和定理 4.1 可知,向量 $\boldsymbol{\beta}$ 可由向量组 $\boldsymbol{\alpha}_1,\boldsymbol{\alpha}_2,\cdots,\boldsymbol{\alpha}_m$ 线性表示等价于非齐次线性方程组 $x_1\boldsymbol{\alpha}_1+x_2\boldsymbol{\alpha}_2+\cdots+x_m\boldsymbol{\alpha}_m=\boldsymbol{\beta}$ 或 $\boldsymbol{Ax}=\boldsymbol{\beta}$ 有解,其中矩阵 $\boldsymbol{A}=[\boldsymbol{\alpha}_1,\boldsymbol{\alpha}_2,\cdots,\boldsymbol{\alpha}_m]$.

于是得出:向量 $\boldsymbol{\beta}$ 可由向量组 $\boldsymbol{\alpha}_1,\boldsymbol{\alpha}_2,\cdots,\boldsymbol{\alpha}_m$ 线性表示的充分必要条件是矩阵 $\boldsymbol{A}=[\boldsymbol{\alpha}_1,\boldsymbol{\alpha}_2,\cdots,\boldsymbol{\alpha}_m]$ 的秩 $r(\boldsymbol{A})$ 等于矩阵 $\bar{\boldsymbol{A}}=[\boldsymbol{\alpha}_1,\boldsymbol{\alpha}_2,\cdots,\boldsymbol{\alpha}_m,\boldsymbol{\beta}]$ 的秩 $r(\bar{\boldsymbol{A}})$,并且,在可以线性表示时,表示法唯一的充分必要条件是 $r(\boldsymbol{A})=r(\bar{\boldsymbol{A}})=m$;有无穷多种表示法的充分必要条件是 $r(\boldsymbol{A})=r(\bar{\boldsymbol{A}})<m$.

定义 4.2(线性相关与线性无关) 设 $\boldsymbol{\alpha}_1,\boldsymbol{\alpha}_2,\cdots,\boldsymbol{\alpha}_m$ 是一组 n 维向量,如果存在一组不全为零的常数 $k_1,k_2,\cdots,k_m$ 使得 $k_1\boldsymbol{\alpha}_1+k_2\boldsymbol{\alpha}_2+\cdots+k_m\boldsymbol{\alpha}_m=\boldsymbol{0}$,则称向量组 $\boldsymbol{\alpha}_1,\boldsymbol{\alpha}_2,\cdots,\boldsymbol{\alpha}_m$ 线性相关;如果当且仅当 $k_1=k_2=\cdots=k_m=0$ 时 $k_1\boldsymbol{\alpha}_1+k_2\boldsymbol{\alpha}_2+\cdots+k_m\boldsymbol{\alpha}_m=\boldsymbol{0}$ 才成立,则称 $\boldsymbol{\alpha}_1,\boldsymbol{\alpha}_2,\cdots,\boldsymbol{\alpha}_m$ 线性无关.

由定义 4.2 和定理 4.2 可知:向量组 $\boldsymbol{\alpha}_1,\boldsymbol{\alpha}_2\cdots,\boldsymbol{\alpha}_m$ 线性相关等价于齐次线性方程组 $x_1\boldsymbol{\alpha}_1+x_2\boldsymbol{\alpha}_2+\cdots+x_m\boldsymbol{\alpha}_m=\boldsymbol{0}$ 或 $\boldsymbol{Ax}=\boldsymbol{0}$ 有非零解;向量组 $\boldsymbol{\alpha}_1,\boldsymbol{\alpha}_2\cdots,\boldsymbol{\alpha}_m$ 线性无关等价于齐次线性方程组 $x_1\boldsymbol{\alpha}_1+x_2\boldsymbol{\alpha}_2+\cdots+x_m\boldsymbol{\alpha}_m=\boldsymbol{0}$ 或 $\boldsymbol{Ax}=\boldsymbol{0}$ 仅有零解. 其中矩阵 $\boldsymbol{A}=[\boldsymbol{\alpha}_1,\boldsymbol{\alpha}_2,\cdots,\boldsymbol{\alpha}_m]$. 于是得出:向量组 $\boldsymbol{\alpha}_1,\boldsymbol{\alpha}_2,\cdots,\boldsymbol{\alpha}_m$ 线性相关的充分必要条件是矩阵 $\boldsymbol{A}=[\boldsymbol{\alpha}_1,\boldsymbol{\alpha}_2,\cdots,\boldsymbol{\alpha}_m]$ 的秩小于 m;向量组 $\boldsymbol{\alpha}_1,\boldsymbol{\alpha}_2,\cdots,\boldsymbol{\alpha}_m$ 线性无关的充分必要条件是矩阵 $\boldsymbol{A}=[\boldsymbol{\alpha}_1,\boldsymbol{\alpha}_2,\cdots,\boldsymbol{\alpha}_m]$ 的秩等于 m.

3. 有关向量组线性相关性判定的几个定理

定理 4.3 向量组 $\boldsymbol{\alpha}_1,\boldsymbol{\alpha}_2,\cdots,\boldsymbol{\alpha}_m(m\geqslant 2)$ 线性相关的充分必要条件是该组中至少存在 1 个向量可由其余 $m-1$ 个向量线性表示;向量组 $\boldsymbol{\alpha}_1,\boldsymbol{\alpha}_2,\cdots,\boldsymbol{\alpha}_m(m\geqslant 2)$ 线性无关的充分必要条件是该组中任意一个向量都不能由其余 $m-1$ 个向量线性表示.

定理 4.4 若向量组 $\boldsymbol{\alpha}_1,\boldsymbol{\alpha}_2,\cdots,\boldsymbol{\alpha}_m$ 线性无关,而向量组 $\boldsymbol{\alpha}_1,\boldsymbol{\alpha}_2,\cdots,\boldsymbol{\alpha}_m,\boldsymbol{\beta}$ 线性相关,则向量 $\boldsymbol{\beta}$ 可由向量组 $\boldsymbol{\alpha}_1,\boldsymbol{\alpha}_2,\cdots,\boldsymbol{\alpha}_m$ 线性表示,且表示方法唯一.

定义 4.3(等价向量组) 设有向量组(Ⅰ)和向量组(Ⅱ),如果(Ⅰ)中每个向量都可由(Ⅱ)线性表示,则称(Ⅰ)可由(Ⅱ)线性表示;如果(Ⅰ)和(Ⅱ)可以互相线性表示,则称向量组(Ⅰ)与向量组(Ⅱ)等价.

由定理 4.4 可知:要判定向量组(Ⅰ):$\boldsymbol{\alpha}_1,\boldsymbol{\alpha}_2,\cdots,\boldsymbol{\alpha}_s$ 和向量组(Ⅱ):$\boldsymbol{\beta}_1,\boldsymbol{\beta}_2,\cdots,\boldsymbol{\beta}_t$ 的等价性,只需证明 $r(\boldsymbol{A})=r(\boldsymbol{B})=r(\boldsymbol{A},\boldsymbol{B})$ 即可. 其中 $\boldsymbol{A}=[\boldsymbol{\alpha}_1,\boldsymbol{\alpha}_2,\cdots,\boldsymbol{\alpha}_s]$,$\boldsymbol{B}=[\boldsymbol{\beta}_1,\boldsymbol{\beta}_2,\cdots,\boldsymbol{\beta}_t]$,$(\boldsymbol{A},\boldsymbol{B})=[\boldsymbol{\alpha}_1,\boldsymbol{\alpha}_2,\cdots,\boldsymbol{\alpha}_s,\boldsymbol{\beta}_1,\boldsymbol{\beta}_2,\cdots,\boldsymbol{\beta}_t]$.

在向量组(Ⅰ):$\boldsymbol{\alpha}_1,\boldsymbol{\alpha}_2,\cdots,\boldsymbol{\alpha}_s$ 与向量组(Ⅱ):$\boldsymbol{\beta}_1,\boldsymbol{\beta}_2,\cdots,\boldsymbol{\beta}_t$ 有线性表示关系时,向量组的线性相关性与向量组中向量个数之间有下列结论:

(1) 若向量组(Ⅰ)可由向量组(Ⅱ)线性表示,并且 $s>t$,则向量组(Ⅰ)线性相关;

(2) 若向量组(Ⅰ)线性无关,且向量组(Ⅰ)可由向量组(Ⅱ)线性表示,则 $s\leqslant t$;

(3) 若向量组(Ⅰ),(Ⅱ)都是线性无关组,且(Ⅰ)与(Ⅱ)等价,则(Ⅰ)与(Ⅱ)所含向量的个数必相同.

4. 向量组的极大无关组与向量组的秩

定义 4.4(向量组的极大无关组和向量组的秩)　如果向量组 U 有一个部分组 $\boldsymbol{\alpha}_1,\boldsymbol{\alpha}_2,\cdots,\boldsymbol{\alpha}_r$

满足:(1) $\boldsymbol{\alpha}_1,\boldsymbol{\alpha}_2,\cdots,\boldsymbol{\alpha}_r$ 线性无关;

(2) U 中任意一个向量都可由向量组 $\boldsymbol{\alpha}_1,\boldsymbol{\alpha}_2,\cdots,\boldsymbol{\alpha}_r$ 线性表示,则称 $\boldsymbol{\alpha}_1,\boldsymbol{\alpha}_2,\cdots,\boldsymbol{\alpha}_r$ 为向量组 U 的一个极大线性无关组,简称为极大无关组;极大无关组所含向量的个数 r 称为向量组 U 的秩. 只含零向量的向量组没有极大无关组,规定它的秩为零. 向量组 $\boldsymbol{\alpha}_1,\boldsymbol{\alpha}_2,\cdots,\boldsymbol{\alpha}_s$ 的秩记作 $r(\boldsymbol{\alpha}_1,\boldsymbol{\alpha}_2,\cdots,\boldsymbol{\alpha}_s)$.

定理 4.5　矩阵的秩等于它的列向量组的秩,也等于它的行向量组的秩.

定理 4.6　若向量组(Ⅰ)可由向量组(Ⅱ)线性表示,则 r(Ⅰ)$\leqslant r$(Ⅱ).

特别地,(1) 若向量组(Ⅰ)与向量组(Ⅱ)等价,则 r(Ⅰ)$=r$(Ⅱ);

(2) 对于矩阵 $\boldsymbol{A}_{m\times n},\boldsymbol{B}_{m\times n}$,有 $r(\boldsymbol{A}+\boldsymbol{B})\leqslant r(\boldsymbol{A})+r(\boldsymbol{B})$;

(3) 对于矩阵 $\boldsymbol{A}_{m\times n},\boldsymbol{B}_{n\times p}$,有 $r(\boldsymbol{AB})\leqslant\min\{r(\boldsymbol{A}),r(\boldsymbol{B})\}$.

5. 关于满秩方阵等价条件的小结

设 $\boldsymbol{A}$ 为 n 阶方阵,则下列条件相互等价:

(1) $|\boldsymbol{A}|\neq 0$;

(2) $\boldsymbol{A}$ 可逆;

(3) $r(\boldsymbol{A})=n$;

(4) 齐次线性方程组 $\boldsymbol{Ax}=\boldsymbol{0}$ 仅有零解;

(5) 对任意 n 维向量 $\boldsymbol{b}$,非齐次线性方程组 $\boldsymbol{Ax}=\boldsymbol{b}$ 有唯一解;

(6) 任意一个 n 维列(行)向量 $\boldsymbol{\beta}$,均可有矩阵 $\boldsymbol{A}$ 的列(行)向量组线性表示;

(7) $\boldsymbol{A}$ 的列(行)向量组线性无关;

(8) $\boldsymbol{A}$ 的列向量组与 n 维基本单位向量 $\boldsymbol{\varepsilon}_1,\boldsymbol{\varepsilon}_2,\cdots,\boldsymbol{\varepsilon}_n$ 等价;

(9) 矩阵 $\boldsymbol{A}$ 与 n 阶单位矩阵 $\boldsymbol{I}$ 等价;

(10) 矩阵 $\boldsymbol{A}$ 可写成若干初等矩阵的乘积.

6. 线性方程组解的结构

性质 1　如果 $\boldsymbol{x}=\boldsymbol{\zeta}_1$ 及 $\boldsymbol{x}=\boldsymbol{\zeta}_2$ 都是齐次线性方程组 $\boldsymbol{Ax}=\boldsymbol{0}$ 的解,则 $\boldsymbol{x}=\boldsymbol{\zeta}_1+\boldsymbol{\zeta}_2$ 也是方程组 $\boldsymbol{Ax}=\boldsymbol{0}$ 的解;

性质 2　如果 $\boldsymbol{x}=\boldsymbol{\zeta}_1$ 是齐次线性方程组 $\boldsymbol{Ax}=\boldsymbol{0}$ 的解,k 为任意常数,则 $\boldsymbol{x}=k\boldsymbol{\zeta}_1$ 也是方程组 $\boldsymbol{Ax}=\boldsymbol{0}$ 的解.

性质 3　若方程组 $\boldsymbol{Ax}=\boldsymbol{0}$ 有非零解,则必有无穷多个非零解.

定义 4.5(基础解系)　如果齐次线性方程组 $\boldsymbol{Ax}=\boldsymbol{0}$ 的一组解向量 $\boldsymbol{\zeta}_1,\boldsymbol{\zeta}_2,\cdots,\boldsymbol{\zeta}_t$ 满足:

(1) $\boldsymbol{\zeta}_1,\boldsymbol{\zeta}_2,\cdots,\boldsymbol{\zeta}_t$ 线性无关;

(2) 方程组 $\boldsymbol{Ax}=\boldsymbol{0}$ 的任一解都可由 $\boldsymbol{\zeta}_1,\boldsymbol{\zeta}_2,\cdots,\boldsymbol{\zeta}_t$ 线性表示;

则称 $\zeta_1,\zeta_2,\cdots,\zeta_t$ 为方程组 $\boldsymbol{A}\boldsymbol{x}=\boldsymbol{0}$ 的一个基础解系.

如果 $\zeta_1,\zeta_2,\cdots,\zeta_t$ 为方程组 $\boldsymbol{A}\boldsymbol{x}=\boldsymbol{0}$ 的一个基础解系,则由定义 4.5 知,基础解系的所有线性组合 $c_1\boldsymbol{\zeta}_1+c_2\boldsymbol{\zeta}_2+\cdots+c_t\boldsymbol{\zeta}_t$($c_1,c_2,\cdots,c_t$ 为任意常数)代表了方程组 $\boldsymbol{A}\boldsymbol{x}=\boldsymbol{0}$ 的全部解,所以它是 $\boldsymbol{A}\boldsymbol{x}=\boldsymbol{0}$ 的通解,也称为结构解.

定理 4.7 设 $\boldsymbol{A}$ 为 $m\times n$ 矩阵,若 $r(\boldsymbol{A})=r<n$,则 n 元齐次线性方程组 $\boldsymbol{A}\boldsymbol{x}=\boldsymbol{0}$ 必存在基础解系,且基础解系含 $n-r$ 个解向量.

性质 4 设 $\boldsymbol{x}=\boldsymbol{\eta}_1$ 及 $\boldsymbol{x}=\boldsymbol{\eta}_2$ 都是非齐次线性方程组 $\boldsymbol{A}\boldsymbol{x}=\boldsymbol{b}$ 的解,则 $\boldsymbol{\eta}_1-\boldsymbol{\eta}_2$ 是对应齐次线性方程组 $\boldsymbol{A}\boldsymbol{x}=\boldsymbol{0}$ 的解.

性质 5 设 $\boldsymbol{x}=\boldsymbol{\eta}$ 是非齐次线性方程组 $\boldsymbol{A}\boldsymbol{x}=\boldsymbol{b}$ 的解,$\boldsymbol{\xi}$ 是对应齐次线性方程组 $\boldsymbol{A}\boldsymbol{x}=\boldsymbol{0}$ 的解,则 $\boldsymbol{\eta}+\xi$ 是 $\boldsymbol{A}\boldsymbol{x}=\boldsymbol{b}$ 的解.

由性质 4、性质 5 很容易得到非齐次线性方程组解的结构定理.

定理 4.8(非齐次线性方程组解的结构定理) 设 $\boldsymbol{x}=\boldsymbol{\eta}$ 是非齐次线性方程组 $\boldsymbol{A}\boldsymbol{x}=\boldsymbol{b}$ 的一个特解(即不含任意常数的解),则 $\boldsymbol{A}\boldsymbol{x}=\boldsymbol{b}$ 的任一解 $\boldsymbol{x}$ 可以表示为 $\boldsymbol{x}=\boldsymbol{\eta}+\boldsymbol{\xi}$,其中 $\boldsymbol{\xi}$ 是对应齐次线性方程组 $\boldsymbol{A}\boldsymbol{x}=\boldsymbol{0}$ 的解.

由定理 4.8 可知:如果 $\zeta_1,\zeta_2,\cdots,\zeta_{n-r}$ 为方程组 $\boldsymbol{A}\boldsymbol{x}=\boldsymbol{0}$ 的基础解系,$\boldsymbol{\eta}$ 为 $\boldsymbol{A}\boldsymbol{x}=\boldsymbol{b}$ 的一个特解,则方程组 $\boldsymbol{A}\boldsymbol{x}=\boldsymbol{b}$ 的通解为 $\boldsymbol{x}=\boldsymbol{\eta}+c_1\boldsymbol{\xi}_1+c_2\boldsymbol{\xi}_2+\cdots+c_{n-r}\boldsymbol{\xi}_{n-r}$($c_i$ 为任意常数,$i=1,2,\cdots,n-r$),亦称为非齐次线性方程组 $\boldsymbol{A}\boldsymbol{x}=\boldsymbol{b}$ 的结构式通解.

4.2 基本方法

1. 向量的线性运算

向量线性运算的主要内容包括:线性相关与线性无关的判定及性质;等价向量组;向量组的极大无关组与秩.

在本章内容中,无论是判断向量组的线性相关性、两个向量组的等价;或是求向量组的极大无关组与秩,一般情况下都是将问题转化为对矩阵作初等行变换,然后针对变换结果进行分析性讨论.

例如:求向量组 $\boldsymbol{\alpha}_1=(1,1,1,1)^{\mathrm{T}}$,$\boldsymbol{\alpha}_2=(1,2,3,4)^{\mathrm{T}}$,$\boldsymbol{\alpha}_3=(1,4,9,16)^{\mathrm{T}}$,$\boldsymbol{\alpha}_4=(1,3,7,13)^{\mathrm{T}}$,$\boldsymbol{\alpha}_5=(1,2,5,10)^{\mathrm{T}}$ 的一个极大无关组及秩,并用极大无关组线性表示该组中其它向量.其解法就是以 $\boldsymbol{\alpha}_1,\boldsymbol{\alpha}_2,\cdots,\boldsymbol{\alpha}_5$ 为列向量组构造矩阵,然后对矩阵施行初等行变换将其化为阶梯形矩阵,进而化为简化行阶梯形矩阵,这时一切问题就迎刃而解了(详细解法见例 4.2).

例如:判定向量组 $\boldsymbol{\alpha}_1,\boldsymbol{\alpha}_2,\cdots,\boldsymbol{\alpha}_m$ 的线性相关性,其解法就是以 $\boldsymbol{\alpha}_1,\boldsymbol{\alpha}_2,\cdots,\boldsymbol{\alpha}_m$ 为列向量组构造矩阵 $\boldsymbol{A}$,然后对矩阵 $\boldsymbol{A}$ 施行初等行变换将其化为阶梯形矩阵,求出矩阵 $\boldsymbol{A}$ 的秩,再将其与向量组所含向量的个数 m 进行比较就可得出结论(详细解法见例 4.3).

再如,判定向量组 $\boldsymbol{\alpha}_1,\boldsymbol{\alpha}_2,\cdots,\boldsymbol{\alpha}_s$ 与向量组 $\boldsymbol{\beta}_1,\boldsymbol{\beta}_2,\cdots,\boldsymbol{\beta}_t$ 是否等价:其方法就是以向量组 $\boldsymbol{\alpha}_1,\boldsymbol{\alpha}_2,\cdots,\boldsymbol{\alpha}_s$ 构造矩阵 $\boldsymbol{A}$,以向量组 $\boldsymbol{\beta}_1,\boldsymbol{\beta}_2,\cdots,\boldsymbol{\beta}_t$ 构造矩阵 $\boldsymbol{B}$,以向量组 $\boldsymbol{\alpha}_1,\boldsymbol{\alpha}_2,\cdots,\boldsymbol{\alpha}_s,\boldsymbol{\beta}_1,\boldsymbol{\beta}_2,\cdots,\boldsymbol{\beta}_t$ 构造矩阵 $\boldsymbol{C}$,只要能证明 $r(\boldsymbol{A})=r(\boldsymbol{B})=r(\boldsymbol{C})$ 即可.

2. 线性方程组解的判定及通解的求法

对齐次线性方程组 $\boldsymbol{A}\boldsymbol{x}=\boldsymbol{0}$ 或非齐次线性方程组 $\boldsymbol{A}\boldsymbol{x}=\boldsymbol{b}$,只要对 $\boldsymbol{A}$ 或 $\overline{\boldsymbol{A}}$ 施行初等行变换将

其化为阶梯形矩阵，进而化为简化行阶梯形矩阵，不仅可以判定解的情况，而且还可以容易地写出其通解(详细解法见例 4.17).

4.3　释疑解惑

本章的难点内容是 ① 向量组的线性相关性；② 向量组的极大线性无关组.

本章的重点内容是 ① 向量组的线性相关性；② 线性方程组解的讨论及求解方法.

问题 4.1　如何判断向量组的线性相关性？

答　向量组的线性相关和线性无关是揭示向量之间关系的两个最基本的概念，研究向量之间的这种线性关系，对于研究线性方程组中各方程之间的关系、线性方程组的解之间的关系、线性方程组解的结构等问题都十分重要. 但是，这部分内容具有定义多，概念抽象不易理解，定理和推论多且容易混淆，解决问题的方法多却与线性方程组及矩阵的内容相互交叉融合等显著特点，这部分内容既是本章的重点，也是本章的难点. 为了掌握好这部分内容，必须注意以下几个问题：

(1) 深刻理解向量组线性相关、线性无关的定义.

向量组 $\boldsymbol{\alpha}_1,\boldsymbol{\alpha}_2,\cdots,\boldsymbol{\alpha}_s$ 线性相关，是指存在一组不全为零的常数 $k_1,k_2,\cdots,k_s$ 满足 $k_1\boldsymbol{\alpha}_1+k_2\boldsymbol{\alpha}_2+\cdots+k_s\boldsymbol{\alpha}_s=\mathbf{0}$，注意，这里的"不全为零"不同于"全不为零". "不全为零"指的是 $k_1,k_2,\cdots,k_s$ 中至少有一个不为零. 因此，有与线性相关定义等价的定理：向量组 $\boldsymbol{\alpha}_1,\boldsymbol{\alpha}_2,\cdots,\boldsymbol{\alpha}_s$ $(s\geqslant 2)$ 线性相关的充分必要条件是该组中至少存在一个向量可由其余 $s-1$ 个向量线性表示. 注意这里的"存在一个"不同于"其中每一个".

向量组 $\boldsymbol{\alpha}_1,\boldsymbol{\alpha}_2,\cdots,\boldsymbol{\alpha}_s$ 线性无关，是指若有一组常数 $k_1,k_2,\cdots,k_s$ 满足 $k_1\boldsymbol{\alpha}_1+k_2\boldsymbol{\alpha}_2+\cdots+k_s\boldsymbol{\alpha}_s=\mathbf{0}$，当且仅当 $k_1=k_2=\cdots=k_s=0$. 换言之，要使 $\boldsymbol{\alpha}_1,\boldsymbol{\alpha}_2,\cdots,\boldsymbol{\alpha}_s$ 的线性组合为零向量，必须是该线性组合的系数全为零. 反言之，要使 $\boldsymbol{\alpha}_1,\boldsymbol{\alpha}_2,\cdots,\boldsymbol{\alpha}_s$ 的线性组合不为零向量，只需该线性组合的系数中至少有一个不为零. 即向量组 $\boldsymbol{\alpha}_1,\boldsymbol{\alpha}_2,\cdots,\boldsymbol{\alpha}_s$ 线性无关，是指对于任意一组不全为零的常数 $k_1,k_2,\cdots,k_s$，都有 $k_1\boldsymbol{\alpha}_1+k_2\boldsymbol{\alpha}_2+\cdots+k_s\boldsymbol{\alpha}_s\neq\mathbf{0}$. 因此，与线性无关定义等价的定理：向量组 $\boldsymbol{\alpha}_1,\boldsymbol{\alpha}_2,\cdots,\boldsymbol{\alpha}_s(s\geqslant 2)$ 线性无关的充分必要条件是该组中任意一个向量都不能由其余 $s-1$ 个向量线性表示. 注意这里的"任意一个"不同于"存在一个".

(2) 正确理解有关线性相关、线性无关的定理、性质及推论，认真区分充分条件、必要条件及充分必要条件，掌握原命题与逆否命题、否命题与逆命题的等价性. 例如，含有零向量的向量组一定线性相关，其逆否命题为：线性无关的向量组一定不含有零向量. 但其逆命题不真，即：线性相关的向量组一定含有零向量. 如：$\boldsymbol{\alpha}_1=\begin{bmatrix}1\\0\end{bmatrix}$，$\boldsymbol{\alpha}_2=\begin{bmatrix}-1\\0\end{bmatrix}$，$\boldsymbol{\alpha}_1+\boldsymbol{\alpha}_2=0$，$\boldsymbol{\alpha}_1$、$\boldsymbol{\alpha}_2$ 线性相关，但 $\boldsymbol{\alpha}_1,\boldsymbol{\alpha}_2$ 均不为零向量.

定理"如果向量组 $\boldsymbol{\alpha}_1,\boldsymbol{\alpha}_2,\cdots,\boldsymbol{\alpha}_s$ 有一个部分组线性相关，则向量组 $\boldsymbol{\alpha}_1,\boldsymbol{\alpha}_2,\cdots,\boldsymbol{\alpha}_s$ 线性相关"，与定理"如果向量组 $\boldsymbol{\alpha}_1,\boldsymbol{\alpha}_2,\cdots,\boldsymbol{\alpha}_s$ 线性无关，则其任意一个部分组都线性无关"，互为逆否命题，二者是等价的.

定理"给线性无关向量组中的每个向量在相同位置上任意添加分量，则所得向量组仍线性无关"，与定理"给线性相关向量组中每个向量在相同位置上去掉分量，则所得向量组仍线性相关"，互为逆否命题，二者是等价的.

(3) 掌握向量组线性相关性与齐次线性方程组的解及矩阵秩的关系.

向量组 $\boldsymbol{\alpha}_1,\boldsymbol{\alpha}_2,\cdots,\boldsymbol{\alpha}_s$ 线性相关 $\Leftrightarrow$ 齐次线性方程组 $x_1\boldsymbol{\alpha}_1+x_2\boldsymbol{\alpha}_2+\cdots+x_s\boldsymbol{\alpha}_s=\mathbf{0}$ 有非零解 $\Leftrightarrow$ 矩阵 $\boldsymbol{A}=[\boldsymbol{\alpha}_1,\boldsymbol{\alpha}_2,\cdots,\boldsymbol{\alpha}_s]$ 的秩小于 s;

向量组 $\boldsymbol{\alpha}_1,\boldsymbol{\alpha}_2,\cdots,\boldsymbol{\alpha}_s$ 线性无关 $\Leftrightarrow$ 齐次线性方程组 $x_1\boldsymbol{\alpha}_1+x_2\boldsymbol{\alpha}_2+\cdots+x_s\boldsymbol{\alpha}_s=\mathbf{0}$ 仅有零解 $\Leftrightarrow$ 矩阵 $\boldsymbol{A}=[\boldsymbol{\alpha}_1,\boldsymbol{\alpha}_2,\cdots,\boldsymbol{\alpha}_s]$ 的秩等于 s.

问题 4.2 向量组的极大线性无关组与向量组的秩的关系是什么?

答 向量组的极大线性无关组的概念在向量组的线性相关性、两个向量组的等阶、矩阵运算后秩之间的关系等问题的研究讨论中有着很重要的作用,深刻理解该概念的涵义,熟练掌握该概念在各种证明、计算题中的运用,往往能将向量组、线性方程组、矩阵的问题合理有效地在三者之间进行相互转化,达到化难为易,化繁为简的效果,读者在学习此概念时,应注意以下几点.

(1) 彻底弄清向量组的极大线性无关组的定义.

如果向量组 U 有一个部分组 $\boldsymbol{\alpha}_1,\boldsymbol{\alpha}_2,\cdots,\boldsymbol{\alpha}_r$ 满足 ① $\boldsymbol{\alpha}_1,\boldsymbol{\alpha}_2,\cdots,\boldsymbol{\alpha}_r$ 线性无关;② U 中任意向量 $\boldsymbol{\alpha}$ 都可由向量组 $\boldsymbol{\alpha}_1,\boldsymbol{\alpha}_2,\cdots,\boldsymbol{\alpha}_r$ 线性表示,则称 $\boldsymbol{\alpha}_1,\boldsymbol{\alpha}_2,\cdots,\boldsymbol{\alpha}_r$ 为向量组 U 的一个极大线性无关组. 注意,首先要明确 $\boldsymbol{\alpha}_1,\boldsymbol{\alpha}_2,\cdots,\boldsymbol{\alpha}_r$ 是向量组 U 的一个线性无关的部分组,由前面的知识可知,单个非零向量是线性无关的,所以,只要向量组 U 含有非零向量,就能找出它的一个线性无关的部分组. 其次,$\boldsymbol{\alpha}_1,\boldsymbol{\alpha}_2,\cdots,\boldsymbol{\alpha}_r$ 中的每一个向量都可由 $\boldsymbol{\alpha}_1,\boldsymbol{\alpha}_2,\cdots,\boldsymbol{\alpha}_r$ 线性表示,上述定义中的 ② 可改写为 U 中的其余向量可由 $\boldsymbol{\alpha}_1,\boldsymbol{\alpha}_2,\cdots,\boldsymbol{\alpha}_r$ 线性表示,即向量组的极大线性无关组可等价定义为:如果向量组 U 有一个部分组 $\boldsymbol{\alpha}_1,\boldsymbol{\alpha}_2,\cdots,\boldsymbol{\alpha}_r$ 满足 ① $\boldsymbol{\alpha}_1,\boldsymbol{\alpha}_2,\cdots,\boldsymbol{\alpha}_r$ 线性无关;② U 中的其余向量可由 $\boldsymbol{\alpha}_1,\boldsymbol{\alpha}_2,\cdots,\boldsymbol{\alpha}_r$ 线性表示,则称 $\boldsymbol{\alpha}_1,\boldsymbol{\alpha}_2,\cdots,\boldsymbol{\alpha}_r$ 为向量组 U 的一个极大线性无关组. 再次,由前面的定理知,$\boldsymbol{\alpha}_1,\boldsymbol{\alpha}_2,\cdots,\boldsymbol{\alpha}_r$ 线性无关,向量组 U 中其余向量可由 $\boldsymbol{\alpha}_1,\boldsymbol{\alpha}_2,\cdots,\boldsymbol{\alpha}_r$ 线性表示等价于在 U 的其余向量中任取一个向量添加到 $\boldsymbol{\alpha}_1,\boldsymbol{\alpha}_2,\cdots,\boldsymbol{\alpha}_r$ 后就变成线性相关的向量组,即等价地说:向量组 U 的极大线性无关组 $\boldsymbol{\alpha}_1,\boldsymbol{\alpha}_2,\cdots,\boldsymbol{\alpha}_r$ 是向量组 U 中含向量个数最多的那个线性无关的部分组. 这就深刻地理解了为什么此概念叫向量组的"极大""线性无关"组. 最后,定义中强调:$\boldsymbol{\alpha}_1,\boldsymbol{\alpha}_2,\cdots,\boldsymbol{\alpha}_r$ 为向量组 U 的"一个"极大线性无关组,意思是说,一个向量组的极大线性无关组有可能不止一个. 实际上,当一个向量组本身线性无关时,它的极大线性无关组只有一个,就是它自己;当一个向量组本身线性相关时,它的极大无关组就不止一个(除非不在极大无关组中的向量都是零向量).

(2) 理解向量组的极大无关组与向量组之间的关系.

由两个向量组等价的定义及性质可知:一个向量组与它的极大线性无关组是等价的,注意这是极大无关组最本质的性质,由此性质可知,在线性表示问题中,可用 U 的极大无关组代替向量组 U. 其次,如果向量组 U 的极大无关组不止一个,则向量组 U 的两个极大无关组是等价的. 最后,向量组 U 的任意一个极大线性无关组所含向量的个数是一个常数,这个常数称为向量组 U 的秩.

(3) 掌握向量组的秩与矩阵秩的关系.

矩阵 $\boldsymbol{A}$ 的秩就是它行向量组的秩,也是它列向量组的秩,这是将关于矩阵秩的问题转化成向量组秩的问题来解决的前提. 如:设 $\boldsymbol{A}_{m\times n},\boldsymbol{B}_{m\times n}$,有 $r(\boldsymbol{A}+\boldsymbol{B})\leqslant r(\boldsymbol{A})+r(\boldsymbol{B})$(即矩阵和的秩不大于秩的和),将 $\boldsymbol{A}$、$\boldsymbol{B}$ 按列分块分别为 $\boldsymbol{A}=[\boldsymbol{\alpha}_1,\boldsymbol{\alpha}_2,\cdots,\boldsymbol{\alpha}_n]$,$\boldsymbol{B}=[\boldsymbol{\beta}_1,\boldsymbol{\beta}_2,\cdots,\boldsymbol{\beta}_n]$,在这里,$\boldsymbol{\alpha}_1,\boldsymbol{\alpha}_2,\cdots,\boldsymbol{\alpha}_n$ 为矩阵 $\boldsymbol{A}$ 的列向量组,$\boldsymbol{\beta}_1,\boldsymbol{\beta}_2,\cdots,\boldsymbol{\beta}_n$ 为矩阵 $\boldsymbol{B}$ 的列向量组,则 $\boldsymbol{A}+\boldsymbol{B}=[\boldsymbol{\alpha}_1+\boldsymbol{\beta}_1,\boldsymbol{\alpha}_2+$

$\boldsymbol{\beta}_2,\cdots,\boldsymbol{\alpha}_n+\boldsymbol{\beta}_n]$. 则该问题完全可以叙述为：设 m 维向量组（Ⅰ）：$\boldsymbol{\alpha}_1,\boldsymbol{\alpha}_2,\cdots,\boldsymbol{\alpha}_n$ 和 m 维向量组（Ⅱ）：$\beta_1,\boldsymbol{\beta}_2,\cdots,\boldsymbol{\beta}_n$，有 $r(\boldsymbol{\alpha}_1+\boldsymbol{\beta}_1,\boldsymbol{\alpha}_2+\boldsymbol{\beta}_2,\cdots,\boldsymbol{\alpha}_n+\boldsymbol{\beta}_n)\leqslant r(\boldsymbol{\alpha}_1,\boldsymbol{\alpha}_2,\cdots,\boldsymbol{\alpha}_n)+r(\boldsymbol{\beta}_1,\boldsymbol{\beta}_2,\cdots,\boldsymbol{\beta}_n)$.

向量组的秩也是以该向量组为行(列)向量组写出的矩阵的秩，这是将关于向量组秩的问题转化为矩阵秩的问题求解的关键，如，$\boldsymbol{\alpha}_1=(1,2,-2,3)^{\mathrm{T}}$，$\boldsymbol{\alpha}_2=(-2,-4,4,-6)^{\mathrm{T}}$，$\boldsymbol{\alpha}_3=(2,8,-2,0)^{\mathrm{T}}$，$\boldsymbol{\alpha}_4=(-1,0,3,-6)^{\mathrm{T}}$，求向量组 $\boldsymbol{\alpha}_1,\boldsymbol{\alpha}_2,\boldsymbol{\alpha}_3,\boldsymbol{\alpha}_4$ 的秩. 以 $\boldsymbol{\alpha}_1,\boldsymbol{\alpha}_2,\boldsymbol{\alpha}_3,\boldsymbol{\alpha}_4$ 为矩阵 $\boldsymbol{A}$ 的列向量组写出矩阵 $\boldsymbol{A}$，由定理可知 $r(\boldsymbol{\alpha}_1,\boldsymbol{\alpha}_2,\boldsymbol{\alpha}_3,\boldsymbol{\alpha}_4)=r(\boldsymbol{A})$. 对 $\boldsymbol{A}$ 作初等行变换化为阶梯型矩阵即可.

4.4　典型例题

例 4.1　设向量 $\boldsymbol{\beta}=(-1,0.1,b)^{\mathrm{T}}$，$\boldsymbol{\alpha}_1=(3,1,0,0,)^{\mathrm{T}}$，$\boldsymbol{\alpha}_2=(2,1,1,-1)^{\mathrm{T}}$，$\boldsymbol{\alpha}_3=(1,1,2,a-3)^{\mathrm{T}}$，问 a、b 取何值时，$\boldsymbol{\beta}$ 可由 $\boldsymbol{\alpha}_1,\boldsymbol{\alpha}_2,\boldsymbol{\alpha}_3$ 线性表示?并求出表示式.

解　设有一组数 x_1、x_2、x_3，使得 $x_1\boldsymbol{\alpha}_1+x_2\boldsymbol{\alpha}_2+x_3\boldsymbol{\alpha}_3=\boldsymbol{\beta}$，对这个非齐次线性方程组的增广矩阵施行初等行变换

$$\bar{\boldsymbol{A}}=[\boldsymbol{A}\vdots\boldsymbol{\beta}]=[\boldsymbol{\alpha}_1,\boldsymbol{\alpha}_2,\boldsymbol{\alpha}_3\vdots\boldsymbol{\beta}]=\begin{bmatrix}3&2&1&\vdots&-1\\1&1&1&\vdots&0\\0&1&2&\vdots&1\\0&-1&a-3&\vdots&b\end{bmatrix}\to\begin{bmatrix}1&1&1&\vdots&0\\0&1&2&\vdots&1\\0&0&a-1&\vdots&b+1\\0&0&0&\vdots&0\end{bmatrix}=\boldsymbol{B}$$

(1) 当 $a=1,b\neq-1$ 时，方程组无解，此时 $\boldsymbol{\beta}$ 不能由 $\boldsymbol{\alpha}_1,\boldsymbol{\alpha}_2,\boldsymbol{\alpha}_3$ 线性表示；

(2) 当 $a=1,b=-1$ 时，有 $r(\boldsymbol{A})=r(\bar{\boldsymbol{A}})=2<3$(未知量的个数)，故此时方程组有无穷多个解，将 $\boldsymbol{B}$ 化为行最简型矩阵

$$\boldsymbol{B}=\begin{bmatrix}1&1&1&\vdots&0\\0&1&2&\vdots&1\\0&0&0&\vdots&0\\0&0&0&\vdots&0\end{bmatrix}\to\begin{bmatrix}1&0&-1&\vdots&-1\\0&1&2&\vdots&1\\0&0&0&\vdots&0\\0&0&0&\vdots&0\end{bmatrix}.$$

由此得方程组的参数形式的通解为 $x_1=-1+c,x_2=1-2c,x_3=c$，因此，$\boldsymbol{\beta}$ 可由 $\boldsymbol{\alpha}_1,\boldsymbol{\alpha}_2,\boldsymbol{\alpha}_3$ 线性表示为 $\boldsymbol{\beta}=(-1+c)\boldsymbol{\alpha}_1+(1-2c)\boldsymbol{\alpha}_2+c\boldsymbol{\alpha}_3$(其中 c 为任意常数).

(3) 当 $a\neq1$ 时，有 $r(\boldsymbol{A})=r(\bar{\boldsymbol{A}})=3$(未知量个数)，此时方程组有唯一解. 为求解，将 $\boldsymbol{B}$ 化成简化行阶梯型

$$\boldsymbol{B}\to\begin{bmatrix}1&1&1&0\\0&1&2&1\\0&0&1&\dfrac{b+1}{a-1}\\0&0&0&0\end{bmatrix}\to\begin{bmatrix}1&0&0&\dfrac{a-2-b}{1-a}\\0&1&0&\dfrac{3-a+2b}{1-a}\\0&0&1&\dfrac{b+1}{a-1}\\0&0&0&0\end{bmatrix}$$

由此得方程组的唯一解为：$x_1=\dfrac{b-a+2}{a-1}$，$x_2=\dfrac{a-2b-3}{a-1}$，$x_3=\dfrac{b+1}{a-1}$，故此时 $\boldsymbol{\beta}$ 可由 $\boldsymbol{\alpha}_1,\boldsymbol{\alpha}_2,\boldsymbol{\alpha}_3$ 唯一地线性表示为 $\boldsymbol{\beta}=\dfrac{b-a+2}{a-1}\boldsymbol{\alpha}_1+\dfrac{a-2b-3}{a-1}\boldsymbol{\alpha}_2+\dfrac{b+1}{a-1}\boldsymbol{\alpha}_3$.

小结：本题主要点是将向量组的问题转化成非齐次线性方程组解的问题来解决.

例 4.2 求向量组 $\boldsymbol{\alpha}_1=(1,1,1,1)^{\mathrm{T}},\boldsymbol{\alpha}_2=(1,2,3,4)^{\mathrm{T}},\boldsymbol{\alpha}_3=(1,4,9,16)^{\mathrm{T}},\boldsymbol{\alpha}_4=(1,3,7,13)^{\mathrm{T}},\boldsymbol{\alpha}_5=(1,2,5,10)^{\mathrm{T}}$ 的一个极大无关组及秩，并将其余向量用此极大无关组线性表示.

解 以向量组 $\boldsymbol{\alpha}_1,\boldsymbol{\alpha}_2,\boldsymbol{\alpha}_3,\boldsymbol{\alpha}_4,\boldsymbol{\alpha}_5$ 为矩阵 $\boldsymbol{A}$ 的列向量组，并用初等行变换将 $\boldsymbol{A}$ 化成简化行阶梯形.

$$\boldsymbol{A}=[\boldsymbol{\alpha}_1,\boldsymbol{\alpha}_2,\boldsymbol{\alpha}_3,\boldsymbol{\alpha}_4,\boldsymbol{\alpha}_5]=\begin{bmatrix}1&1&1&1&1\\1&2&4&3&2\\1&3&9&7&5\\1&4&16&13&10\end{bmatrix}\to\begin{bmatrix}1&0&0&1&2\\0&1&0&-1&-2\\0&0&1&1&1\\0&0&0&0&0\end{bmatrix}=\boldsymbol{B}$$

由简化行阶梯形矩阵 $\boldsymbol{B}$ 中非零行的行数为 3 知，向量组 $\boldsymbol{\alpha}_1,\boldsymbol{\alpha}_2,\boldsymbol{\alpha}_3,\boldsymbol{\alpha}_4,\boldsymbol{\alpha}_5$ 的秩为 3，矩阵 $\boldsymbol{B}$ 中 3 个首非零元所在的列为第 1，第 2，第 3 列，因此 $\boldsymbol{A}$ 的第 1,2,3 列所对应的向量，即向量组 $\boldsymbol{\alpha}_1,\boldsymbol{\alpha}_2,\boldsymbol{\alpha}_3$ 就可以作为向量组 $\boldsymbol{\alpha}_1,\boldsymbol{\alpha}_2,\boldsymbol{\alpha}_3,\boldsymbol{\alpha}_4,\boldsymbol{\alpha}_5$ 的一个极大无关组，且由矩阵 $\boldsymbol{B}$ 可知 $\boldsymbol{\alpha}_4=\boldsymbol{\alpha}_1-\boldsymbol{\alpha}_2+\boldsymbol{\alpha}_3,\boldsymbol{\alpha}_5=2\boldsymbol{\alpha}_1-2\boldsymbol{\alpha}_2+\boldsymbol{\alpha}_3$.

小结：本题不仅仅是求向量组的秩，还要求向量组的一个极大无关组并将其余向量用此极大无关组线性表示，因此需要将给定向量组作为列向量组写出矩阵，并对矩阵施行初等行变换化成阶梯形矩阵、简化行阶梯形矩阵.

例 4.3 设有向量组(Ⅰ)：$\boldsymbol{\alpha}_1=(1,1,1,3)^{\mathrm{T}},\boldsymbol{\alpha}_2=(-1,-3,5,1)^{\mathrm{T}},\boldsymbol{\alpha}_3=(3,2,-1,p+2)^{\mathrm{T}},\boldsymbol{\alpha}_4=(-2,-6,10,p)^{\mathrm{T}}$

(1) p 取何值时，向量组(Ⅰ)线性无关？并将 $\boldsymbol{\alpha}=(4,1,6,10)^{\mathrm{T}}$ 用向量组(Ⅰ)线性表示；

(2) p 取何值时，向量组(Ⅰ)线性相关？并求向量组(Ⅰ)的秩及一个极大无关组.

解 记矩阵 $\boldsymbol{A}=[\boldsymbol{\alpha}_1,\boldsymbol{\alpha}_2,\boldsymbol{\alpha}_3,\boldsymbol{\alpha}_4],\overline{\boldsymbol{A}}=[\boldsymbol{A}\vdots\boldsymbol{\alpha}]$，对 $\overline{\boldsymbol{A}}$ 作初等行变换，

$$\overline{\boldsymbol{A}}=\begin{bmatrix}1&-1&3&-2&4\\1&-3&2&-6&1\\1&5&-1&10&6\\3&1&p+2&p&10\end{bmatrix}\to\begin{bmatrix}1&-1&3&-2&4\\0&-2&-1&-4&-3\\0&6&-4&12&2\\0&4&p-7&p+6&-2\end{bmatrix}$$

$$\to\begin{bmatrix}1&-1&3&-2&4\\0&-2&-1&-4&-3\\0&0&1&0&1\\0&0&0&p-2&1-p\end{bmatrix}=\boldsymbol{B}\to\begin{bmatrix}1&0&0&0&2\\0&1&0&0&\dfrac{3p-4}{p-2}\\0&0&1&0&1\\0&0&0&1&\dfrac{1-p}{p-2}\end{bmatrix}$$

(1) 由阶梯形矩阵 $\boldsymbol{B}$ 可知，当 $p\neq2$ 时，矩阵 $\boldsymbol{A}=[\boldsymbol{\alpha}_1,\boldsymbol{\alpha}_2,\boldsymbol{\alpha}_3,\boldsymbol{\alpha}_4]$ 的秩为 4，即向量组 $\boldsymbol{\alpha}_1,\boldsymbol{\alpha}_2,\boldsymbol{\alpha}_3,\boldsymbol{\alpha}_4$ 线性无关，此时设 $x_1\boldsymbol{\alpha}_1+x_2\boldsymbol{\alpha}_2+x_3\boldsymbol{\alpha}_3+x_4\boldsymbol{\alpha}_4=\boldsymbol{\alpha}$，对上述矩阵 $\boldsymbol{B}$ 再作初等行变换化成简化行阶梯形，可知

$$x_1=2,x_2=\frac{3p-4}{p-2},x_3=1,x_4=\frac{1-p}{p-2},\text{即有 }\boldsymbol{\alpha}=2\boldsymbol{\alpha}_1+\frac{3p-4}{p-2}\boldsymbol{\alpha}_2+\boldsymbol{\alpha}_3+\frac{1-p}{p-2}\boldsymbol{\alpha}_4.$$

(2) 当 $p=2$ 时，矩阵 $\boldsymbol{A}=[\boldsymbol{\alpha}_1,\boldsymbol{\alpha}_2,\boldsymbol{\alpha}_3,\boldsymbol{\alpha}_4]$ 的秩为 3，向量组 $\boldsymbol{\alpha}_1,\boldsymbol{\alpha}_2,\boldsymbol{\alpha}_3,\boldsymbol{\alpha}_4$ 线性相关，此时，向量组 $\boldsymbol{\alpha}_1,\boldsymbol{\alpha}_2,\boldsymbol{\alpha}_3,\boldsymbol{\alpha}_4$ 的秩为 3，$\boldsymbol{\alpha}_1,\boldsymbol{\alpha}_2,\boldsymbol{\alpha}_3$(或 $\boldsymbol{\alpha}_1,\boldsymbol{\alpha}_3,\boldsymbol{\alpha}_4$)为其一个极大无关组.

小结：本题主要点是掌握向量组与线性方程组之间的问题转化.

例 4.4 设矩阵 $\boldsymbol{A}=[\boldsymbol{\alpha}_1,\boldsymbol{\alpha}_2,\boldsymbol{\alpha}_3,\boldsymbol{\alpha}_4]$，其中 $\boldsymbol{\alpha}_2$、$\boldsymbol{\alpha}_3$、$\boldsymbol{\alpha}_4$ 线性无关，$\boldsymbol{\alpha}_1=2\boldsymbol{\alpha}_2-\boldsymbol{\alpha}_3$，向量 $\boldsymbol{b}=$

$\boldsymbol{\alpha}_1+\boldsymbol{\alpha}_2+\boldsymbol{\alpha}_3+\boldsymbol{\alpha}_4$，求方程组 $\boldsymbol{Ax}=\boldsymbol{b}$ 的通解.

解　由向量 $\boldsymbol{b}=\boldsymbol{\alpha}_1+\boldsymbol{\alpha}_2+\boldsymbol{\alpha}_3+\boldsymbol{\alpha}_4$ 可知，$\boldsymbol{\eta}=(1,1,1,1)^{\mathrm{T}}$ 为 $\boldsymbol{Ax}=\boldsymbol{b}$ 的一个特解，由 $\boldsymbol{\alpha}_2$、$\boldsymbol{\alpha}_3$、$\boldsymbol{\alpha}_4$ 线性无关，$\boldsymbol{\alpha}_1=2\boldsymbol{\alpha}_2-\boldsymbol{\alpha}_3+0\boldsymbol{\alpha}_4$ 知，矩阵 $\boldsymbol{A}$ 的秩为 3，因此 $\boldsymbol{Ax}=\boldsymbol{0}$ 的基础解系含有一个解向量，即 $\boldsymbol{Ax}=\boldsymbol{0}$ 的任一非零解都可以作为 $\boldsymbol{Ax}=\boldsymbol{0}$ 的基础解系.

而由 $[\boldsymbol{\alpha}_1,\boldsymbol{\alpha}_2,\boldsymbol{\alpha}_3,\boldsymbol{\alpha}_4]\begin{bmatrix}x_1\\x_2\\x_3\\x_4\end{bmatrix}=0$ 可得

$$[2\boldsymbol{\alpha}_2-\boldsymbol{\alpha}_3+0\boldsymbol{\alpha}_4,\boldsymbol{\alpha}_2,\boldsymbol{\alpha}_3,\boldsymbol{\alpha}_4]\begin{bmatrix}1\\-2\\1\\0\end{bmatrix}=2\boldsymbol{\alpha}_2-\boldsymbol{\alpha}_3-2\boldsymbol{\alpha}_2+\boldsymbol{\alpha}_3+0\boldsymbol{\alpha}_4=\boldsymbol{0},$$

因此，$\boldsymbol{\zeta}=(1,-2,1,0)^{\mathrm{T}}$ 为 $\boldsymbol{Ax}=\boldsymbol{0}$ 的基础解系. 故 $\boldsymbol{Ax}=\boldsymbol{b}$ 的通解为 $\begin{bmatrix}1\\1\\1\\1\end{bmatrix}+k\begin{bmatrix}1\\-2\\1\\0\end{bmatrix}$ (k 为任意实数).

小结：本题的主要点是认真观察题设给定的条件，熟记非齐次线性方程组通解的结构.

例 4.5　已知方程组(Ⅰ) $\begin{cases}a_{11}x_1+a_{12}x_2+\cdots+a_{1,2n}x_{2n}=0\\a_{21}x_1+a_{22}x_2+\cdots+a_{2,2n}x_{2n}=0\\\qquad\vdots\\a_{n1}x_1+a_{n2}x_2+\cdots+a_{n,2n}x_{2n}=0\end{cases}$ 的一个基础解系为：

$(b_{11},b_{12},\cdots,b_{1,2n})^{\mathrm{T}},(b_{21},b_{22},\cdots,b_{2,2n})^{\mathrm{T}},\cdots,(b_{n1},b_{n2},\cdots,b_{n,2n})^{\mathrm{T}}$，试求线性方程组(Ⅱ)：

$\begin{cases}b_{11}y_1+b_{12}y_2+\cdots+b_{1,2n}y_{2n}=0\\b_{21}y_1+b_{22}y_2+\cdots+b_{2,2n}y_{2n}=0\\\qquad\vdots\\b_{n1}y_1+b_{n2}y_2+\cdots+b_{n,2n}y_{2n}=0\end{cases}$ 的通解.

解　记方程组(Ⅰ)、(Ⅱ)的系数矩阵分别为 $\boldsymbol{A}$、$\boldsymbol{B}$，可以看出题设给的(Ⅰ)的基础解系中的解向量就是 $\boldsymbol{B}$ 的 n 个行向量的转置向量，因此，由(Ⅰ)的已知基础解系可知，$\boldsymbol{AB}^{\mathrm{T}}=\boldsymbol{O}$，转置即得 $\boldsymbol{BA}^{\mathrm{T}}=\boldsymbol{O}$，由此可知 $\boldsymbol{A}^{\mathrm{T}}$ 的 n 个列向量，即 $\boldsymbol{A}$ 的 n 个行向量的转置都是方程组(Ⅱ)的解向量. 由于 $\boldsymbol{B}$ 的 n 个行向量线性无关，可知 $r(\boldsymbol{B})=n$，故(Ⅱ)的基础解系含有 $2n-r(\boldsymbol{B})=2n-n=n$ 个解向量，所以(Ⅱ)的任何 n 个线性无关的解就是(Ⅱ)的一个基础解系. 已知(Ⅰ)的基础解系含 n 个向量，即 $2n-r(\boldsymbol{A})=n$，故 $r(\boldsymbol{A})=n$，于是可知 $\boldsymbol{A}$ 的 n 个行向量线性无关，从而它们的转置向量构成(Ⅱ)的一个基础解系，因此(Ⅱ)的通解为：

$y=c_1(a_{11},a_{12},\cdots,a_{1,2n})^{\mathrm{T}}+c_2(a_{21},a_{22},\cdots,a_{2,2n})^{\mathrm{T}}+\cdots+c_n(a_{n1},a_{n2},\cdots,a_{n,2n})^{\mathrm{T}}$ ($c_1,c_2,\cdots,c_n$ 为任意常数).

小结：本题主要点是看清楚两个齐次线性方程组及其解之间的关系，并能将其表示成矩阵乘积的形式.

例 4.6 设向量 $\boldsymbol{\alpha}_1 \neq \mathbf{0}$,证明:向量组 $\boldsymbol{\alpha}_1,\boldsymbol{\alpha}_2,\cdots,\boldsymbol{\alpha}_m(m \geqslant 2)$ 线性无关 $\Leftrightarrow$ 每个向量 $\boldsymbol{\alpha}_i$ 都不能由 $\boldsymbol{\alpha}_1,\boldsymbol{\alpha}_2,\cdots,\boldsymbol{\alpha}_{i-1}$ 线性表示$(i = 2,3,\cdots,m)$.

证 必要性 (用反证法)如果有某向量 $\boldsymbol{\alpha}_i$ 可由 $\boldsymbol{\alpha}_1,\boldsymbol{\alpha}_2,\cdots,\boldsymbol{\alpha}_{i-1}$ 线性表示,则向量组 $\boldsymbol{\alpha}_1,\boldsymbol{\alpha}_2,\cdots,\boldsymbol{\alpha}_i$ 线性相关,从而整体组 $\boldsymbol{\alpha}_1,\boldsymbol{\alpha}_2,\cdots,\boldsymbol{\alpha}_m$ 线性相关,这与必要性的条件 $\boldsymbol{\alpha}_1,\boldsymbol{\alpha}_2,\cdots,\boldsymbol{\alpha}_m$ 线性无关矛盾,故 $\boldsymbol{\alpha}_i$ 不能由 $\boldsymbol{\alpha}_1,\boldsymbol{\alpha}_2,\cdots,\boldsymbol{\alpha}_{i-1}$ 线性表示.

充分性 设 $\boldsymbol{\alpha}_i$ 不能由 $\boldsymbol{\alpha}_1,\boldsymbol{\alpha}_2,\cdots,\boldsymbol{\alpha}_{i-1}$ 线性表示$(i=2,3,\cdots,m)$,我们来证 $\boldsymbol{\alpha}_1,\boldsymbol{\alpha}_2,\cdots,\boldsymbol{\alpha}_m$ 线性无关. 设有一组数 $k_1,k_2,\cdots,k_m$,使得 $k_1\boldsymbol{\alpha}_1 + k_2\boldsymbol{\alpha}_2 + \cdots + k_m\boldsymbol{\alpha}_m = \mathbf{0}$,则必有 $k_m = 0$,否则 $k_m \neq 0$,则由上式可得 $\boldsymbol{\alpha}_m$ 可由 $\boldsymbol{\alpha}_1,\boldsymbol{\alpha}_2,\cdots,\boldsymbol{\alpha}_{m-1}$ 线性表示

$$\boldsymbol{\alpha}_m = -\frac{k_1}{k_m}\boldsymbol{\alpha}_1 - \frac{k_2}{k_m}\boldsymbol{\alpha}_2 - \cdots - \frac{k_{m-1}}{k_m}\boldsymbol{\alpha}_{m-1},$$

这与充分性的条件矛盾,因此必有 $k_m = 0$,于是 $k_1\boldsymbol{\alpha}_1 + k_2\boldsymbol{\alpha}_2 + \cdots + k_m\boldsymbol{\alpha}_m = \mathbf{0}$ 成为 $k_1\boldsymbol{\alpha}_1 + k_2\boldsymbol{\alpha}_2 + \cdots + k_{m-1}\boldsymbol{\alpha}_{m-1} = \mathbf{0}$,同理依次可证 $k_{m-1} = 0,\cdots,k_2 = 0$,因此得 $k_1\boldsymbol{\alpha}_1 = \mathbf{0}$,又 $\boldsymbol{\alpha}_1 \neq \mathbf{0}$,故得 $k_1 = 0$,所以,向量组 $\boldsymbol{\alpha}_1,\boldsymbol{\alpha}_2,\cdots,\boldsymbol{\alpha}_m$ 线性无关.

小结:在讨论向量组的线性相关性问题时,反证法是一个很重要的方法. 特别地,由于向量组线性相关时,存在向量组的线性关系式,因而在讨论某些线性无关问题时,利用反证法是很有效的.

例 4.7 设矩阵 $\boldsymbol{A}_{m\times n}$ 经初等行变换变成了矩阵 $\boldsymbol{B}_{m\times n}$,证明:$\boldsymbol{A}$ 的由第 $j_1,j_2,\cdots,j_r$ 列组成的向量组与 $\boldsymbol{B}$ 的由第 $j_1,j_2,\cdots,j_r$ 列组成的向量组有相同的线性相关性.

证 由 $\boldsymbol{A}$ 与 $\boldsymbol{B}$ 行等价知存在可逆矩阵 $\boldsymbol{P}$,使得 $\boldsymbol{PA} = \boldsymbol{B}$,设 $\boldsymbol{A}$、$\boldsymbol{B}$ 按列分块分别为

$$\boldsymbol{A} = [\boldsymbol{\alpha}_1 \quad \boldsymbol{\alpha}_2 \quad \cdots \quad \boldsymbol{\alpha}_n],\boldsymbol{B} = [\boldsymbol{\beta}_1 \quad \boldsymbol{\beta}_2 \quad \cdots \quad \boldsymbol{\beta}_n],$$

则 $\boldsymbol{PA} = \boldsymbol{B}$ 可写成 $[\boldsymbol{P\alpha}_1 \quad \boldsymbol{P\alpha}_2 \quad \cdots \quad \boldsymbol{P\alpha}_n] = [\boldsymbol{\beta}_1 \quad \boldsymbol{\beta}_2 \quad \cdots \quad \boldsymbol{\beta}_n]$,即 $\boldsymbol{P\alpha}_j = \boldsymbol{\beta}_j(j = 1,2,\cdots,n)$.

设有一组数 $x_1,x_2,\cdots,x_r$,使得 $x_1\boldsymbol{\alpha}_{j_1} + x_2\boldsymbol{\alpha}_{j_2} + \cdots + x_r\boldsymbol{\alpha}_{j_r} = \mathbf{0}$,用矩阵 $\boldsymbol{P}$ 左乘上式两端,并利用 $\boldsymbol{P\alpha}_j = \boldsymbol{\beta}_j$,得 $x_1\boldsymbol{\beta}_{j_1} + x_2\boldsymbol{\beta}_{j_2} + \cdots + x_r\boldsymbol{\beta}_{j_r} = \mathbf{0}$

反过来,若有 $x_1,x_2,\cdots,x_r$ 使 $x_1\boldsymbol{\beta}_{j_1} + x_2\boldsymbol{\beta}_{j_2} + \cdots + x_r\boldsymbol{\beta}_{j_r} = \mathbf{0}$ 成立,用 $\boldsymbol{P}^{-1}$ 左乘 $x_1\boldsymbol{\beta}_{j_1} + x_2\boldsymbol{\beta}_{j_2} + \cdots + x_r\boldsymbol{\beta}_{j_r} = \mathbf{0}$ 两端,并利用 $\boldsymbol{P}^{-1}\boldsymbol{\beta}_j = \boldsymbol{\alpha}_j$,便得 $x_1\boldsymbol{\alpha}_{j_1} + x_2\boldsymbol{\alpha}_{j_2} + \cdots + x_r\boldsymbol{\alpha}_{j_r} = \mathbf{0}$ 成立,故关于 $x_1,x_2,\cdots,x_r$ 的两个齐次线性方程组 $x_1\boldsymbol{\alpha}_{j_1} + x_2\boldsymbol{\alpha}_{j_2} + \cdots + x_r\boldsymbol{\alpha}_{j_r} = \mathbf{0}$ 与 $x_1\boldsymbol{\beta}_{j_1} + x_2\boldsymbol{\beta}_{j_2} + \cdots + x_r\boldsymbol{\beta}_{j_r} = \mathbf{0}$ 是同解的,当它们只有零解时,向量组 $\boldsymbol{\alpha}_{j_1},\boldsymbol{\alpha}_{j_2},\cdots,\boldsymbol{\alpha}_{j_r}$ 和向量组 $\boldsymbol{\beta}_{j_1},\boldsymbol{\beta}_{j_2},\cdots,\boldsymbol{\beta}_{j_r}$ 都线性无关;当它们存在非零解时,向量组 $\boldsymbol{\alpha}_{j_1},\boldsymbol{\alpha}_{j_2},\cdots,\boldsymbol{\alpha}_{j_r}$ 和向量组 $\boldsymbol{\beta}_{j_1},\boldsymbol{\beta}_{j_2},\cdots,\boldsymbol{\beta}_{j_r}$ 都线性相关,且如果有常数 $k_1,\cdots,k_{i-1},k_{i+1},\cdots,k_r$,使得 $\boldsymbol{\beta}_{j_i} = k_1\boldsymbol{\beta}_{j_1} + \cdots + k_{i-1}\boldsymbol{\beta}_{j_{i-1}} + k_{i+1}\boldsymbol{\beta}_{j_{i+1}} + \cdots + k_r\boldsymbol{\beta}_{j_r}$,则对应地有 $\boldsymbol{\alpha}_{j_i} = k_1\boldsymbol{\alpha}_{j_1} + \cdots + k_{i-1}\boldsymbol{\alpha}_{j_{i-1}} + k_{i+1}\boldsymbol{\alpha}_{j_{i+1}} + \cdots + k_r\boldsymbol{\alpha}_{j_r}$,所以向量组 $\boldsymbol{\alpha}_{j_1},\boldsymbol{\alpha}_{j_2},\cdots,\boldsymbol{\alpha}_{j_r}$ 与向量组 $\boldsymbol{\beta}_{j_1},\boldsymbol{\beta}_{j_2},\cdots,\boldsymbol{\beta}_{j_r}$ 有相同的线性相关性.

小结:本题说明矩阵的初等行变换不改变矩阵列向量组之间的线性相关性. 由此可知,若矩阵 $\boldsymbol{A}$ 与矩阵 $\boldsymbol{B}$ 行等价,则 $\boldsymbol{\beta}_{j_1},\boldsymbol{\beta}_{j_2},\cdots,\boldsymbol{\beta}_{j_r}$ 为 $\boldsymbol{B}$ 的列向量组的极大无关组 $\Leftrightarrow$ $\boldsymbol{\alpha}_{j_1},\boldsymbol{\alpha}_{j_2},\cdots,\boldsymbol{\alpha}_{j_r}$ 为 $\boldsymbol{A}$ 的列向量组的极大无关组. 同理,矩阵的初等列变换不改变矩阵行向量之间的线性相关性.

例 4.8 设 $\boldsymbol{\alpha}_1,\boldsymbol{\alpha}_2,\cdots,\boldsymbol{\alpha}_n$ 是一组 n 维列向量,证明:向量组 $\boldsymbol{\alpha}_1,\boldsymbol{\alpha}_2,\cdots,\boldsymbol{\alpha}_n$ 线性无关的充分必要条件是行列式 $D = \begin{vmatrix} \boldsymbol{\alpha}_1^{\mathrm{T}}\boldsymbol{\alpha}_1 & \boldsymbol{\alpha}_1^{\mathrm{T}}\boldsymbol{\alpha}_2 & \cdots & \boldsymbol{\alpha}_1^{\mathrm{T}}\boldsymbol{\alpha}_n \\ \boldsymbol{\alpha}_2^{\mathrm{T}}\boldsymbol{\alpha}_1 & \boldsymbol{\alpha}_2^{\mathrm{T}}\boldsymbol{\alpha}_2 & \cdots & \boldsymbol{\alpha}_2^{\mathrm{T}}\boldsymbol{\alpha}_n \\ \vdots & \vdots & & \vdots \\ \boldsymbol{\alpha}_n^{\mathrm{T}}\boldsymbol{\alpha}_1 & \boldsymbol{\alpha}_n^{\mathrm{T}}\boldsymbol{\alpha}_2 & \cdots & \boldsymbol{\alpha}_n^{\mathrm{T}}\boldsymbol{\alpha}_n \end{vmatrix} \neq 0$.

证　记 $\boldsymbol{A}=[\boldsymbol{\alpha}_1,\boldsymbol{\alpha}_2,\cdots,\boldsymbol{\alpha}_n]$，则向量组 $\boldsymbol{\alpha}_1,\boldsymbol{\alpha}_2,\cdots,\boldsymbol{\alpha}_n$ 线性无关等价于 $|\boldsymbol{A}|\neq 0$，由于

$$\boldsymbol{A}^{\mathrm{T}}\boldsymbol{A}=\begin{bmatrix}\boldsymbol{\alpha}_1^{\mathrm{T}}\\ \boldsymbol{\alpha}_2^{\mathrm{T}}\\ \vdots\\ \boldsymbol{\alpha}_n^{\mathrm{T}}\end{bmatrix}[\boldsymbol{\alpha}_1\quad\boldsymbol{\alpha}_2\quad\cdots\quad\boldsymbol{\alpha}_n]=\begin{vmatrix}\boldsymbol{\alpha}_1^{\mathrm{T}}\boldsymbol{\alpha}_1 & \boldsymbol{\alpha}_1^{\mathrm{T}}\boldsymbol{\alpha}_2 & \cdots & \boldsymbol{\alpha}_1^{\mathrm{T}}\boldsymbol{\alpha}_n\\ \boldsymbol{\alpha}_2^{\mathrm{T}}\boldsymbol{\alpha}_1 & \boldsymbol{\alpha}_2^{\mathrm{T}}\boldsymbol{\alpha}_2 & \cdots & \boldsymbol{\alpha}_2^{\mathrm{T}}\boldsymbol{\alpha}_n\\ \vdots & \vdots & & \vdots\\ \boldsymbol{\alpha}_n^{\mathrm{T}}\boldsymbol{\alpha}_1 & \boldsymbol{\alpha}_n^{\mathrm{T}}\boldsymbol{\alpha}_2 & \cdots & \boldsymbol{\alpha}_n^{\mathrm{T}}\boldsymbol{\alpha}_n\end{vmatrix},$$

对上式两端取行列式得 $|\boldsymbol{A}|^2=|\boldsymbol{A}^{\mathrm{T}}||\boldsymbol{A}|=D$，故 $|\boldsymbol{A}|\neq 0\Leftrightarrow D\neq 0$，所以向量组 $\boldsymbol{\alpha}_1,\boldsymbol{\alpha}_2,\cdots,\boldsymbol{\alpha}_n$ 线性无关 $\Leftrightarrow D\neq 0$.

小结：本题利用“n 个 n 维向量线性无关的充分必要条件是由 n 个向量所组成的方阵的行列式不等于零”的结论，得出 $\boldsymbol{\alpha}_1,\boldsymbol{\alpha}_2,\cdots,\boldsymbol{\alpha}_n$ 线性无关 $\Leftrightarrow$ 方阵 $\boldsymbol{A}=[\boldsymbol{\alpha}_1,\boldsymbol{\alpha}_2,\cdots,\boldsymbol{\alpha}_n]$ 的行列式不等于零，本题的关键点是看出 $D=|\boldsymbol{A}^{\mathrm{T}}\boldsymbol{A}|$.

例 4.9　设 $\boldsymbol{\alpha}_1,\boldsymbol{\alpha}_2,\cdots,\boldsymbol{\alpha}_t$ 为齐次线性方程组 $\boldsymbol{Ax}=\boldsymbol{0}$ 的 t 个线性无关的解向量，而向量 $\boldsymbol{\beta}$ 不是 $\boldsymbol{Ax}=\boldsymbol{0}$ 的解. 证明：向量组 $\boldsymbol{\alpha}_1+\boldsymbol{\beta},\boldsymbol{\alpha}_2+\boldsymbol{\beta},\cdots,\boldsymbol{\alpha}_t+\boldsymbol{\beta}$ 线性无关.

证　设有一组数 $x_1,x_2,\cdots,x_t$ 使得

$$x_1(\boldsymbol{\alpha}_1+\boldsymbol{\beta})+x_2(\boldsymbol{\alpha}_2+\boldsymbol{\beta})+\cdots+x_t(\boldsymbol{\alpha}_t+\boldsymbol{\beta})=\boldsymbol{0},$$

$$(x_1\boldsymbol{\alpha}_1+x_2\boldsymbol{\alpha}_2+\cdots+x_t\boldsymbol{\alpha}_t)+(x_1+x_2+\cdots+x_t)\boldsymbol{\beta}=\boldsymbol{0},\tag{4-5}$$

对上式两端同时左乘矩阵 $\boldsymbol{A}$ 得

$$(x_1\boldsymbol{A\alpha}_1+x_2\boldsymbol{A\alpha}_2+\cdots+x_t\boldsymbol{A\alpha}_t)+(x_1+x_2+\cdots+x_t)\boldsymbol{A\beta}=\boldsymbol{0},\tag{4-6}$$

由于 $\boldsymbol{\alpha}_1,\boldsymbol{\alpha}_2,\cdots,\boldsymbol{\alpha}_t$ 是齐次线性方程组 $\boldsymbol{Ax}=\boldsymbol{0}$ 的解向量，$\boldsymbol{\beta}$ 不是 $\boldsymbol{Ax}=\boldsymbol{0}$ 的解，故有 $\boldsymbol{A\alpha}_i=\boldsymbol{0}$，$i=1,2,\cdots,t$，$\boldsymbol{A\beta}\neq\boldsymbol{0}$，对(4-6) 式有 $x_1+x_2+\cdots+x_t=0$ 代入(4-5) 式有 $x_1\boldsymbol{\alpha}_1+x_2\boldsymbol{\alpha}_2+\cdots+x_t\boldsymbol{\alpha}_t=\boldsymbol{0}$，又因为 $\boldsymbol{\alpha}_1,\boldsymbol{\alpha}_2,\cdots,\boldsymbol{\alpha}_t$ 线性无关，所以有 $x_1=x_2=\cdots=x_t=0$ 故得，向量组 $\boldsymbol{\alpha}_1+\boldsymbol{\beta}$，$\boldsymbol{\alpha}_2+\boldsymbol{\beta},\cdots,\boldsymbol{\alpha}_t+\boldsymbol{\beta}$ 线性无关.

小结：本题主要点是利用向量组线性相关性的定义及题设给定的条件.

例 4.10　设向量组 $\boldsymbol{\alpha}_1,\boldsymbol{\alpha}_2,\cdots,\boldsymbol{\alpha}_r$ 线性无关，向量组 $\boldsymbol{\beta}_1,\boldsymbol{\beta}_2,\cdots,\boldsymbol{\beta}_s$ 可由向量组 $\boldsymbol{\alpha}_1,\boldsymbol{\alpha}_2,\cdots,\boldsymbol{\alpha}_r$ 线性表示，$\boldsymbol{\beta}_j=b_{1j}\boldsymbol{\alpha}_1+b_{2j}\boldsymbol{\alpha}_2+\cdots+b_{rj}\boldsymbol{\alpha}_r$，$j=1,2,\cdots,s$，写成矩阵形式就是

$[\boldsymbol{\beta}_1,\boldsymbol{\beta}_2,\cdots,\boldsymbol{\beta}_s]=[\boldsymbol{\alpha}_1,\boldsymbol{\alpha}_2,\cdots,\boldsymbol{\alpha}_r]\boldsymbol{B}$，

其中，矩阵 $\boldsymbol{B}=(b_{ij})_{r\times s}$.

试证：向量组 $\boldsymbol{\beta}_1,\boldsymbol{\beta}_2,\cdots,\boldsymbol{\beta}_s$ 线性无关 $\Leftrightarrow r(\boldsymbol{B})=s$，特别当 $s=r$ 时，$\boldsymbol{\beta}_1,\boldsymbol{\beta}_2,\cdots,\boldsymbol{\beta}_s$ 线性无关 $\Leftrightarrow$ $|\boldsymbol{B}|\neq 0$.

证　记矩阵 $\boldsymbol{A}=[\boldsymbol{\alpha}_1,\boldsymbol{\alpha}_2,\cdots,\boldsymbol{\alpha}_r]$，矩阵 $\boldsymbol{C}=[\boldsymbol{\beta}_1,\boldsymbol{\beta}_2,\cdots,\boldsymbol{\beta}_s]$.

必要性　设向量组 $\boldsymbol{\beta}_1,\boldsymbol{\beta}_2,\cdots,\boldsymbol{\beta}_s$ 线性无关，下面证明矩阵 $\boldsymbol{B}$ 的秩为 s.

由于 $\boldsymbol{C}=\boldsymbol{AB}$，所以 $\boldsymbol{Cx}=\boldsymbol{0}$ 与 $\boldsymbol{ABx}=\boldsymbol{0}$ 是同解方程组. 又因为 $\boldsymbol{\beta}_1,\boldsymbol{\beta}_2,\cdots,\boldsymbol{\beta}_s$ 线性无关，即矩阵 $\boldsymbol{C}$ 的秩等于它的列数($\boldsymbol{C}$ 为列满秩矩阵) 故得 $\boldsymbol{Cx}=\boldsymbol{0}$ 仅有零解，也即 $\boldsymbol{ABx}=\boldsymbol{0}$ 仅有零解，又因为 $\boldsymbol{\alpha}_1,\boldsymbol{\alpha}_2,\cdots,\boldsymbol{\alpha}_r$ 线性无关，即矩阵 $\boldsymbol{A}$ 为列满秩矩阵，所以由 $\boldsymbol{ABx}=\boldsymbol{0}$ 仅有零解可得 $\boldsymbol{Bx}=\boldsymbol{0}$ 仅有零解，即 $\boldsymbol{B}$ 为列满秩矩阵，$r(\boldsymbol{B})=s$. 特别地，当 $s=r$ 时，$\boldsymbol{B}$ 为方阵，且为列满秩矩阵，即 $|\boldsymbol{B}|\neq 0$.

充分性　由于 $\boldsymbol{\alpha}_1,\boldsymbol{\alpha}_2,\cdots,\boldsymbol{\alpha}_r$ 线性无关，即 $\boldsymbol{A}$ 为列满秩矩阵，所以，$\boldsymbol{ABx}=\boldsymbol{0}$ 当且仅当 $\boldsymbol{Bx}=\boldsymbol{0}$，又因为 $r(\boldsymbol{B})=s$，即 $\boldsymbol{B}$ 为列满秩矩阵，也就是说 $\boldsymbol{Bx}=\boldsymbol{0}$ 仅有零解，也即 $\boldsymbol{ABx}=\boldsymbol{0}$ 仅有零解. 又因为 $\boldsymbol{C}=\boldsymbol{AB}$，所以，$\boldsymbol{Cx}=\boldsymbol{0}$ 与 $\boldsymbol{ABx}=\boldsymbol{0}$ 是同解方程组，故得 $\boldsymbol{Cx}=\boldsymbol{0}$ 仅有零解，即 $\boldsymbol{C}$ 为列满秩矩阵，故 $\boldsymbol{\beta}_1,\boldsymbol{\beta}_2,\cdots,\boldsymbol{\beta}_s$ 线性无关.

小结：本题的主要点是利用结论"齐次线性方程组 $\boldsymbol{Ax}=\boldsymbol{0}$ 仅有零解的充分必要条件是系数矩阵 $\boldsymbol{A}$ 的秩等于它的列数(未知量的个数)，即 $\boldsymbol{A}$ 为列满秩矩阵"。

例 4.11 设向量组(Ⅰ)与(Ⅱ)有相同的秩，且(Ⅰ)可由(Ⅱ)线性表示，证明：(Ⅰ)与(Ⅱ)等价.

证 证法1：两向量组等价是指它们可以互相线性表示. 现已知(Ⅰ)可由(Ⅱ)线性表示，因此只要证明(Ⅱ)可由(Ⅰ)线性表示即可. 因为向量组与它的极大无关组等价，故只要证明(Ⅱ)的极大无关组可以由(Ⅰ)的极大无关组线性表示即可.

设(Ⅰ′)：$\boldsymbol{\alpha}_1,\boldsymbol{\alpha}_2,\cdots,\boldsymbol{\alpha}_r$ 为(Ⅰ)的极大无关组，(Ⅱ′)：$\boldsymbol{\beta}_1,\boldsymbol{\beta}_2,\cdots,\boldsymbol{\beta}_r$ 为(Ⅱ)的极大无关组(其中已知 $r(\text{Ⅰ})=r(\text{Ⅱ})=r$)，由已知得(Ⅰ′)可由(Ⅱ′)线性表示，因此向量组 $\boldsymbol{\alpha}_1,\boldsymbol{\alpha}_2,\cdots,\boldsymbol{\alpha}_r,\boldsymbol{\beta}_1$ 可由(Ⅱ′)线性表示，$r(\boldsymbol{\alpha}_1\quad\boldsymbol{\alpha}_2\quad\cdots\quad\boldsymbol{\alpha}_r\quad\boldsymbol{\beta}_1)\leqslant r(\text{Ⅱ}')=r$，故向量组 $\boldsymbol{\alpha}_1,\boldsymbol{\alpha}_2,\cdots,\boldsymbol{\alpha}_r,\boldsymbol{\beta}_1$ 线性相关，又 $\boldsymbol{\alpha}_1,\boldsymbol{\alpha}_2,\cdots,\boldsymbol{\alpha}_r$ 线性无关，故 $\boldsymbol{\beta}_1$ 可由 $\boldsymbol{\alpha}_1,\boldsymbol{\alpha}_2,\cdots,\boldsymbol{\alpha}_r$ 线性表示. 同理可证 $\boldsymbol{\beta}_i$ 可由 $\boldsymbol{\alpha}_1,\boldsymbol{\alpha}_2,\cdots,\boldsymbol{\alpha}_r$ 线性表示($i=2,\cdots,r$)，所以向量组(Ⅱ′)可由向量组(Ⅰ′)线性表示.

证法2：设(Ⅰ′)：$\boldsymbol{\alpha}_1,\boldsymbol{\alpha}_2,\cdots,\boldsymbol{\alpha}_r$ 为(Ⅰ)的极大无关组，(Ⅱ′)：$\boldsymbol{\beta}_1,\boldsymbol{\beta}_2,\cdots,\boldsymbol{\beta}_r$ 为(Ⅱ)的极大无关组(其中已知 $r(\text{Ⅰ})=r(\text{Ⅱ})=r$)，将(Ⅰ′)与(Ⅱ′)合并成一个新向量组(Ⅲ′)：$\boldsymbol{\alpha}_1,\boldsymbol{\alpha}_2,\cdots,\boldsymbol{\alpha}_r,\boldsymbol{\beta}_1,\boldsymbol{\beta}_2,\cdots,\boldsymbol{\beta}_r$，由于(Ⅰ)可由(Ⅱ)线性表示，故(Ⅰ′)可由(Ⅱ′)线性表示，即(Ⅲ′)可由(Ⅱ′)线性表示，(Ⅱ′)可由(Ⅲ′)线性表示，因此有(Ⅲ′)与(Ⅱ′)等价，$r(\text{Ⅲ}')=r(\text{Ⅱ}')=r$，由于(Ⅲ′)中的 $\boldsymbol{\alpha}_1,\boldsymbol{\alpha}_2,\cdots,\boldsymbol{\alpha}_r$ 线性无关，所以，$\boldsymbol{\alpha}_1,\boldsymbol{\alpha}_2,\cdots,\boldsymbol{\alpha}_r$ 为(Ⅲ′)的一个极大无关组，故得，(Ⅱ′)与向量组 $\boldsymbol{\alpha}_1,\boldsymbol{\alpha}_2,\cdots,\boldsymbol{\alpha}_r$ 等价，即(Ⅱ′)可由 $\boldsymbol{\alpha}_1,\boldsymbol{\alpha}_2,\cdots,\boldsymbol{\alpha}_r$ 线性表示，也就是(Ⅱ′)可由(Ⅰ′)线性表示，(Ⅱ)可由(Ⅰ)线性表示. 综上，(Ⅰ)与(Ⅱ)等价.

小结：本题的主要点是设出向量组(Ⅰ)与(Ⅱ)的极大无关组来. 其次，等价的向量组有相同的秩，但逆命题不真. 本题对有相同的秩的两个向量组附加了其中一个可由另一个线性表示的条件，便推得此时两向量组是等价的.

例 4.12 设 $\boldsymbol{\alpha}_1,\boldsymbol{\alpha}_2,\cdots,\boldsymbol{\alpha}_n$ 是一组 n 维向量，证明：它们线性无关的充分必要条件是任一 n 维向量都可由它们线性表示.

证 必要性 设 $\boldsymbol{\alpha}_1,\boldsymbol{\alpha}_2,\cdots,\boldsymbol{\alpha}_n$ 线性无关，下面来证任一 n 维向量 $\boldsymbol{\alpha}$ 都可由 $\boldsymbol{\alpha}_1,\boldsymbol{\alpha}_2,\cdots,\boldsymbol{\alpha}_n$ 线性表示. 向量组 $\boldsymbol{\alpha}_1,\boldsymbol{\alpha}_2,\cdots,\boldsymbol{\alpha}_n,\boldsymbol{\alpha}$ 是 $n+1$ 个 n 维向量构成的向量组，因此，线性相关，$\boldsymbol{\alpha}_1,\boldsymbol{\alpha}_2,\cdots,\boldsymbol{\alpha}_n$ 线性无关，由定理 4.4 得 $\boldsymbol{\alpha}$ 可由 $\boldsymbol{\alpha}_1,\boldsymbol{\alpha}_2,\cdots,\boldsymbol{\alpha}_n$ 线性表示.

充分性 设任一 n 维向量都可由 $\boldsymbol{\alpha}_1,\boldsymbol{\alpha}_2,\cdots,\boldsymbol{\alpha}_n$ 线性表示，下面来证向量组 $\boldsymbol{\alpha}_1,\boldsymbol{\alpha}_2,\cdots,\boldsymbol{\alpha}_n$ 线性无关. 由于任一 n 维向量可由 $\boldsymbol{\alpha}_1,\boldsymbol{\alpha}_2,\cdots,\boldsymbol{\alpha}_n$ 线性表示，则 n 维基本单位向量组 $\boldsymbol{\varepsilon}_1,\boldsymbol{\varepsilon}_2,\cdots,\boldsymbol{\varepsilon}_n$ 可由 $\boldsymbol{\alpha}_1,\boldsymbol{\alpha}_2,\cdots,\boldsymbol{\alpha}_n$ 线性表示，显然向量组 $\boldsymbol{\alpha}_1,\boldsymbol{\alpha}_2,\cdots,\boldsymbol{\alpha}_n$ 可由 $\boldsymbol{\varepsilon}_1,\boldsymbol{\varepsilon}_2,\cdots,\boldsymbol{\varepsilon}_n$ 线性表示，因此，向量组 $\boldsymbol{\alpha}_1,\boldsymbol{\alpha}_2,\cdots,\boldsymbol{\alpha}_n$ 与向量组 $\boldsymbol{\varepsilon}_1,\boldsymbol{\varepsilon}_2,\cdots,\boldsymbol{\varepsilon}_n$ 等价，其秩相同. 即 $r(\boldsymbol{\varepsilon}_1,\boldsymbol{\varepsilon}_2,\cdots,\boldsymbol{\varepsilon}_n)=r(\boldsymbol{\alpha}_1,\boldsymbol{\alpha}_2,\cdots,\boldsymbol{\alpha}_n)=n$，故得，向量组 $\boldsymbol{\alpha}_1,\boldsymbol{\alpha}_2,\cdots,\boldsymbol{\alpha}_n$ 线性无关.

小结：本题知识点在于：任一 n 维向量都可由 n 维基本单位向量组线性表示；n 维基本单位向量组线性无关.

例 4.13 设矩阵 $\boldsymbol{A}_{m\times n},\boldsymbol{B}_{n\times p}$ 满足 $\boldsymbol{AB}=\boldsymbol{O}$，试证：$r(\boldsymbol{A})+r(\boldsymbol{B})\leqslant n$.

证 如果 $\boldsymbol{B}=\boldsymbol{O}$，则 $r(\boldsymbol{A})+r(\boldsymbol{B})\leqslant n$ 显然成立.

如果 $\boldsymbol{B}\neq\boldsymbol{O}$，则 $\boldsymbol{B}$ 至少有1列非零，将 $\boldsymbol{B}$ 按列分块为 $\boldsymbol{B}=[\boldsymbol{\beta}_1,\boldsymbol{\beta}_2,\cdots,\boldsymbol{\beta}_p]$，则由 $\boldsymbol{O}=\boldsymbol{AB}=\boldsymbol{A}[\boldsymbol{\beta}_1\quad\boldsymbol{\beta}_2\quad\cdots\quad\boldsymbol{\beta}_p]=[\boldsymbol{A\beta}_1\quad\boldsymbol{A\beta}_2\quad\cdots\quad\boldsymbol{A\beta}_p]$，得 $\boldsymbol{A\beta}_j=\boldsymbol{0}(j=1,2,\cdots,p)$

这说明矩阵 $\boldsymbol{B}$ 的每一列向量都是齐次线性方程组 $\boldsymbol{Ax}=\boldsymbol{0}$ 的解向量，$\boldsymbol{B}$ 的列向量组中有

$r(\boldsymbol{B})$ 个线性无关的向量，因此，方程组 $\boldsymbol{Ax}=\boldsymbol{0}$ 的解集合中至少含 $r(\boldsymbol{B})$ 个线性无关的解向量，故方程组 $\boldsymbol{Ax}=\boldsymbol{0}$ 的基础解系中至少含 $r(\boldsymbol{B})$ 个向量，而 $\boldsymbol{Ax}=\boldsymbol{0}$ 的基础解系所含向量个数为 $n-r(\boldsymbol{A})$，于是得 $n-r(\boldsymbol{A})\geqslant r(\boldsymbol{B})$，即 $r(\boldsymbol{A})+r(\boldsymbol{B})\leqslant n$.

小结：本题的主要点是将矩阵 $\boldsymbol{B}$ 按列分块，这样就将关于矩阵秩的问题转化成关于齐次线性方程组的线性无关解的个数问题.

例 4.14　设 $\boldsymbol{A}$ 是 $m\times n$ 矩阵，$r(\boldsymbol{A})=r$，证明：存在秩为 $n-r$ 的 n 阶方阵 $\boldsymbol{B}$，使 $\boldsymbol{AB}=\boldsymbol{O}$.

证　因为 $\boldsymbol{A}$ 是 $m\times n$ 矩阵，$r(\boldsymbol{A})=r$，所以，以 $\boldsymbol{A}$ 为系数矩阵的齐次线性方程组 $\boldsymbol{Ax}=\boldsymbol{0}$ 的基础解系含有 $n-r$ 个 n 维解向量 $\boldsymbol{\xi}_1,\boldsymbol{\xi}_2,\cdots,\boldsymbol{\xi}_{n-r}$，构造矩阵 $\boldsymbol{B}=[\boldsymbol{\xi}_1\ \ \boldsymbol{\xi}_2\ \ \cdots\ \ \boldsymbol{\xi}_{n-r}\ \ 0\ \ \cdots\ \ 0]$（$\boldsymbol{B}$ 的最后 r 列全为零向量），就有 $\boldsymbol{AB}=\boldsymbol{O}$，且 $\boldsymbol{B}$ 为秩等于 $n-r$ 的 n 阶方阵.

小结：本题主要有两个关键点：① 由题设条件要想到齐次线性方程组 $\boldsymbol{Ax}=\boldsymbol{0}$ 及其基础解系；② 题设是要证明"存在秩为 $n-r$ 的 n 阶方阵 $\boldsymbol{B}$，使 $\boldsymbol{AB}=\boldsymbol{O}$，所以，只要找到一个即可.

例 4.15　设 $\boldsymbol{A}$ 为 $n(n\geqslant 2)$ 阶方阵，$\boldsymbol{A}^*$ 为 $\boldsymbol{A}$ 的伴随矩阵，证明：

$$r(\boldsymbol{A}^*)=\begin{cases}n, & r(\boldsymbol{A})=n\\ 1, & r(\boldsymbol{A})=n-1\\ 0, & r(\boldsymbol{A})\leqslant n-2\end{cases}$$

证　(1) 当 $r(\boldsymbol{A})=n$ 时，$|\boldsymbol{A}|\neq 0$，由 $\boldsymbol{AA}^*=\boldsymbol{A}^*\boldsymbol{A}=|\boldsymbol{A}|\boldsymbol{I}$ 知，$|\boldsymbol{A}^*|=|\boldsymbol{A}|^{n-1}\neq 0$，所以 $r(\boldsymbol{A}^*)=n$.

(2) 当 $r(\boldsymbol{A})=n-1$ 时，$|\boldsymbol{A}|=0$，由 $\boldsymbol{AA}^*=\boldsymbol{A}^*\boldsymbol{A}=|\boldsymbol{A}|\boldsymbol{I}$ 知，$\boldsymbol{AA}^*=\boldsymbol{O}$，根据例 4.13 的结论有 $r(\boldsymbol{A})+r(\boldsymbol{A}^*)\leqslant n$，即 $r(\boldsymbol{A}^*)\leqslant 1$. 又当 $r(\boldsymbol{A})=n-1$，即矩阵 $\boldsymbol{A}$ 至少含有一个 $n-1$ 阶子式不等于零，而这个不等于零的 $n-1$ 阶子式一定是方阵 $\boldsymbol{A}$ 的行列式 $|\boldsymbol{A}|$ 中某个元素的余子式，那么，矩阵 $\boldsymbol{A}^*$ 中至少有一个元素不为零，所以 $r(\boldsymbol{A}^*)\geqslant 1$，由此得 $r(\boldsymbol{A}^*)=1$.

(3) 当 $r(\boldsymbol{A})\leqslant n-2$ 时，$\boldsymbol{A}$ 的所有 $n-1$ 阶子式全为零，即 $|\boldsymbol{A}|$ 中元素的代数余子式 $\boldsymbol{A}_{ij}=0(i,j=1,2,\cdots,n)$，故 $\boldsymbol{A}^*=\boldsymbol{O}$，所以 $r(\boldsymbol{A}^*)=0$.

小结：本题主要有两个关键点：① 掌握恒等式 $\boldsymbol{AA}^*=\boldsymbol{A}^*\boldsymbol{A}=|\boldsymbol{A}|\boldsymbol{I}$；② $\boldsymbol{A}^*$ 的元素构成.

例 4.16　设 $\boldsymbol{A}$ 为 $m\times n$ 矩阵，证明：对任意的 m 维列向量 $\boldsymbol{b}$，线性方程组 $\boldsymbol{Ax}=\boldsymbol{b}$ 恒有解的充分必要条件是 $r(\boldsymbol{A})=m$.

证　必要性　设对任意的 m 维列向量 $\boldsymbol{b}$，线性方程组 $\boldsymbol{Ax}=\boldsymbol{b}$ 恒有解，下面来证 $r(\boldsymbol{A})=m$. 将矩阵 $\boldsymbol{A}$ 按列分块，$\boldsymbol{A}=[\boldsymbol{\alpha}_1,\boldsymbol{\alpha}_2,\cdots,\boldsymbol{\alpha}_n]$，其中 $\boldsymbol{\alpha}_1,\boldsymbol{\alpha}_2,\cdots,\boldsymbol{\alpha}_n$ 为 m 维列向量组，对于 m 维基本单位向量组 $\boldsymbol{\varepsilon}_1,\boldsymbol{\varepsilon}_2,\cdots,\boldsymbol{\varepsilon}_m$，方程组 $\boldsymbol{Ax}=\boldsymbol{\varepsilon}_i$ 有解. 即，说明 $\boldsymbol{\varepsilon}_i$ 可以用 $\boldsymbol{\alpha}_1,\boldsymbol{\alpha}_2,\cdots,\boldsymbol{\alpha}_n$ 线性表示 $(i=1,2,\cdots,m)$，显然 $\boldsymbol{\alpha}_1,\boldsymbol{\alpha}_2,\cdots,\boldsymbol{\alpha}_n$ 可以用 $\boldsymbol{\varepsilon}_1,\boldsymbol{\varepsilon}_2,\cdots,\boldsymbol{\varepsilon}_m$ 线性表示，所以，向量组 $\boldsymbol{\alpha}_1,\boldsymbol{\alpha}_2,\cdots,\boldsymbol{\alpha}_n$ 与向量组 $\boldsymbol{\varepsilon}_1,\boldsymbol{\varepsilon}_2,\cdots,\boldsymbol{\varepsilon}_m$ 等价. 又因为 $\boldsymbol{\varepsilon}_1,\boldsymbol{\varepsilon}_2,\cdots,\boldsymbol{\varepsilon}_m$ 线性无关，$r(\boldsymbol{\varepsilon}_1,\boldsymbol{\varepsilon}_2,\cdots,\boldsymbol{\varepsilon}_m)=m$，故得 $r(\boldsymbol{\alpha}_1,\boldsymbol{\alpha}_2,\cdots,\boldsymbol{\alpha}_n)=m$，矩阵 $\boldsymbol{A}$ 的列向量组的秩为 m，则 $r(\boldsymbol{A}_{m\times n})=m$.

充分性　设 $r(\boldsymbol{A}_{m\times n})=m$，下面来证对任意的 m 维列向量 $\boldsymbol{b}$，线性方程组 $\boldsymbol{Ax}=\boldsymbol{b}$ 恒有解. 因为 $r(\boldsymbol{A}_{m\times n})=m$，所以 $r(\bar{\boldsymbol{A}})=r(\boldsymbol{A}\vdots\boldsymbol{b})_{m\times(n+1)}=m$，故 $\boldsymbol{Ax}=\boldsymbol{b}$ 有解.

小结：本题主要是联想到基本单位向量组.

例 4.17　λ 取何值时，线性方程组 $\begin{cases}\lambda x_1+x_2+x_3=\lambda-3\\ x_1+\lambda x_2+x_3=-2\\ x_1+x_2+\lambda x_3=-2\end{cases}$ 无解、有唯一解、无穷多组解？并在方程组有无穷多组解时，求出它的通解.

解　对方程组的增广矩阵作初等行变换

$$\bar{\boldsymbol{A}}=[\boldsymbol{A}\vdots\boldsymbol{b}]=\left[\begin{array}{ccc:c}\lambda&1&1&\lambda-3\\1&\lambda&1&-2\\1&1&\lambda&-2\end{array}\right]\to\left[\begin{array}{ccc:c}1&1&\lambda&-2\\0&\lambda-1&1-\lambda&0\\0&1-\lambda&1-\lambda^2&3(\lambda-1)\end{array}\right]$$

$$\to\left[\begin{array}{ccc:c}1&1&\lambda&-2\\0&\lambda-1&1-\lambda&0\\0&0&-(\lambda+2)(\lambda-1)&3(\lambda-1)\end{array}\right]$$

(1) 当 $\lambda\neq-2$ 且 $\lambda\neq1$ 时，$r(\boldsymbol{A})=r(\bar{\boldsymbol{A}})=3$，方程有唯一解；

(2) 当 $\lambda=-2$ 时，$r(\boldsymbol{A})=2$，$r(\bar{\boldsymbol{A}})=3$，由于 $r(\boldsymbol{A})\neq r(\bar{\boldsymbol{A}})$，方程组无解；

(3) 当 $\lambda=1$ 时，有 $\bar{\boldsymbol{A}}\to\left[\begin{array}{ccc:c}1&1&1&-2\\0&0&0&0\\0&0&0&0\end{array}\right]$，$r(\boldsymbol{A})=r(\bar{\boldsymbol{A}})=1<3$，方程组有无穷多组解.

由此得方程组的由自由未知量表示的通解为：$x_1=-2-x_2-x_3$（x_2,x_3 为自由未知量）.

若令 $x_2=c_1,x_3=c_2$，则得方程组的结构解为

$$\boldsymbol{x}=\begin{bmatrix}x_1\\x_2\\x_3\end{bmatrix}=\begin{bmatrix}-2-c_1-c_2\\c_1\\c_2\end{bmatrix}=\begin{bmatrix}-2\\0\\0\end{bmatrix}+c_1\begin{bmatrix}-1\\1\\0\end{bmatrix}+c_2\begin{bmatrix}-1\\0\\1\end{bmatrix}\ (c_1,c_2\text{ 为任意实数}).$$

例 4.18 设平面上三条不同直线的方程分别为

$$L_1:ax+2by+3c=0,\quad L_2:bx+2cy+3a=0,\quad L_3:cx+2ay+3b=0.$$

试证明这三条直线相交于一点的充分必要条件为 $a+b+c=0$.

证 *必要性* 设三条直线 L_1、L_2、L_3 交于一点，则线性方程组 $\begin{cases}ax+2by=-3c\\bx+2cy=-3a\\cx+2ay=-3b\end{cases}$

有唯一解，故系数矩阵 $\boldsymbol{A}=\begin{bmatrix}a&2b\\b&2c\\c&2a\end{bmatrix}$ 与增广矩阵 $\bar{\boldsymbol{A}}=\begin{bmatrix}a&2b&-3c\\b&2c&-3a\\c&2a&-3b\end{bmatrix}$ 的秩都等于 2，于是有

$$0=|\bar{\boldsymbol{A}}|=\begin{vmatrix}a&2b&-3c\\b&2c&-3a\\c&2a&-3b\end{vmatrix}=6(a+b+c)(a^2+b^2+c^2-ab-ac-bc)$$

$$=3(a+b+c)[(a-b)^2+(b-c)^2+(c-a)^2],$$

因为，等式 $a=b,b=c,c=a$ 不能同时成立（否则三条直线是同一条直线），所以 $(a-b)^2+(b-c)^2+(c-a)^2\neq0$，故必有 $a+b+c=0$.

充分性 若 $a+b+c=0$，则必有

$$|\bar{\boldsymbol{A}}|=\begin{vmatrix}a&2b&-3c\\b&2c&-3a\\c&2a&-3b\end{vmatrix}=3(a+b+c)[(a-b)^2+(b-c)^2+(c-a)^2]=0,$$

故有 $r(\bar{\boldsymbol{A}})<3$，又因为

$$\begin{vmatrix}a&2b\\b&2c\end{vmatrix}=2(ac-b^2)=2[ac-(-a-c)^2]=-2(a^2+ac+c^2)$$

$$=-2\left[\left(a+\frac{1}{2}c\right)^2+\frac{3}{4}c^2\right]\neq 0$$

故 $r(\mathbf{A})=2$，于是有 $r(\mathbf{A})=r(\bar{\mathbf{A}})=2$，因此方程组有唯一解，即三条直线 L_1、L_2、L_3 交于一点.

例 4.19　空间给定四个点 $P_i=(x_i,y_i,z_i)$ $(i=1,2,3,4)$ 不共面的充要条件是

$$\begin{vmatrix} x_1 & y_1 & z_1 & 1 \\ x_2 & y_2 & z_2 & 1 \\ x_3 & y_3 & z_3 & 1 \\ x_4 & y_4 & z_4 & 1 \end{vmatrix}\neq 0$$

解　空间给定四点 $P_i=(x_i,y_i,z_i)(i=1,2,3,4)$ 不共面，等价于以 A、B、C、D 为未知量的齐次线性方程组 $\begin{cases} Ax_1+By_1+Cz_1+D=0 \\ Ax_2+By_2+Cz_2+D=0 \\ Ax_3+By_3+Cz_3+D=0 \\ Ax_4+By_4+Cz_4+D=0 \end{cases}$ 没有非零解，所以其充要条件为系数行列式不等于零，即 $\begin{vmatrix} x_1 & y_1 & z_1 & 1 \\ x_2 & y_2 & z_2 & 1 \\ x_3 & y_3 & z_3 & 1 \\ x_4 & y_4 & z_4 & 1 \end{vmatrix}\neq 0.$

例 4.20　下图是某地区的交通网络图，所有道路都是单行线，且路上不能停车，通行方向用箭头标明，标示的数字为高峰时每小时进出网络的车辆. 此交通网络图需满足如下两个平衡条件：第一，进入网络的车共有 800 辆，等于离开网络的车辆；第二，每个交叉点进入的车辆数等于离开交叉点的车辆数.

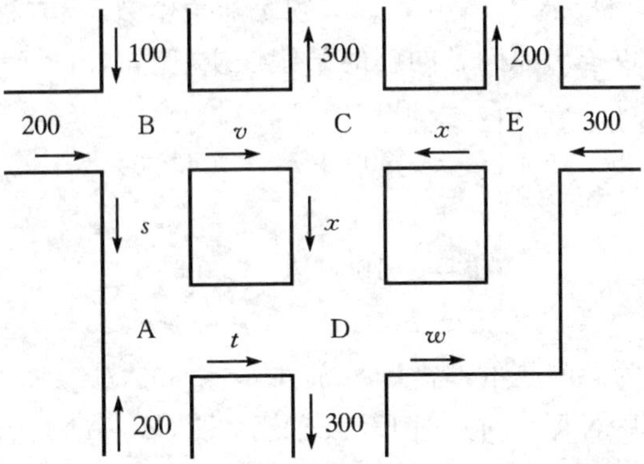

若引入每小时通过各交通干道的车辆数 s,t,w,u,v,x（例如 s 就是每小时通过干道 BA 的车辆数），则可按交通流量平衡条件建立线性方程组. 试考虑在上述条件下由此交通流量图能得到些什么结论？

解　由于每个道路交叉点都要求流量平衡，因而可据此建立一个流量平衡方程：

对 A 点有　$200+s=t$，

对 B 点有　$200+100=s+v$，

对 C 点有　$v+x=300+u$，

对 D 点有　$u+t=300+w$,

对 E 点有　$300+w=200+x$,

于是得到一个描述网络交通流量的线性方程组

$$\begin{cases} s-t=-200 \\ s+v=300 \\ -u+v+x=300 \\ t+u-w=300 \\ -w+x=100 \end{cases}$$

由于该非齐次线性方程组的系数矩阵 $\mathbf{A}_{5\times 6}$ 的秩 $r(\mathbf{A})<6$,故方程组有无穷多组解. 若选取 v、x 为自由未知量,则有

$$\begin{cases} s=300-v \\ t=500-v \\ u=-300+v+x \\ w=-100+x \end{cases}$$

这就是方程组的解,为符合习惯,也可将方程组的解写成

$$\begin{bmatrix} 300-k_1 \\ 500-k_1 \\ -300+k_1+k_2 \\ k_1 \\ -100+k_2 \\ k_2 \end{bmatrix}, k_1、k_2 \text{ 可取任意实数}$$

结果分析:

由于通过各路段的车辆数 s,t,u,v,w,x 必须是非负整数,故方程组的解未必是原问题的解,但由方程组的解却可以推出原问题的解的某些性质,例如,由

$$\begin{cases} s=300-v\geqslant 0 \\ u=-300+k_1+k_2\geqslant 0 \\ v=k_1\geqslant 0 \\ w=-100+k_2\geqslant 0 \\ x=k_2\geqslant 0 \end{cases}$$

可知,方程组的解中能作为原问题的解需满足条件 $k_1\leqslant 300, k_2\geqslant 100, k_1+k_2\geqslant 300$. 由此可获得交通管理的有用信息:若每小时通过 EC 段车辆太少(不超过 100 辆),或每小时通过 BC 及 EC 段的车辆总数不超过 300 辆,则交通平衡将破坏,在这一路段可能出现堵车现象.

例 4.21　为理解齐次线性方程组的基础解系在实际问题中的意义,考虑如下的问题.

一个木工,一个电工,一个粉饰工相互合作彼此修饰他们的房屋,商定同意按如下表所示方案工作 10 天:

表 4-1

	各人需要完成的工作日		
	木工	电工	粉饰工
木工家的工作日	2	1	6
电工家的工作日	4	5	1
粉饰工家的工作日	4	4	3

关于工资,他们提出必须负担一个合情合理的工资数,甚至在自己家里工作时也一样计算工资,一般市场上的日工资数在 60 到 80 元之间,但他们经协商同意调整各自的日工资数,使得每个人的收支相抵,即每个人的总收入与总支出相等.

解　设:p_1 表示木工的日工资数,p_2 表示电工的日工资数,p_3 表示粉饰工的日工资数. 为使每个人收支相抵,要求每个人在 10 天这个周期内的收支满足:总收入 = 总支出.

例如:对木工而言,在修理他的房子时,总共要付出的费用为 $2p_1+p_2+6p_3$,而他在十天完成三家的装修工作的总收入为 $10p_1$,因此为使木工的收支相抵应有关系式 $2p_1+p_2+6p_3=10p_1$. 对电工和粉饰工应有同样考虑,于是,这三个人的收支平衡方程组为

$$\begin{cases}2p_1+p_2+6p_3=10p_1\\4p_1+5p_2+p_3=10p_2\\4p_1+4p_2+3p_3=10p_3\end{cases}\Leftrightarrow\begin{cases}8p_1-p_2-6p_3=0\\-4p_1+5p_2-p_3=0\\-4p_1-4p_2+7p_3=0\end{cases}$$

由于 $\begin{vmatrix}8&-1&-6\\-4&5&-1\\-4&-4&7\end{vmatrix}=\begin{vmatrix}0&9&-8\\-4&5&-1\\0&-9&8\end{vmatrix}=0$,故此齐次线性方程组有非零解,于是,此收支平衡问题归结为求此线性方程组的非零解.

$$\begin{bmatrix}8&-1&-6\\-4&5&-1\\-4&-4&7\end{bmatrix}\to\begin{bmatrix}0&-9&8\\-4&5&-1\\0&-9&8\end{bmatrix}\to\begin{bmatrix}4&-5&1\\0&9&-8\\0&0&0\end{bmatrix}$$

$$\to\begin{bmatrix}4&0&-\frac{31}{9}\\0&1&-\frac{8}{9}\\0&0&0\end{bmatrix}\to\begin{bmatrix}1&0&-\frac{31}{36}\\0&1&-\frac{8}{9}\\0&0&0\end{bmatrix}$$

于是可取 p_3 为自由未知量,令 $p_3=36$,得相应解向量 $\boldsymbol{\xi}_1=(31,32,36)^{\mathrm{T}}$. 从而求得方程组的基础解系为 $\boldsymbol{p}=\begin{bmatrix}p_1\\p_2\\p_3\end{bmatrix}=k\boldsymbol{\xi}_1=k\begin{bmatrix}31\\32\\36\end{bmatrix}$. 此齐次线性方程组的解向量及基础解系的实际意义为:解向量 $\boldsymbol{\xi}_1=(31,32,36)^{\mathrm{T}}$ 反映了木工、电工、粉饰工的日工资数的比例关系,而不是三人日工资数的具体值;基础解系则反映了木工,电工,粉饰工日工资数的具体值的大小,其中任意常数 k 可理解为和市场相关的常数,它是可随行就市地取定.

4.5 自测题

一、填空题

1. n 维基本单位向量组 $\boldsymbol{\varepsilon}_1,\boldsymbol{\varepsilon}_2,\cdots,\boldsymbol{\varepsilon}_n$ 可由向量组 $\boldsymbol{\alpha}_1,\boldsymbol{\alpha}_2,\cdots,\boldsymbol{\alpha}_s$ 线性表示，则向量个数 s ________.

2. 设 $\boldsymbol{A}$ 为 4 阶方阵，且秩$(\boldsymbol{A})=2$，则秩$(\boldsymbol{A}^*)=$ ________.

3. 设 $\boldsymbol{A}$ 为 4×3 阶矩阵，$\boldsymbol{B}$ 为 3×4 阶矩阵，且秩$(\boldsymbol{A})=3$，秩$(\boldsymbol{B})=2$，则秩$(\boldsymbol{AB})$ ________.

4. 方程组 $\boldsymbol{Ax}=\boldsymbol{0}$ 以 $\boldsymbol{\eta}_1=(1,0,1)^{\mathrm{T}}$，$\boldsymbol{\eta}_2=(0,1,-1)^{\mathrm{T}}$ 为其基础解系，则该方程组的系数矩阵为________.

5. 设 $\boldsymbol{A}$ 为 4 阶方阵，且 $r(\boldsymbol{A})=3$，则齐次线性方程组 $\boldsymbol{A}^*\boldsymbol{x}=\boldsymbol{0}$($\boldsymbol{A}^*$ 是 $\boldsymbol{A}$ 的伴随矩阵)的基础解系所含的解向量的个数为________.

二、选择题

1. 设 $\boldsymbol{A}$、$\boldsymbol{B}$ 都为 n 阶非零矩阵，且 $\boldsymbol{AB}=\boldsymbol{O}$，则 $\boldsymbol{A}$ 和 $\boldsymbol{B}$ 的秩(　).

(A) 必有一个为零　　(B) 均小于 n

(C) 一个小于 n，一个等于 n　　(D) 均等于 n

2. 设 $\boldsymbol{A}$ 为 n 阶方阵，$\boldsymbol{\alpha}$ 是 n 维非零列向量，且秩$\left(\begin{bmatrix}\boldsymbol{A} & \boldsymbol{\alpha}\\ \boldsymbol{\alpha}^{\mathrm{T}} & \boldsymbol{0}\end{bmatrix}\right)=$ 秩$(\boldsymbol{A})$ 则线性方程组(　).

(A) $\boldsymbol{Ax}=\boldsymbol{\alpha}$ 必有无穷多解　　(B) $\boldsymbol{Ax}=\boldsymbol{\alpha}$ 必有唯一解

(C) $\begin{bmatrix}\boldsymbol{A} & \boldsymbol{\alpha}\\ \boldsymbol{\alpha}^{\mathrm{T}} & \boldsymbol{0}\end{bmatrix}\begin{bmatrix}x\\ y\end{bmatrix}=\boldsymbol{0}$ 仅有零解　　(D) $\begin{bmatrix}\boldsymbol{A} & \boldsymbol{\alpha}\\ \boldsymbol{\alpha}^{\mathrm{T}} & \boldsymbol{0}\end{bmatrix}\begin{bmatrix}x\\ y\end{bmatrix}=\boldsymbol{0}$ 必有非零解

3. n 维向量组 $\boldsymbol{\alpha}_1,\boldsymbol{\alpha}_2,\cdots,\boldsymbol{\alpha}_s$ 线性无关的充分条件是(　).

(A) $\boldsymbol{\alpha}_1,\boldsymbol{\alpha}_2,\cdots,\boldsymbol{\alpha}_s$ 均不是零向量

(B) $\boldsymbol{\alpha}_1,\boldsymbol{\alpha}_2,\cdots,\boldsymbol{\alpha}_s$ 中任意两个向量的分量不成比例

(C) 向量 $\boldsymbol{\alpha}_1,\boldsymbol{\alpha}_2,\cdots,\boldsymbol{\alpha}_s$ 的个数 $s\leqslant n$

(D) n 维向量 β 可以由 $\boldsymbol{\alpha}_1,\boldsymbol{\alpha}_2,\cdots,\boldsymbol{\alpha}_s$ 线性表示，且表示式唯一

4. 已知向量组 $\boldsymbol{\alpha}_1,\boldsymbol{\alpha}_2,\boldsymbol{\alpha}_3,\boldsymbol{\alpha}_4$ 线性无关，则向量组(　).

(A) $a_1+a_2,a_2+a_3,a_3+a_4,a_4+a_1$ 线性无关

(B) $a_1-a_2,a_2-a_3,a_3-a_4,a_4-a_1$ 线性无关

(C) $a_1+a_2,a_2+a_3,a_3+a_4,a_4-a_1$ 线性无关

(D) $a_1+a_2,a_2+a_3,a_3-a_4,a_4-a_1$ 线性无关

5. 设矩阵 $\boldsymbol{A}_{m\times n}$ 的秩为 $r(\boldsymbol{A})=m<n$，$\boldsymbol{I}_m$ 为 m 阶单位矩阵，下述结论中正确的是(　).

(A) $\boldsymbol{A}$ 的任意 m 个列向量必线性无关

(B) $\boldsymbol{A}$ 的任意一个 m 阶子式不等于零

(C) $\boldsymbol{A}$ 通过初等行变换，必可以化为$(\boldsymbol{I}_m,\boldsymbol{0})$的形式

(D) 非齐次线性方程组 $\boldsymbol{Ax}=\boldsymbol{b}$ 一定有无穷多组解

三、计算题

1. 已知 3 阶矩阵 $\boldsymbol{A}$ 和 3 维列向量 $\boldsymbol{x}$，使得向量组 $\boldsymbol{x}$、$\boldsymbol{Ax}$、$\boldsymbol{A}^2\boldsymbol{x}$ 线性无关，且满足 $\boldsymbol{A}^3\boldsymbol{x} = 3\boldsymbol{Ax} - 2\boldsymbol{A}^2\boldsymbol{x}$.

(1) 设矩阵 $\boldsymbol{P} = [\boldsymbol{x}\quad \boldsymbol{Ax}\quad \boldsymbol{A}^2\boldsymbol{x}]$，求 3 阶矩阵 $\boldsymbol{B}$，使 $\boldsymbol{A} = \boldsymbol{PBP}^{-1}$；

(2) 计算行列式 $|\boldsymbol{A}+\boldsymbol{E}|$.

2. 设矩阵 $\boldsymbol{A} = \begin{bmatrix} 1 & 2 & 1 & 2 \\ 0 & 1 & a & a \\ 1 & a & 0 & 1 \end{bmatrix}$，已知齐次线性方程组 $\boldsymbol{Ax} = \boldsymbol{0}$ 的基础解系含有 2 个解向量，求 a 的值及方程组 $\boldsymbol{Ax} = \boldsymbol{0}$ 的通解.

3. 设齐次线性方程组 $\begin{cases} x_1 + 2x_2 - 2x_3 = 0 \\ 2x_1 - x_2 + \lambda x_3 = 0 \\ 3x_1 + x_2 - x_3 = 0 \end{cases}$ 的系数矩阵为 $\boldsymbol{A}$，若 3 阶非零矩阵 $\boldsymbol{B}$ 满足 $\boldsymbol{AB} = \boldsymbol{O}$，试求 λ 及 $|\boldsymbol{B}|$ 的值.

4. 设向量 $\boldsymbol{\alpha} = \begin{bmatrix} 1 \\ 2 \\ 1 \end{bmatrix}$，$\boldsymbol{\beta} = \begin{bmatrix} 1 \\ \frac{1}{2} \\ 0 \end{bmatrix}$，$\boldsymbol{\gamma} = \begin{bmatrix} 0 \\ 0 \\ 8 \end{bmatrix}$，矩阵 $\boldsymbol{A} = \boldsymbol{\alpha\beta}^{\mathrm{T}}$，$\boldsymbol{B} = \boldsymbol{\beta}^{\mathrm{T}}\boldsymbol{\alpha}$，求解方程 $\boldsymbol{B}^2\boldsymbol{A}^2\boldsymbol{x} = \boldsymbol{A}^4\boldsymbol{x} + \boldsymbol{B}^4\boldsymbol{x} + \boldsymbol{\gamma}$.

5. 求一个以 $c(1,2,-3,4)^{\mathrm{T}} + (2,1,-4,3)^{\mathrm{T}}$ 为通解的非齐次线性方程组.

四、证明题

1. 设有向量组(Ⅰ)：$\boldsymbol{\alpha}_1,\boldsymbol{\alpha}_2,\boldsymbol{\alpha}_3$；(Ⅱ)：$\boldsymbol{\alpha}_1,\boldsymbol{\alpha}_2,\boldsymbol{\alpha}_3,\boldsymbol{\alpha}_4$；(Ⅲ)：$\boldsymbol{\alpha}_1,\boldsymbol{\alpha}_2,\boldsymbol{\alpha}_3,\boldsymbol{\alpha}_5$，如果各向量组的秩分别为 r(Ⅰ) $=$ r(Ⅱ) $= 3$，r(Ⅲ) $= 4$，证明：向量组(Ⅳ)：$\boldsymbol{\alpha}_1,\boldsymbol{\alpha}_2,\boldsymbol{\alpha}_3,\boldsymbol{\alpha}_5-\boldsymbol{\alpha}_4$ 的秩为 4.

2. 设方阵 $\boldsymbol{A} = (a_{ij})_{n\times n}$ 的秩为 n，a_{ij} 的代数余子式为 $A_{ij}\,(i,j=1,2,\cdots,n)$，记 $\boldsymbol{A}$ 的前 r 行组成的 $r\times n$ 矩阵为 $\boldsymbol{B}$. 证明：向量组 $\boldsymbol{\alpha}_1 = (A_{r+1,1},A_{r+1,2},\cdots,A_{r+1,n})^{\mathrm{T}},\cdots,\boldsymbol{\alpha}_{n-r} = (A_{n1},A_{n2},\cdots,A_{nn})^{\mathrm{T}}$ 是方程组 $\boldsymbol{Bx} = \boldsymbol{0}$ 的基础解系.

3. 设 $\boldsymbol{A}$ 为 $m\times n$ 实矩阵，证明：$r(\boldsymbol{A}^{\mathrm{T}}\boldsymbol{A}) = r(\boldsymbol{A}) = r(\boldsymbol{A}^{\mathrm{T}})$.

第5章　线性空间与欧氏空间

5.1　内容提要

1. 线性空间及其子空间

(1) 线性空间：设U是一个非空集合. F是一个数域，若满足下列条件，则称U是数域F上的一个线性空间.

① 在U上定义一个加法，即对$\forall \boldsymbol{\alpha}、\boldsymbol{\beta} \in U$有唯一确定的一个元素与之对应，称这个元素为$\boldsymbol{\alpha}$与$\boldsymbol{\beta}$的和，记作$\boldsymbol{\alpha}+\boldsymbol{\beta}$.

② 在F中的数与U中的元素还定义另一种数乘运算，记为$k\boldsymbol{\alpha}$.

③ 加法和数乘满足以下8条运算规律(其中$\boldsymbol{\alpha},\boldsymbol{\beta},\boldsymbol{\gamma} \in U, k, l \in F$)

ⅰ) $\boldsymbol{\alpha}+\boldsymbol{\beta}=\boldsymbol{\beta}+\boldsymbol{\alpha}$;

ⅱ) $(\boldsymbol{\alpha}+\boldsymbol{\beta})+\boldsymbol{\gamma}=\boldsymbol{\alpha}+(\boldsymbol{\beta}+\boldsymbol{\gamma})$;

ⅲ) $\exists \boldsymbol{\theta} \in U$，使对$\forall \boldsymbol{\alpha} \in U$有$\boldsymbol{\alpha}+\boldsymbol{\theta}=\boldsymbol{\alpha}$，$\boldsymbol{\theta}$称为零元素；

ⅳ) 对$\forall \boldsymbol{\alpha} \in U$，$\exists \boldsymbol{\beta} \in U$. 使$\boldsymbol{\alpha}+\boldsymbol{\beta}=\boldsymbol{\theta}$；$\boldsymbol{\beta}$称为$\boldsymbol{\alpha}$的负元素；

ⅴ) $1\boldsymbol{\alpha}=\boldsymbol{\alpha}$;

ⅵ) $k(l\boldsymbol{\alpha})=(kl)\boldsymbol{\alpha}$;

ⅶ) $k(\boldsymbol{\alpha}+\boldsymbol{\beta})=k\boldsymbol{\alpha}+k\boldsymbol{\beta}$;

ⅷ) $(k+l)\boldsymbol{\alpha}=k\boldsymbol{\alpha}+l\boldsymbol{\alpha}$;

(2) 子空间：设W是线性空间U的非空子集合，则W为U的子空间的充分必要条件是W关于U的线性运算封闭(即$\forall \boldsymbol{\alpha},\boldsymbol{\beta} \in W, k \in F$. 恒有$\boldsymbol{\alpha}+\boldsymbol{\beta} \in W, k\boldsymbol{\alpha} \in W$).

2. $\boldsymbol{R}^n$的基

如果$\boldsymbol{B}=\{\boldsymbol{\beta}_1,\boldsymbol{\beta}_2,\cdots,\boldsymbol{\beta}_n\} \subset R^n$且线性无关，又$\forall \boldsymbol{\alpha} \in R^n$均可由$\boldsymbol{B}$线性表示，即

$$\boldsymbol{\alpha}=a_1\boldsymbol{\beta}_1+a_2\boldsymbol{\beta}_2+\cdots+a_n\boldsymbol{\beta}_n,$$

则称$\boldsymbol{B}$是R^n的一组基，有序数组$(a_1,a_2,\cdots,a_n)$称为向量$\boldsymbol{\alpha}$关于基$\boldsymbol{B}$的坐标.

R^n中任何n个线性无关的向量$\{\boldsymbol{\xi}_1,\boldsymbol{\xi}_2,\cdots,\boldsymbol{\xi}_n\}$都是$R^n$的一组基，$n$个向量$e_i=(0,\cdots,1,\cdots,0)^{\mathrm{T}}(i=1,\cdots,n)$称为$R^n$的单位基本基.

3. 过渡矩阵与坐标变换

设$\boldsymbol{B}_1=\{\boldsymbol{\alpha}_1,\boldsymbol{\alpha}_2,\cdots,\boldsymbol{\alpha}_n\}$与$\boldsymbol{B}_2=\{\boldsymbol{\eta}_1,\boldsymbol{\eta}_2,\cdots,\boldsymbol{\eta}_n\}$是$R^n$的两组基，且

$$(\boldsymbol{\eta}_1,\boldsymbol{\eta}_2,\cdots,\boldsymbol{\eta}_n)=(\boldsymbol{\alpha}_1,\boldsymbol{\alpha}_2,\cdots,\boldsymbol{\alpha}_n)\begin{bmatrix} a_{11} & a_{12} & \cdots & a_{1n} \\ a_{21} & a_{22} & \cdots & a_{2n} \\ \vdots & \vdots & & \vdots \\ a_{n1} & a_{n2} & \cdots & a_{nn} \end{bmatrix}$$

其中 $\boldsymbol{A}=(a_{ij})$ 称为基 $\boldsymbol{B}_1$ 到基 $\boldsymbol{B}_2$ 的过渡矩阵，$\boldsymbol{A}$ 是可逆阵.

设 $\boldsymbol{V}$ 中的向量 $\boldsymbol{\alpha}$ 在基 $\boldsymbol{B}_1$ 与 $\boldsymbol{B}_2$ 下的坐标分别为 $\boldsymbol{x},\boldsymbol{y}$. 则有 $\boldsymbol{x}=\boldsymbol{A}\boldsymbol{y}$.

4. 欧氏空间

设 U 是一个实线性空间，若对 $\forall\,\boldsymbol{\alpha},\boldsymbol{\beta}\in U$，都唯一确定一个实数与之对应，这个实数记为 $\langle\boldsymbol{\alpha},\boldsymbol{\beta}\rangle$，并且满足(其中 $\boldsymbol{\alpha},\boldsymbol{\beta},\boldsymbol{\gamma}\in U,\ \forall\,k\in\mathbf{R}$).

(1) 对称性：$\langle\boldsymbol{\alpha},\boldsymbol{\beta}\rangle=\langle\boldsymbol{\beta},\boldsymbol{\alpha}\rangle$；

(2) 线性性：$\langle\boldsymbol{\alpha}+\boldsymbol{\beta},\boldsymbol{\gamma}\rangle=\langle\boldsymbol{\alpha},\boldsymbol{\gamma}\rangle+\langle\boldsymbol{\beta},\boldsymbol{\gamma}\rangle,\ \langle k\boldsymbol{\alpha},\boldsymbol{\beta}\rangle=k\langle\boldsymbol{\alpha},\boldsymbol{\beta}\rangle$；

(3) 非负性：$\langle\boldsymbol{\alpha},\boldsymbol{\alpha}\rangle\geqslant 0$，且 $\langle\boldsymbol{\alpha},\boldsymbol{\alpha}\rangle=0\Leftrightarrow\boldsymbol{\alpha}=\boldsymbol{0}$；

则称实数 $\langle\boldsymbol{\alpha},\boldsymbol{\beta}\rangle$ 为 $\boldsymbol{\alpha}$ 与 $\boldsymbol{\beta}$ 的内积，称定义了内积的实线性空间为欧氏空间.

5. $\boldsymbol{R}^n$ 中向量的内积、向量的长度与夹角

设 $\boldsymbol{\alpha}=\begin{bmatrix}a_1\\a_2\\\vdots\\a_n\end{bmatrix},\boldsymbol{\beta}=\begin{bmatrix}b_1\\b_2\\\vdots\\b_n\end{bmatrix}\in R^n$，则 $\boldsymbol{\alpha}$ 与 $\boldsymbol{\beta}$ 的内积为

$$\langle\boldsymbol{\alpha},\boldsymbol{\beta}\rangle=a_1b_1+a_2b_2+\cdots+a_nb_n=\boldsymbol{\alpha}^{\mathrm{T}}\boldsymbol{\beta}=\boldsymbol{\beta}^{\mathrm{T}}\boldsymbol{\alpha}.$$

向量 $\boldsymbol{\alpha}$ 的长度：$\|\boldsymbol{\alpha}\|=\sqrt{\langle\boldsymbol{\alpha},\boldsymbol{\alpha}\rangle}=\sqrt{a_1^2+a_2^2+\cdots+a_n^2}$.

向量 $\boldsymbol{\alpha}$ 与 $\boldsymbol{\beta}$ 的夹角：

$$\langle\boldsymbol{\alpha},\boldsymbol{\beta}\rangle=\arccos\frac{\langle\boldsymbol{\alpha},\boldsymbol{\beta}\rangle}{\|\boldsymbol{\alpha}\|\ \|\boldsymbol{\beta}\|}=\arccos\frac{a_1b_1+a_2b_2+\cdots+a_nb_n}{\sqrt{a_1^2+a_2^2+\cdots+a_n^2}\ \sqrt{b_1^2+b_2^2+\cdots+b_n^2}}.$$

向量 $\boldsymbol{\alpha}$ 与 $\boldsymbol{\beta}$ 满足三角不等式：$\|\boldsymbol{\alpha}+\boldsymbol{\beta}\|\leqslant\|\boldsymbol{\alpha}\|+\|\boldsymbol{\beta}\|$.

6. $\boldsymbol{R}^n$ 的标准正交基、施密特正交化方法

设 $\boldsymbol{\varepsilon}_1,\boldsymbol{\varepsilon}_2,\cdots,\boldsymbol{\varepsilon}_n\in R^n$，若 $(\boldsymbol{\varepsilon}_i,\boldsymbol{\varepsilon}_j)=\begin{cases}1, & i=j\\0, & i\neq j\end{cases}$，$i,j=1,2,\cdots,n$. 则称 $\boldsymbol{\varepsilon}_1,\boldsymbol{\varepsilon}_2,\cdots,\boldsymbol{\varepsilon}_n$ 为 R^n 的一组标准正交基.

施密特正交化方法 —— 由 R^n 的一组基 $\boldsymbol{\alpha}_1,\boldsymbol{\alpha}_2,\cdots,\boldsymbol{\alpha}_n$ 构造出一组标准正交基的方法.

(1) 先正交化.

$$\boldsymbol{\beta}_1=\boldsymbol{\alpha}_1,\quad \boldsymbol{\beta}_2=\boldsymbol{\alpha}_2-\frac{\langle\boldsymbol{\alpha}_2,\boldsymbol{\beta}_1\rangle}{\langle\boldsymbol{\beta}_1,\boldsymbol{\beta}_1\rangle}\boldsymbol{\beta}_1,\quad \boldsymbol{\beta}_3=\boldsymbol{\alpha}_3-\frac{\langle\boldsymbol{\alpha}_3,\boldsymbol{\beta}_1\rangle}{\langle\boldsymbol{\beta}_1,\boldsymbol{\beta}_1\rangle}\boldsymbol{\beta}_1-\frac{\langle\boldsymbol{\alpha}_3,\boldsymbol{\beta}_2\rangle}{\langle\boldsymbol{\beta}_2,\boldsymbol{\beta}_2\rangle}\boldsymbol{\beta}_2,\cdots,$$

$$\boldsymbol{\beta}_n=\boldsymbol{\alpha}_n-\frac{\langle\boldsymbol{\alpha}_n,\boldsymbol{\beta}_1\rangle}{\langle\boldsymbol{\beta}_1,\boldsymbol{\beta}_1\rangle}\boldsymbol{\beta}_1-\frac{\langle\boldsymbol{\alpha}_n,\boldsymbol{\beta}_2\rangle}{\langle\boldsymbol{\beta}_2,\boldsymbol{\beta}_2\rangle}\boldsymbol{\beta}_2-\cdots-\frac{\langle\boldsymbol{\alpha}_n,\boldsymbol{\beta}_{n-1}\rangle}{\langle\boldsymbol{\beta}_{n-1},\boldsymbol{\beta}_{n-1}\rangle}\boldsymbol{\beta}_{n-1}.$$

(2) 再单位化.

$\boldsymbol{\varepsilon}_i=\dfrac{1}{\|\boldsymbol{\beta}_i\|}\boldsymbol{\beta}_i,\ i=1,2,\cdots,n$，则 $\boldsymbol{\varepsilon}_1,\boldsymbol{\varepsilon}_2,\cdots,\boldsymbol{\varepsilon}_n$ 为一组标准正交基.

7. 正交矩阵及其性质

设 $\boldsymbol{A}\in R^{n\times n}$，若 $\boldsymbol{A}^{\mathrm{T}}\boldsymbol{A}=\boldsymbol{I}$. 则称 $\boldsymbol{A}$ 为正交矩阵.

正交矩阵 $\boldsymbol{A}$、$\boldsymbol{B}$ 的性质：

1° $|\boldsymbol{A}|=\pm 1$.　2° $\boldsymbol{A}^{-1}=\boldsymbol{A}^{\mathrm{T}}$.　3° $\boldsymbol{A}^{\mathrm{T}}.\boldsymbol{A}^{-1}.\boldsymbol{A}^*$ 也是正交阵.　4° $\boldsymbol{AB}$ 也是正交阵.

$\boldsymbol{A}$ 为 n 阶正交矩阵的充要条件为：$\boldsymbol{A}$ 的列向量组或行向量组均为 R^n 的标准正交基. 对于 R^n 中的列向量 $\boldsymbol{x},\boldsymbol{y}$，由正交阵 $\boldsymbol{A}$ 变换为 $\boldsymbol{Ax},\boldsymbol{Ay}$ 时，其内积、长度均保持不变，即

$$\langle \boldsymbol{Ax},\boldsymbol{Ay}\rangle=(\boldsymbol{x},\boldsymbol{y}),\quad \|\boldsymbol{Ax}\|=\|\boldsymbol{x}\|.$$

5.2 基本方法

(1) 要证明线性空间 V 中的向量组 U 为 V 的基，除利用定义外，还可考虑利用以下结论：

① 若 $\dim(V)=n$，则 U 为 V 的基，当且仅当 U 为由 n 个向量组成的线性无关组。

② 若 U 是与 V 的某个基等价的线性无关向量组，则 U 为 V 的基。

③ 若 $\dim(V)=n$，则 U 为 V 的基，当且仅当 U 中的向量在 V 的某个基下的坐标所组成的向量组为 F^n 的基。

④ 若 U 中的向量由 V 中的某个基线性表出的系数所构成的矩阵是可逆阵，则 U 为 V 的基。

(2) 一般地，如果函数 $f_1,f_2,\cdots,f_{n-1}$ 为 $n-1$ 阶可导，则当

$$W(x)=\begin{vmatrix} f_1 & f_2 & \cdots & f_n \\ f'_1 & f'_2 & \cdots & f'_n \\ \vdots & \vdots & & \vdots \\ f_1^{n-1} & f_2^{n-1} & \cdots & f_n^{n-1} \end{vmatrix}\neq 0$$

时，函数组 $f_1,f_2,\cdots,f_{n-1}$ 线性无关，反之，则线性相关。

(3) 检验线性空间 V 的非空子集 W 是否构成 V 的子空间，只需检验 W 关于 V 的加法与数乘运算是否都封闭即可。

(4) 要验证一个二元运算是否为内积，只要验证它是否满足内积公理就行了。注意，在同一个实线性空间上若定义不同的内积，则构成不同的欧氏空间。

(5) 在 n 维欧氏空间 V 中取定标准正交基之后，则由 V 中向量与其坐标向量之间的对应关系，建立了 V 与 R^n 之间的同构关系，因此，可将 V 中线性无关向量组的施密特正交化过程归结为该向量组在标准正交基下的坐标列向量组的施密特正交化过程。

5.3 释疑解惑

问题 5.1 线性空间中应注意什么？

答 线性空间的基本概念必须注意以下几点：

(1) 线性空间的加法和数乘运算表达出向量之间的基本关系，但必须注意线性空间是一个十分广泛的研究对象. 随着所考虑的对象不同，这两种运算的定义一般也不相同，还必须熟悉常见的的一些线性空间. 如：

① F^n：由数域 F 上的 n 维向量的全体按照通常的向量线性运算所构成的线性空间.

② $F^{m\times n}$：由元素取自数域 F 的 $m\times n$ 矩阵的全体按照通常的矩阵线性运算所构成的线性空间.

③ $F[x]_n$：由系数取自数域 F，且次数不超过 n 的一元多项式全体按照多项式加法及数乘所构成的线性空间.

④ $C[a,b]$：由闭区间上的一元连续函数的全体按照通常的函数相加及实数与函数的乘法所构成的线性空间.

(2) 对同一个非空集合,可以定义不同的线性运算,注意这时所构成的线性空间是不同的.

(3) 判定一个非空集合 V 关于给定的加法及数乘运算是否构成线性空间,若用定义来判别,则先要验证 V 关于给定的运算是否封闭,其次要注意验证关于线性运算的 8 条运算规律是否都满足(只要封闭性或 8 条运算规律中某一条不满足,则 V 不是线性空间),若 V 是某线性空间的子集合,则只要验证运算是否封闭即可判定此子集合可否构成子空间.

(4) 对于 n 维线性空间 V,取定 V 的任意一组基 $\boldsymbol{\varepsilon}_1,\boldsymbol{\varepsilon}_2,\cdots,\boldsymbol{\varepsilon}_n$ 之后,则 V 中向量 $\boldsymbol{\alpha}$ 与 $\boldsymbol{\alpha}$ 在该基下的坐标就是一一对应的,而且这个对应保持线性运算的对应关系,(按照同构的定义,可以说 V 与向量空间 F^n 同构),因此,凡涉及 V 中向量组的线性运算及线性关系的问题,只要讨论它们的坐标所组成的 F^n 中的向量组就可以了.

问题 5.2　在欧氏空间中应注意什么?

答　欧氏空间 V 是定义了内积的实线性空间,这里的内积可看作集合 $V\times V\to\mathbf{R}$ 的一个映射,并且满足内积公理. 另外要注意以下几个问题:

(1) 要验证一个二元运算是否为内积,不但要验证它是否满足内积公理(对称性、线性性及非负性),同时还要注意在同一个实线性空间上若定义不同的内积,则构成不同的欧氏空间.

(2) 平行四边形定理是实内积空间的属性,反过来,若某个空间 V 按照长度公理所定义的长度满足平行四边形定理,则可以由 $\langle\boldsymbol{\alpha},\boldsymbol{\beta}\rangle=\dfrac{1}{4}(\|\boldsymbol{\alpha}+\boldsymbol{\beta}\|^2-\|\boldsymbol{\alpha}-\boldsymbol{\beta}\|^2)$, $\forall\,\boldsymbol{\alpha},\boldsymbol{\beta}\in V$,定义 V 的内积,使 V 成为内积空间,且长度保持.

(3) 欧氏空间的两个基的度量矩阵是合同关系,其中,合同变换的矩阵就是两个基之间的过渡矩阵不变.

(4) 在 n 维欧氏空间 V 中取定标准正交基之后,则由 V 中向量与其坐标之间的对应关系建立了 V 与 R^n 之间的同构关系.

5.4　典型例题

例 5.1　检验下列集合对指定的加法和数量乘法运算,是否构成实数域上的线性空间:

(1) 全体 n 阶正交矩阵,对矩阵的加法和数量乘法.

(2) 全体正实数 $\mathbf{R}^+$,加法与数乘定义为:$a\oplus b=ab$, $k\circ a=a^k$,其中 $a,b\in\mathbf{R}^+$, $k\in\mathbf{R}$.

解　检验一个非空集合 V 在数域 F 上对定义的加法和数乘是否构成一个线性空间,需要检查 V 对两种运算是否封闭以及两种运算是否满足定义中指出的 8 条运算规律.

(1) 两个正交矩阵相加不一定是正交矩阵(如单位阵 $\boldsymbol{I}$ 相加,$\boldsymbol{I}+\boldsymbol{I}=2\boldsymbol{I}$ 不是正交阵). 数 k 与正交阵 $\mathbf{A}$ 相乘,当 $k\neq1$ 时 $k\mathbf{A}$ 也不是正交阵,因此,它不构成一个线性空间.

(2) $\mathbf{R}^+$ 对定义的加法和数乘在实数域 $\mathbf{R}$ 上构成一个线性空间. 因为:

$\forall\,a,b\in\mathbf{R}^+$ 和 $\forall\,k\in\mathbf{R}$.　$a\oplus b=ab\in\mathbf{R}^+$;　$k\circ a=a^k\in\mathbf{R}^+$.

① $a\oplus b=ab=ba=b\oplus a$;

② $(a\oplus b)\oplus c=ab\oplus c=abc=a\oplus bc=a\oplus(b\oplus c)$;

③ $\mathbf{R}^+$ 中的 1 为加法零元素 θ,对 $\forall\,a\in\mathbf{R}^+$,均有 $a\oplus\theta=a\oplus1=a$;

④ $\forall\,a\in\mathbf{R}^+$,它的加法 $\oplus$ 负元素为 $\dfrac{1}{a}\in\mathbf{R}^+$,即 $a\oplus\dfrac{1}{a}=1=\theta$;

⑤ $1 \circ a = a^1 = a$;

⑥ $k \circ (1 \circ a) = k \circ a^l = a^{kl} = kl \circ a$;

⑦ $(k+l) \circ a = a^{k+l} = a^k a^l = a^k \oplus a^l = k \circ a \oplus l \circ a$;

⑧ $k \circ (a \oplus b) = k \circ (ab) = (ab)^k = a^k b^k = a^k \oplus b^k = k \circ a \oplus k \circ b$.

例 5.2 设有多项式 $f_1 = x^2 + x, f_2 = x^2 - x, f_3 = x + 1$.

(1) 证明:f_1, f_2, f_3 是 $F[x]_2$ 的一个基. (2) 求 $f = a_0 + a_1 x + a_2 x^2$ 在此基下的坐标.

证 (1) 利用 $F[x]_2$ 的标准基 $1, x, x^2$ 有

$$[f_1, f_2, f_3] = [1, x, x^2]\begin{bmatrix}0 & 0 & 1\\1 & -1 & 1\\1 & 1 & 0\end{bmatrix},$$

由于过渡阵 $\boldsymbol{C} = \begin{bmatrix}0 & 0 & 1\\1 & -1 & 1\\1 & 1 & 0\end{bmatrix}$ 可逆,故 f_1, f_2, f_3 可作为 $F[x]_2$ 的基.

(2) 利用基变换与坐标变换公式,f 在标准基 $1, x, x^2$ 下的坐标为 $\boldsymbol{x} = (a_0, a_1, a_2)^{\mathrm{T}}$.

设 f 在基 f_1, f_2, f_3 的坐标为 $\boldsymbol{y} = (k_1, k_2, k_3)^{\mathrm{T}}$,则有 $\boldsymbol{Cy} = \boldsymbol{x}$,其中 $\boldsymbol{C}$ 为基 $1, x, x^2$ 到基 f_1, f_2, f_3 的过渡阵,于是得所求坐标为

$$\boldsymbol{y} = \boldsymbol{C}^{-1}\boldsymbol{x} = \begin{bmatrix}0 & 0 & 1\\1 & -1 & 1\\1 & 1 & 1\end{bmatrix}^{-1}\begin{bmatrix}a_0\\a_1\\a_2\end{bmatrix} = \frac{1}{2}\begin{bmatrix}-a_0 + a_1 + a_2\\a_0 - a_1 + a_2\\2a_0\end{bmatrix}.$$

例 5.3 在 $F^{2\times 2}$ 中,求 $\boldsymbol{A} = \begin{bmatrix}2 & 0\\-1 & 3\end{bmatrix}$ 在基 $\boldsymbol{A}_1 = \begin{bmatrix}-1 & 1\\0 & 0\end{bmatrix}, \boldsymbol{A}_2 = \begin{bmatrix}1 & 1\\0 & 0\end{bmatrix}, \boldsymbol{A}_3 = \begin{bmatrix}0 & 0\\1 & 0\end{bmatrix}$, $\boldsymbol{A}_4 = \begin{bmatrix}0 & 0\\0 & 1\end{bmatrix}$ 下的坐标.

解 利用定义,设所求坐标为 $\boldsymbol{x} = (x_1, x_2, x_3, x_4)^{\mathrm{T}}$. 则有 $\boldsymbol{A} = x_1\boldsymbol{A}_1 + x_2\boldsymbol{A}_2 + x_3\boldsymbol{A}_3 + x_4\boldsymbol{A}_4$.

即:$\begin{bmatrix}2 & 0\\-1 & 3\end{bmatrix} = \begin{bmatrix}-x_1 + x_2 & x_1 + x_2\\x_3 & x_4\end{bmatrix}$. 比较得 $x_1 = -1, x_2 = 1, x_3 = -1, x_4 = 3$.

故所求坐标为 $\boldsymbol{x} = (-1, 1, -1, 3)^{\mathrm{T}}$.

例 5.4 设 $\lambda_1, \lambda_2, \cdots, \lambda_m$ 为互不相同的常数,$r_1, r_2, \cdots, r_m$ 均为 R^n 中的非零向量,试证:向量组 $r_1 e^{\lambda_1 t}, r_2 e^{\lambda_2 t}, \cdots, r_m e^{\lambda_m t}$ 在 $-\infty < t < +\infty$ 上线性无关.

证 设 $k_1, k_2, \cdots, k_m$ 为一组数,使得 $k_1 r_1 e^{\lambda_1 t} + k_2 r_2 e^{\lambda_2 t} + \cdots + k_m r_m e^{\lambda_m t} = 0$ 将上式两端对 t 求 1 阶,2 阶,直到 $m-1$ 阶导数,并与上式联立得方程组

$$\begin{cases}k_1 r_1 e^{\lambda_1 t} + k_2 r_2 e^{\lambda_2 t} + \cdots + k_m r_m e^{\lambda_m t} = 0\\k_1 r_1 \lambda_1 e^{\lambda_1 t} + k_2 r_2 \lambda_2 e^{\lambda_2 t} + \cdots + k_m r_m \lambda_m e^{\lambda_m t} = 0\\k_1 r_1 \lambda_1^2 e^{\lambda_1 t} + k_2 r_2 \lambda_2^2 e^{\lambda_2 t} + \cdots + k_m r_m \lambda_m^2 e^{\lambda_m t} = 0\\\quad\vdots\\k_1 r_1 \lambda_1^{m-1} e^{\lambda_1 t} + k_2 r_2 \lambda_2^{m-1} e^{\lambda_2 t} + \cdots + k_m r_m \lambda_m^{m-1} e^{\lambda_m t} = 0\end{cases}$$

写成矩阵乘积形式为

$$[k_1r_1e^{\lambda_1 t},k_2r_2e^{\lambda_2 t},\cdots,k_mr_me^{\lambda_m t}]\begin{bmatrix}1&\lambda_1&\lambda_1^2&\cdots&\lambda_1^{m-1}\\1&\lambda_2&\lambda_2^2&\cdots&\lambda_2^{m-1}\\\vdots&\vdots&\vdots&&\vdots\\1&\lambda_m&\lambda_m^2&\cdots&\lambda_m^{m-1}\end{bmatrix}=\mathbf{0}.$$

由于 $\begin{bmatrix}1&\lambda_1&\lambda_1^2&\cdots&\lambda_1^{m-1}\\1&\lambda_2&\lambda_2^2&\cdots&\lambda_2^{m-1}\\\vdots&\vdots&\vdots&&\vdots\\1&\lambda_m&\lambda_m^2&\cdots&\lambda_m^{m-1}\end{bmatrix}$ 可逆，所以有 $[k_1r_1e^{\lambda_1 t},k_2r_2e^{\lambda_2 t},\cdots,k_mr_me^{\lambda_m t}]=\mathbf{0}$，从而 $k_ir_ie^{\lambda_i t}=0\quad(i=1,2,\cdots,m)$. 又由于 $r_i\neq 0,e^{\lambda_i t}\neq 0$，$\therefore\quad k_i=0\quad(i=1,2,\cdots,m)$，由线性无关的定义，即知向量组 $r_1e^{\lambda_i t},r_2e^{\lambda_i t},\cdots,r_me^{\lambda_m t}$ 线性无关.

例 5.5　对于下列各题，检验线性空间的子集合 W 是否构成 V 的子空间，并求出其基与维数.

(1) $V=R^{2\times 2}$. W 是形如 $\begin{bmatrix}a&a+b\\a+b&b\end{bmatrix}$ 的2阶实方阵全体.

(2) $V=R[x]_3$. W 是 V 中有实根 $x=1$ 的多项式全体.

解　(1) 是，因为对于 W 中任意两元素 $\boldsymbol{A}=\begin{bmatrix}a&a+b\\a+b&b\end{bmatrix}$，$\boldsymbol{B}=\begin{bmatrix}c&c+d\\c+d&d\end{bmatrix}$ 及任实数 k，都有

$$\boldsymbol{A}+\boldsymbol{B}=\begin{bmatrix}a+c&a+c+b+d\\a+c+b+d&b+d\end{bmatrix}\in W,\quad k\boldsymbol{A}=\begin{bmatrix}ka&ka+kb\\ka+kb&kb\end{bmatrix}\in W.$$

即 W 关于加法与数乘封闭.

又 W 中任意元素可写成

$$\begin{bmatrix}a&a+b\\a+b&b\end{bmatrix}=\begin{bmatrix}a&a\\a&0\end{bmatrix}+\begin{bmatrix}0&b\\b&b\end{bmatrix}=a\begin{bmatrix}1&1\\1&0\end{bmatrix}+b\begin{bmatrix}0&1\\1&1\end{bmatrix},a,b\in\mathbf{R},$$

令矩阵 $\boldsymbol{A}_1=\begin{bmatrix}1&1\\1&0\end{bmatrix}$，$\boldsymbol{A}_2=\begin{bmatrix}0&1\\1&1\end{bmatrix}$，$\boldsymbol{A}_1,\boldsymbol{A}_2\in W$，且 $\boldsymbol{A}_1,\boldsymbol{A}_2$ 线性无关. 故 $\boldsymbol{A}_1,\boldsymbol{A}_2$ 为 W 的基，且 $\dim W=2$.

(2) 是. 因为对于 W 中任意两个多项式 $f(x)$ 及 $g(x)$，由 W 的定义：$f(1)=0,g(1)=0$，于是有

$$[f(x)+g(x)]\Big|_{x=1}=0\quad[kf(x)]\Big|_{x=1}=0.$$

故 $f+g\in W\quad kf\in W$. 所以 W 关于加法与数乘封闭.

任取 W 中的元素 $f(x)$，则 $f(1)=0$，由泰勒公式可得：

$$f(x)=f'(1)(x-1)+\frac{f''(1)}{2}(x-1)^2+\frac{f'''(1)}{6}(x-1)^3,$$

由此说明 W 中任一元素都可由 W 中的3个线性无关的元素 $x-1,(x-1)^2,(x-1)^3$ 线性表示，即 $x-1,(x-1)^2,(x-1)^3$ 为 W 的基，从而 $\dim W=3$.

例 5.6　已知齐次线性方程组(Ⅰ)的基础解系为 $\boldsymbol{\alpha}_1=(1,2,1,0)^{\mathrm{T}}$，$\boldsymbol{\alpha}_2=(-1,1,1,1)^{\mathrm{T}}$，齐次线性方程组(Ⅱ)的基础解系为 $\beta_1=(2,-1,0,1)^{\mathrm{T}}$，$\beta_2=(1,-1,3,7)^{\mathrm{T}}$，记方程组(Ⅰ)、(Ⅱ)的解空间分别为 V_1,V_2，试求 $V_1\cap V_2$ 及 V_1+V_2 的基与维数.

解　$V_1=\mathrm{span}\{\boldsymbol{\alpha}_1,\boldsymbol{\alpha}_2\}$，$V_2=\mathrm{span}\{\boldsymbol{\beta}_1,\boldsymbol{\beta}_2\}$. 若 $\boldsymbol{\alpha}\in V_1\cap V_2$，则存在数 x_1,x_2,x_3,x_4 使得

$$\boldsymbol{\alpha}-x_1\boldsymbol{\alpha}_1+x_2\boldsymbol{\alpha}_2=x_3\boldsymbol{\beta}_1+x_4\boldsymbol{\beta}_2,$$

从而有 $x_1\boldsymbol{\alpha}_1+x_2\boldsymbol{\alpha}_2-x_3\boldsymbol{\beta}_1-x_4\boldsymbol{\beta}_2=0$,即

$$\begin{bmatrix}1&-1&-2&-1\\2&1&1&1\\1&1&0&-3\\0&1&-1&-7\end{bmatrix}\begin{bmatrix}x_1\\x_2\\x_3\\x_4\end{bmatrix}=0,$$

解得其基础解系为 $\boldsymbol{\xi}=(1,-4,3,-1)^{\mathrm{T}}$,故

$$\begin{bmatrix}x_1\\x_2\end{bmatrix}=k\begin{bmatrix}1\\-4\end{bmatrix}=\begin{bmatrix}k\\-4k\end{bmatrix}(k\text{ 为任意常数}).$$

从而 $V_1\cap V_2$ 中元素均可表示成

$$x_1\boldsymbol{\alpha}_1+x_2\boldsymbol{\alpha}_2=k\boldsymbol{\alpha}_1-4k\boldsymbol{\alpha}_2=k(\boldsymbol{\alpha}_1-4\boldsymbol{\alpha}_2)=k(5,-2,-3,-4)^{\mathrm{T}},$$

因此,向量 $(5,-2,-3,-4)^{\mathrm{T}}$ 为 $V_1\cap V_2$ 的一个基,且 $\dim(V_1\cap V_2)=1$.

若 $\boldsymbol{\beta}\in V_1+V_2$,则 $\boldsymbol{\beta}=\boldsymbol{\theta}_1+\boldsymbol{\theta}_2$,其中 $\boldsymbol{\theta}_1\in V_1,\boldsymbol{\theta}_2\in V_2$,可见

$$V_1+V_2=\mathrm{span}\{\boldsymbol{\alpha}_1,\boldsymbol{\alpha}_2,\beta_1,\beta_2\}.$$

因此,向量组 $\boldsymbol{\alpha}_1,\boldsymbol{\alpha}_2,\boldsymbol{\beta}_1,\boldsymbol{\beta}_2$ 的极大无关组与秩分别就是 V_1+V_2 的基与维数. 计算可得:$\boldsymbol{\alpha}_1,\boldsymbol{\alpha}_2,\boldsymbol{\beta}_1$ 为 V_1+V_2 的一个基,所以 $\dim(V_1+V_2)=3$.

例 5.7 令 $R[x]_2$ 的内积为 $\langle f,g\rangle=\int_{-1}^{1}f(x)g(x)\mathrm{d}x$. 试利用施密特正交化方法,由 $R[x]_2$ 的基:$f_0=1,f_1=x,f_2=x^2$,求 $R[x]_2$ 的标准正交基.

解 (1) 先正交化. 令 $g_0=f_0=1,g_1=f_1-\dfrac{\langle f_1,g_0\rangle}{\langle g_0,g_0\rangle}g_0=x-\dfrac{0}{2}=x$,

$$g_2=f_2-\frac{\langle f_2,g_0\rangle}{\langle g_0,g_0\rangle}g_0-\frac{\langle f_2,g_1\rangle}{\langle g_1,g_1\rangle}g_1=x^2-\frac{\frac{2}{3}}{2}-\frac{0}{\frac{2}{3}}x=x^2-\frac{1}{3},$$

(2) 再单位化. 即令 $h_i=\dfrac{1}{\|g_i\|}g_i\quad(i=0,1,2)$,又因 $\|g_0\|^2=2,\|g_1\|^2=\dfrac{2}{3}$,$\|g_2\|^2=\dfrac{8}{45}$. 所以,所求标准正交基为

$$h_0=\frac{\sqrt{2}}{2},\quad h_1=\frac{\sqrt{6}}{2}x,\quad h_2=\frac{\sqrt{10}}{4}(3x^2-1).$$

例 5.8 设 $\boldsymbol{e}_1,\boldsymbol{e}_2,\cdots,\boldsymbol{e}_5$ 是5维欧氏空间 V 的一个标准正交基,W 是由 $\boldsymbol{\alpha}_1,\boldsymbol{\alpha}_2,\boldsymbol{\alpha}_3$ 生成的 V 的子空间,其中 $\boldsymbol{\alpha}_1=\boldsymbol{e}_1+\boldsymbol{e}_5,\boldsymbol{\alpha}_2=\boldsymbol{e}_1-\boldsymbol{e}_2+\boldsymbol{e}_4,\boldsymbol{\alpha}_3=2\boldsymbol{e}_1+\boldsymbol{e}_2+\boldsymbol{e}_3$,试求 W 的一个标准正交基.

解 W 中向量 $\boldsymbol{\alpha}_1,\boldsymbol{\alpha}_2,\boldsymbol{\alpha}_3$ 在基 $\boldsymbol{e}_1,\boldsymbol{e}_2,\cdots,\boldsymbol{e}_5$ 下的坐标分别为

$$\boldsymbol{\xi}_1=(1,0,0,0,1)^{\mathrm{T}},\quad \boldsymbol{\xi}_2=(1,-1,0,1,0)^{\mathrm{T}},\quad \boldsymbol{\xi}_3=(2,1,1,0,0)^{\mathrm{T}},$$

因 $W=\mathrm{span}\{\boldsymbol{\alpha}_1,\boldsymbol{\alpha}_2,\boldsymbol{\alpha}_3\}$,故由 n 维欧氏空间与 R^n 的同构关系,知 W 与 R^5 的子空间 $W'=\mathrm{span}\{\boldsymbol{\xi}_1,\boldsymbol{\xi}_2,\boldsymbol{\xi}_3\}$ 同构,因此,由 W' 的标准正交基对应地就可求出 W 的标准正交基. 显然 $\boldsymbol{\xi}_1,\boldsymbol{\xi}_2,\boldsymbol{\xi}_3$ 线性无关,因而它是 W' 的基,应用施密特正交化方法,令

$$\boldsymbol{\eta}_1=\boldsymbol{\xi}_1=(1,0,0,0,1)^{\mathrm{T}}\quad \boldsymbol{\eta}_2=\boldsymbol{\xi}_2-\frac{\langle\boldsymbol{\xi}_2,\boldsymbol{\eta}_1\rangle}{\langle\boldsymbol{\eta}_1,\boldsymbol{\eta}_1\rangle}=\frac{1}{2}(1,-2,0,2,-1)^{\mathrm{T}},$$

$$\boldsymbol{\eta}_3=\boldsymbol{\xi}_3-\frac{\langle\boldsymbol{\xi}_3,\boldsymbol{\xi}_1\rangle}{\langle\boldsymbol{\xi}_1,\boldsymbol{\xi}_1\rangle}\boldsymbol{\xi}_1-\frac{\langle\boldsymbol{\xi}_3,\boldsymbol{\xi}_2\rangle}{\langle\boldsymbol{\xi}_2,\boldsymbol{\xi}_2\rangle}\boldsymbol{\xi}_2=(1,1,1,0,-1)^{\mathrm{T}},$$

再单位化，即令 $\boldsymbol{\varepsilon}_i = \dfrac{\boldsymbol{\eta}_i}{\|\boldsymbol{\eta}_i\|}$ $(i=1,2,3)$，由于 $\|\boldsymbol{\eta}_1\| = \sqrt{2}$，$\|\boldsymbol{\eta}_2\| = \dfrac{\sqrt{10}}{2}$，$\|\boldsymbol{\eta}_3\| = 2$ 于是得 W' 的一个标准正交基为 $\boldsymbol{\varepsilon}_1 = \dfrac{1}{\sqrt{2}}(1,0,0,0,1)^{\mathrm{T}}$，$\boldsymbol{\varepsilon}_2 = \dfrac{1}{\sqrt{10}}(1,-2,0,2,-1)^{\mathrm{T}}$，$\boldsymbol{\varepsilon}_3 = \dfrac{1}{2}(1,1,1,0,-1)^{\mathrm{T}}$，从而得到 W 的一个标准正交基为

$$\boldsymbol{\beta}_1 = \frac{1}{\sqrt{2}}(e_1 + e_5),\quad \boldsymbol{\beta}_2 = \frac{1}{\sqrt{10}}(e_1 - 2e_2 + 2e_4 + e_5),\quad \boldsymbol{\beta}_3 = \frac{1}{2}(e_1 + e_2 + e_3 - e_5).$$

例 5.9　设 $W = \mathrm{span}\{\boldsymbol{\alpha}_1, \boldsymbol{\alpha}_2, \boldsymbol{\alpha}_3\}$ 是 R^4 的一个子空间，其中 $\boldsymbol{\alpha}_1 = (1,0,-1,2)^{\mathrm{T}}$，$\boldsymbol{\alpha}_2 = (-1,1,1,0)^{\mathrm{T}}$，$\boldsymbol{\alpha}_3 = (3,-1,-1,4)^{\mathrm{T}}$，求 W 的正交补空间 $W^{\perp}$.

解　先确定 $\boldsymbol{\alpha}_1, \boldsymbol{\alpha}_2, \boldsymbol{\alpha}_3$ 的极大无关组可作为 W 的基，显然 $\boldsymbol{\alpha}_1, \boldsymbol{\alpha}_2$ 线性无关，而 $\boldsymbol{\alpha}_3 = 2\boldsymbol{\alpha}_1 - \boldsymbol{\alpha}_2$，因此 $\boldsymbol{\alpha}_1, \boldsymbol{\alpha}_2$ 是 W 的一个基.

若向量 $\boldsymbol{\beta}$ 与 $\boldsymbol{\alpha}_1, \boldsymbol{\alpha}_2$ 都正交，则 $\boldsymbol{\beta}$ 与 $\boldsymbol{\alpha}_1, \boldsymbol{\alpha}_2$ 的线性组合正交，因此 $\boldsymbol{\beta}$ 与 W 正交，反之，若 $\boldsymbol{\beta}$ 与 W 正交，则 $\boldsymbol{\beta}$ 应与 $\boldsymbol{\alpha}_1, \boldsymbol{\alpha}_2$ 都正交. 所以，$W^{\perp}$ 由满足方程组 $\begin{cases}\langle\boldsymbol{\beta}, \boldsymbol{\alpha}_1\rangle = 0\\ \langle\boldsymbol{\beta}, \boldsymbol{\alpha}_2\rangle = 0\end{cases}$ 的所有向量 $\boldsymbol{\beta}$ 组成，若令 $\boldsymbol{\beta} = (x_1, x_2, x_3, x_4)^{\mathrm{T}}$，则 $W^{\perp}$ 就是齐次线性方程组 $\begin{cases}x_1 - x_3 + 2x_4 = 0\\ -x_1 + x_2 + x_3 = 0\end{cases}$ 的解空间. 易求得该方程组的一个基础解系为

$$\boldsymbol{\xi}_1 = (1,0,1,0)^{\mathrm{T}},\quad \boldsymbol{\xi}_2 = (-2,-2,0,1)^{\mathrm{T}}.$$

故 $W^{\perp} = \mathrm{span}\{\boldsymbol{\xi}_1, \boldsymbol{\xi}_2\}$.

例 5.10　设 $\boldsymbol{\alpha}, \boldsymbol{\beta}, \boldsymbol{\gamma} \in R^n$，$c_1, c_2, c_3 \in \mathbf{R}$，且 $c_1 \cdot c_3 \neq 0$. 证明：若 $c_1\boldsymbol{\alpha} + c_2\boldsymbol{\beta} + c_3\boldsymbol{\gamma} = 0$，则 $S(\boldsymbol{\alpha}, \boldsymbol{\beta}) = S(\boldsymbol{\beta}, \boldsymbol{\gamma})$，($S(\boldsymbol{\alpha}, \boldsymbol{\beta})$ 为由 $\boldsymbol{\alpha}, \boldsymbol{\beta}$ 生成的子空间).

证明：由于子空间是向量的集合，因此要证明两个子空间相等，必须证明它们互相包含. 先证 $S(\boldsymbol{\alpha}, \boldsymbol{\beta}) \subset S(\boldsymbol{\beta}, \boldsymbol{\gamma})$，设 $\boldsymbol{\xi} \in S(\boldsymbol{\alpha}, \boldsymbol{\beta})$，即 $\boldsymbol{\xi} = k_1\boldsymbol{\alpha} + k_2\boldsymbol{\beta}$. 由于

$$c_1\boldsymbol{\alpha} + c_2\boldsymbol{\beta} + c_3\boldsymbol{\gamma} = \mathbf{0}\quad (c_1 \neq 0),$$

所以 $\boldsymbol{\alpha} = -\dfrac{c_2}{c_1}\boldsymbol{\beta} - \dfrac{c_3}{c_1}\boldsymbol{\gamma}$. 因此

$$\boldsymbol{\xi} = \left(-\frac{c_2}{c_1}k_1 + k_2\right)\boldsymbol{\beta} - \frac{c_3}{c_1}k_1\boldsymbol{\gamma} \in L(\boldsymbol{\beta}, \boldsymbol{\gamma}),$$

故 $S(\boldsymbol{\alpha}, \boldsymbol{\beta}) \subset S(\boldsymbol{\beta}, \boldsymbol{\alpha})$.

再证 $S(\boldsymbol{\beta}, \boldsymbol{\gamma}) \subset S(\boldsymbol{\alpha}, \boldsymbol{\beta})$，设 $\boldsymbol{\eta} \in S(\boldsymbol{\beta}, \boldsymbol{\gamma})$，即 $\boldsymbol{\eta} = l_1\boldsymbol{\beta} + l_2\boldsymbol{\gamma}$，再由 $c_1\boldsymbol{\alpha} + c_2\boldsymbol{\beta} + c_3\boldsymbol{\gamma} = \mathbf{0}$，得

$$\boldsymbol{\gamma} = -\frac{c_1}{c_3}\boldsymbol{\alpha} - \frac{c_2}{c_3}\boldsymbol{\beta}\quad (c_3 \neq 0),$$

因此 $\boldsymbol{\eta} = -\dfrac{c_1}{c_3}l_2\boldsymbol{\alpha} + \left(l_1 - \dfrac{c_2}{c_3}l_2\right)\boldsymbol{\beta} \in S(\boldsymbol{\alpha}, \boldsymbol{\beta})$，故 $S(\boldsymbol{\beta}, \boldsymbol{\gamma}) \subset S(\boldsymbol{\alpha}, \boldsymbol{\beta})$，综合得：

$$S(\boldsymbol{\alpha}, \boldsymbol{\beta}) = S(\boldsymbol{\beta}, \boldsymbol{\gamma}).$$

例 5.11　在 R^3 中，下列子空间哪些是正交子空间？那些互为正交补？并说明理由.

① $W_1 = \{(x,y,z) \mid 3x - y + 2z = 0\}$；　② $W_2 = \{(x,y,z) \mid x - y - 2z = 0\}$；

③ $W_3 = \{(x,y,z) \mid \dfrac{x}{3} = \dfrac{y}{-1} = \dfrac{z}{2}\}$；　④ $W_4 = \{(x,y,z) \mid \dfrac{x}{3} = \dfrac{y}{5} = \dfrac{z}{-2}\}$.

解　$W_1 \perp W_3$ 互为正交补，其理由如下：W_1 是齐次线性方程 $3x - y + 2z = 0$ 的解空间，它与该方程的系数矩阵 $[3,-1,2]$ 的行空间 $S(3,-1,2)$ 互为正交补；W_3 是齐次线性方程组

$\frac{x}{3}=\frac{y}{-1}=\frac{z}{2}$ 的解空间，它的基向量为(3，−1,2)，它的全部解为 $k(3,-1,2)$(k 为任意常数). 所以 $W_3=S(3,-1,2)$，就是前者的行空间. 因此，W_1 与 W_3 互为正交补.

W_3 与 W_4 是正交子空间，即 $W_3\perp W_4$，但不是互为正交补，从几何意义上说，W_3 与 W_4 分别是过原点的两条直线上的全体向量，两条直线的方向向量 $\tau_3=(3,-1,2)$ 与 $\tau_4=(3,5,-2)$ 是正交的. 所以 $W_3\perp W_4$，但是 $\dim W_3+\dim W_4=2$，因此不是互为正交补.

值得注意：W_1 与 W_2 不是正交子空间，虽然两个过原点的平面 $3x-y+2z=0$ 与 $x-y-2z=0$ 是垂直的(因为两个法向量垂直)，但这两个平面的交线上的全体向量 $k(2,4,-1)\in W_1\cap W_2$，而 $k(2,4,-1)$ 与其自身是不正交的. 所以 W_1 与 W_2 不是正交子空间.

例 5.12 设 V_1,V_2 是 R^n 的两个非平凡子空间，证明：在 R^n 中存在向量 $\boldsymbol{\alpha}$，使 $\boldsymbol{\alpha}\notin V_1$，且 $\boldsymbol{\alpha}\notin V_2$，并在 R^3 中举例说明此结论.

证 因为 V_1,V_2 是 R^n 的两个非平凡子空间，所以，$\exists\boldsymbol{\beta}\notin V_1$，若 $\boldsymbol{\beta}\notin V_2$ 命题得证.

不妨设 $\boldsymbol{\beta}\in V_2$，又 $\exists\boldsymbol{\gamma}\notin V_2$，若 $\boldsymbol{\gamma}\notin V_1$，命题也得证. 不妨设 $\boldsymbol{\gamma}\in V_1$，于是 $\boldsymbol{\alpha}=\boldsymbol{\beta}+\boldsymbol{\gamma}\notin V_1$，否则 $\boldsymbol{\alpha}\in V_1$，由 $\boldsymbol{\gamma}\in V_1$. 可推出 $\boldsymbol{\alpha}-\boldsymbol{\gamma}=\boldsymbol{\beta}\in V_1$，矛盾.

同样 $\boldsymbol{\alpha}=\boldsymbol{\beta}+\boldsymbol{\gamma}\notin V_2$. 否则 $\boldsymbol{\alpha}\in V_2$ 时由 $\boldsymbol{\beta}\in V_2$ 可推出 $\boldsymbol{\alpha}-\boldsymbol{\beta}=\boldsymbol{\gamma}\in V_2$ 矛盾.

综上，$\exists\boldsymbol{\alpha}=\boldsymbol{\beta}+\boldsymbol{\gamma}\notin V_1$ 且 $\boldsymbol{\alpha}=\boldsymbol{\beta}+\boldsymbol{\gamma}\notin V_2$.

R^3 中的例子，设$\{\boldsymbol{e}_1,\boldsymbol{e}_2,\boldsymbol{e}_3\}$ 为 R^3 的基本单位向量组，$V_1=span\{\boldsymbol{e}_1,\boldsymbol{e}_2\}$，$V_2=span\{\boldsymbol{e}_2,\boldsymbol{e}_3\}$，则$\boldsymbol{\alpha}=(1,1,1)^{\mathrm{T}}$ 既不属于 V_1，也不属于 V_2，$k\neq 0$ 时，$k\boldsymbol{\alpha}$ 均符合要求.

例 5.13 设 $\boldsymbol{e}_1,\boldsymbol{e}_2,\cdots,\boldsymbol{e}_n$ 是 n 维欧氏空间 V 的一个标准正交基. $\boldsymbol{\alpha}$ 是 V 中任一非零向量. φ_i 是 $\boldsymbol{\alpha}$ 与 $\boldsymbol{e}_i$ 的夹角，证明：$\cos^2\varphi_i+\cos^2\varphi_2+\cdots+\cos^2\varphi_n=1$.

证 据夹角的定义，有 $\cos\varphi_i=\frac{\langle\boldsymbol{\alpha},\boldsymbol{e}_i\rangle}{\|\boldsymbol{\alpha}\|\ \|\boldsymbol{e}_i\|}=\frac{\langle\boldsymbol{\alpha},\boldsymbol{e}_i\rangle}{\|\boldsymbol{\alpha}\|}\quad(i=1,2,\cdots,n)$，

所以，$\cos^2\varphi_1+\cos^2\varphi_2+\cdots+\cos^2\varphi_n=\frac{1}{\|\boldsymbol{\alpha}\|^2}[\langle\boldsymbol{\alpha},\boldsymbol{e}_1\rangle^2+\langle\boldsymbol{\alpha},\boldsymbol{e}_2\rangle^2+\cdots+\langle\boldsymbol{\alpha},\boldsymbol{e}_n\rangle^2]$.

由向量 $\boldsymbol{\alpha}$ 在标准正交基下的线性表示式有

$$\boldsymbol{\alpha}=\langle\boldsymbol{\alpha},\boldsymbol{e}_1\rangle\boldsymbol{e}_1+\langle\boldsymbol{\alpha},\boldsymbol{e}_2\rangle\boldsymbol{e}_2+\cdots+\langle\boldsymbol{\alpha},\boldsymbol{e}_n\rangle\boldsymbol{e}_n,$$

可得 $\|\boldsymbol{\alpha}\|^2=\langle\boldsymbol{\alpha},\boldsymbol{\alpha}\rangle=\langle\boldsymbol{\alpha},\boldsymbol{e}_1\rangle^2+\langle\boldsymbol{\alpha},\boldsymbol{e}_2\rangle^2+\cdots+\langle\boldsymbol{\alpha},\boldsymbol{e}_n\rangle^2$ 代入上式即证.

例 5.14 设 $\boldsymbol{e}_1,\boldsymbol{e}_2,\cdots,\boldsymbol{e}_n$ 是 n 维欧氏空间 V 的一个基，证明：如果对于 V 中任意两个向量 $\boldsymbol{\alpha}=a_1\boldsymbol{e}_1+a_2\boldsymbol{e}_2+\cdots+a_n\boldsymbol{e}_n$，$\boldsymbol{\beta}=b_1\boldsymbol{e}_1+b_2\boldsymbol{e}_2+\cdots+b_n\boldsymbol{e}_n$，都有$\langle\boldsymbol{\alpha},\boldsymbol{\beta}\rangle=a_1b_1+a_2b_2+\cdots+a_nb_n$，则 $\boldsymbol{e}_1,\boldsymbol{e}_2,\cdots,\boldsymbol{e}_n$ 是 V 的一个标准正交基.

证 因为 $\boldsymbol{e}_i=0\boldsymbol{e}_1+\cdots+0\boldsymbol{e}_{i-1}+\boldsymbol{e}_i+0\boldsymbol{e}_{i+1}+\cdots+0\boldsymbol{e}_n\quad(i=1,2,\cdots,n)$，

故由题设条件知

$$\langle\boldsymbol{e}_i,\boldsymbol{e}_j\rangle=\begin{cases}1, & j=i\\0, & i\neq j\end{cases}\quad(i,j=1,2,\cdots,n)(\text{注意 } a_i=1,b_j=1),$$

这就说明 $\boldsymbol{e}_1,\boldsymbol{e}_2,\cdots,\boldsymbol{e}_n$ 是 V 中的正交单位向量组. 因而是 V 的一个标准正交基.

例 5.15 设 $\boldsymbol{\alpha}_1,\boldsymbol{\alpha}_2,\cdots,\boldsymbol{\alpha}_n$ 是欧氏空间 V 中的一组向量，令行列式

$$D=g(\boldsymbol{\alpha}_1,\boldsymbol{\alpha}_2,\cdots,\boldsymbol{\alpha}_n)=\begin{vmatrix}\langle\boldsymbol{\alpha}_1,\boldsymbol{\alpha}_1\rangle & \langle\boldsymbol{\alpha}_1,\boldsymbol{\alpha}_2\rangle & \cdots & \langle\boldsymbol{\alpha}_1,\boldsymbol{\alpha}_m\rangle\\ \langle\boldsymbol{\alpha}_2,\boldsymbol{\alpha}_1\rangle & \langle\boldsymbol{\alpha}_2,\boldsymbol{\alpha}_2\rangle & \cdots & \langle\boldsymbol{\alpha}_2,\boldsymbol{\alpha}_m\rangle\\ \vdots & \vdots & & \vdots\\ \langle\boldsymbol{\alpha}_m,\boldsymbol{\alpha}_1\rangle & \langle\boldsymbol{\alpha}_m,\boldsymbol{\alpha}_2\rangle & \cdots & \langle\boldsymbol{\alpha}_m,\boldsymbol{\alpha}_m\rangle\end{vmatrix},$$

证：$\boldsymbol{\alpha}_1,\boldsymbol{\alpha}_2,\cdots,\boldsymbol{\alpha}_m$ 线性无关的充要条件是行列式 $D\neq0$（称 D 为 $\boldsymbol{\alpha}_1,\cdots,\boldsymbol{\alpha}_m$ 的格拉姆行列式）.

证　利用向量线性无关的定义来证. 设有一组数 $x_1,x_2,\cdots,x_m$，使得

$$x_1\boldsymbol{\alpha}_1+x_2\boldsymbol{\alpha}_2+\cdots+x_m\boldsymbol{\alpha}_m=\mathbf{0},\tag{5-1}$$

依次用 $d_i(i=1,2,\cdots,m)$ 与上式两边作内积得

$$\begin{cases}\langle\boldsymbol{\alpha}_1,\boldsymbol{\alpha}_1\rangle x_1+\langle\boldsymbol{\alpha}_1,\boldsymbol{\alpha}_2\rangle x_2+\langle\boldsymbol{\alpha}_1,\boldsymbol{\alpha}_m\rangle x_m=0,\\ \langle\boldsymbol{\alpha}_2,\boldsymbol{\alpha}_1\rangle x_1+\langle\boldsymbol{\alpha}_2,\boldsymbol{\alpha}_2\rangle x_2+\langle\boldsymbol{\alpha}_2,\boldsymbol{\alpha}_m\rangle x_m=0,\\ \quad\vdots\\ \langle\boldsymbol{\alpha}_m,\boldsymbol{\alpha}_1\rangle x_1+\langle\boldsymbol{\alpha}_m,\boldsymbol{\alpha}_2\rangle x_2+\langle\boldsymbol{\alpha}_m,\boldsymbol{\alpha}_m\rangle x_m=0,\end{cases}\tag{5-2}$$

这说明(5-1)式（关于未知量 $x_1,x_2,\cdots,x_m$）的任一解必是齐次线性方程组(5-2)的一个解. 反过来，对于方程组(5-2)的任一解 $(x_1,x_2,\cdots,x_m)^{\mathrm T}$，则有

$$\sum_{j=1}^{m}\langle\boldsymbol{\alpha}_i,\boldsymbol{\alpha}_j\rangle x_j=0\quad(i=1,2,\cdots,m)\text{ 或}\sum_{j=1}^{m}\langle\boldsymbol{\alpha}_i,x_j\boldsymbol{\alpha}_j\rangle=0\quad(i=1,2,\cdots,m),$$

即 $\langle\boldsymbol{\alpha}_i,\sum_{j=1}^{m}x_j\boldsymbol{\alpha}_j\rangle=0\quad(i=1,2,\cdots,m)$，两端同乘 x_i 得

$$\langle x_i\boldsymbol{\alpha}_i,\sum_{j=1}^{m}x_j\boldsymbol{\alpha}_j\rangle=0\quad(i=1,2,\cdots,m),$$

所以有

$$\sum_{j=1}^{m}\langle x_j\boldsymbol{\alpha}_j,\sum_{j=1}^{m}x_j\boldsymbol{\alpha}_j\rangle=0\text{ 或}\langle\sum_{i=1}^{m}x_i\boldsymbol{\alpha}_i,\sum_{j=1}^{m}x_j\boldsymbol{\alpha}_j\rangle=0,$$

即 $\left\|\sum_{i=1}^{m}x_i\alpha_i\right\|^2=0$，所以 $\sum_{i=1}^{m}x_i\alpha_i=\mathbf{0}$. 这就说明，方程组(5-2)的解也是方程(5-1)的解. 因此，方程(5-1)与方程组(5-2)是同解的. 于是可得：向量组 $\boldsymbol{\alpha}_1,\boldsymbol{\alpha}_2,\cdots,\boldsymbol{\alpha}_m$ 线性无关 $\Leftrightarrow$(5-1)式只有零解 $\Leftrightarrow$ 方程组只有零解 $\Leftrightarrow$(5-2)的系数行列式 $D\neq0$.　　证毕.

5.5　自测题

一、填空题

1. 已知 3 维向量空间 R^3 中两个向量 $\boldsymbol{\alpha}_1=\begin{pmatrix}1\\0\\-1\end{pmatrix}$，$\boldsymbol{\alpha}_2=\begin{pmatrix}0\\1\\-1\end{pmatrix}$，用施密特正交化方法构造一个标准正交基，使 $\mathrm{span}\{\boldsymbol{\alpha}_1,\boldsymbol{\alpha}_2\}=\mathrm{span}\{\boldsymbol{\beta}_1,\boldsymbol{\beta}_2\}$，则 $\boldsymbol{\beta}_1=$____________________，$\boldsymbol{\beta}_2=$____________________.

2. 设标准正交基 $\boldsymbol{\alpha}_1=\left(\frac{2}{3},-\frac{2}{3},\frac{1}{3}\right)^{\mathrm T}$，$\boldsymbol{\alpha}_2=\left(\frac{2}{3},\frac{1}{3},-\frac{2}{3}\right)^{\mathrm T}$，$\boldsymbol{\alpha}_3=\left(\frac{1}{3},\frac{2}{3},\frac{2}{3}\right)^{\mathrm T}$，则 $\boldsymbol{\alpha}_4=(-1,0,2)^{\mathrm T}$ 在此基下的坐标是____________________.

3. 设非标准正交基 $\boldsymbol{\alpha}_1=(0,1,0)^{\mathrm T}$，$\boldsymbol{\alpha}_2=(-4,0,3)^{\mathrm T}$，$\boldsymbol{\alpha}_3=(3,0,4)^{\mathrm T}$，则 $\boldsymbol{\alpha}_4=(2,3,1)^{\mathrm T}$，在此基下的坐标是____________________.

4. 齐次线性方程组 $\begin{cases}3x_1-x_2-x_3+x_4=0\\x_1+2x_2-x_3-x_4=0\end{cases}$ 解空间的一个标准正交基为________.

5. 与 $\boldsymbol{\alpha}_1=(1,1,-1,1)^{\mathrm T},\boldsymbol{\alpha}_2=(1,-1,-1,1)^{\mathrm T},\boldsymbol{\alpha}_3=(2,1,1,3)^{\mathrm T}$ 都正交的单位向量为________.

二、选择题

1. 设 $\boldsymbol{\alpha}_1=(2,-2,1)^{\mathrm T},\boldsymbol{\alpha}_2=(2,1,-2)^{\mathrm T},\boldsymbol{\alpha}_3=(1,2,2)^{\mathrm T},\boldsymbol{\alpha}_4=(-1,0,2)^{\mathrm T}$,不正交的是(　).

(A) $\boldsymbol{\alpha}_1,\boldsymbol{\alpha}_2$　　(B) $\boldsymbol{\alpha}_1,\boldsymbol{\alpha}_4$　　(C) $\boldsymbol{\alpha}_3,\boldsymbol{\alpha}_4$　　(D) $\boldsymbol{\alpha}_1,\boldsymbol{\alpha}_3$

2. 设 $\boldsymbol{\alpha}_1=(1,1,1)^{\mathrm T},\boldsymbol{\alpha}_2=(0,1,1)^{\mathrm T},\boldsymbol{\alpha}_3=(0,0,1)^{\mathrm T},\boldsymbol{\alpha}_4=(-2,1,1)^{\mathrm T}$,则正交的是(　).

(A) $\boldsymbol{\alpha}_1,\boldsymbol{\alpha}_2$　　(B) $\boldsymbol{\alpha}_1,\boldsymbol{\alpha}_4$　　(C) $\boldsymbol{\alpha}_2,\boldsymbol{\alpha}_3$　　(D) $\boldsymbol{\alpha}_1,\boldsymbol{\alpha}_3$

3. 设 $\boldsymbol{T}\in L(R^3)$ 在 R^3 的基 $\boldsymbol{\alpha}_1=(-1,1,1)^{\mathrm T},\boldsymbol{\alpha}_2=(1,0,-1)^{\mathrm T},\boldsymbol{\alpha}_3=(0,1,1)^{\mathrm T}$ 下的矩阵为 $\boldsymbol{A}=\begin{pmatrix}1&0&1\\1&1&0\\-1&2&1\end{pmatrix}$,则 $\boldsymbol{T}$ 在基 $\boldsymbol{\beta}_1=(1,0,0)^{\mathrm T},\boldsymbol{\beta}_2=(0,1,0)^{\mathrm T},\boldsymbol{\beta}_3=(0,0,1)^{\mathrm T}$ 下的矩阵为(　).

(A) $\begin{bmatrix}-2&1&-1\\0&2&2\\2&0&3\end{bmatrix}$　　(B) $\begin{bmatrix}-1&1&-2\\2&2&0\\3&0&2\end{bmatrix}$

(C) $\begin{bmatrix}-1&-2&1\\2&0&2\\3&2&0\end{bmatrix}$　　(D) $\begin{bmatrix}1&-1&-2\\2&2&0\\0&3&2\end{bmatrix}$

4. 设 $\boldsymbol{T}\in L(F[x]_3)$,且 $\boldsymbol{T}$ 在基 $\{x^2,x,1\}$ 下的矩阵为 $\boldsymbol{A}=\begin{bmatrix}1&2&3\\-1&0&3\\2&1&5\end{bmatrix}$,则 $\boldsymbol{T}$ 在基 $\{x^2,x^2+x,x^2+x+1\}$ 下的矩阵为(　).

(A) $\begin{bmatrix}2&4&4\\-3&-4&-6\\2&3&8\end{bmatrix}$　　(B) $\begin{bmatrix}1&1&1\\0&1&1\\0&0&1\end{bmatrix}$

(C) $\begin{bmatrix}2&4&4\\-3&-6&-4\\2&8&3\end{bmatrix}$　　(D) $\begin{bmatrix}4&2&4\\-4&-3&-6\\3&2&8\end{bmatrix}$

5. 设 $\boldsymbol{A}_1=\begin{bmatrix}-1&1\\0&0\end{bmatrix},\boldsymbol{A}_2=\begin{bmatrix}1&1\\0&0\end{bmatrix},\boldsymbol{A}_3=\begin{bmatrix}0&0\\1&0\end{bmatrix},\boldsymbol{A}_4=\begin{bmatrix}0&0\\0&1\end{bmatrix}$ 是 $F^{2\times 2}$ 的一个基,则 $\boldsymbol{A}=\begin{bmatrix}2&0\\-1&3\end{bmatrix}$ 在此基下的坐标为(　).

(A) $(-1,1,-1,3)^{\mathrm T}$　　(B) $(1,-1,1,-3)^{\mathrm T}$

(C) $(1,1,1,3)^{\mathrm T}$　　(D) $(3,1,-1,1)^{\mathrm T}$

三、计算题

1. 设 $\boldsymbol{A}$ 是一个 n 阶可逆实方阵,$\forall\,\boldsymbol{\alpha},\boldsymbol{\beta}\in R^n$,定义 $\langle\boldsymbol{\alpha},\boldsymbol{\beta}\rangle=(\boldsymbol{A}\boldsymbol{\alpha})^{\mathrm T}(\boldsymbol{A}\boldsymbol{\beta})$,检验 $\langle\boldsymbol{\alpha},\boldsymbol{\beta}\rangle$ 是否为

该空间的一个内积.

2. 设 $\boldsymbol{\varepsilon}_1,\boldsymbol{\varepsilon}_2,\boldsymbol{\varepsilon}_3$ 是线性空间 V 的一个基,又$\begin{cases}\boldsymbol{\alpha}_1=\boldsymbol{\varepsilon}_1+\boldsymbol{\varepsilon}_3\\ \boldsymbol{\alpha}_2=\boldsymbol{\varepsilon}_2\\ \boldsymbol{\alpha}_3=\boldsymbol{\varepsilon}_1+2\boldsymbol{\varepsilon}_2+2\boldsymbol{\varepsilon}_3\end{cases}$,$\begin{cases}\boldsymbol{\beta}_1=\boldsymbol{\varepsilon}_1-\boldsymbol{\varepsilon}_3\\ \boldsymbol{\beta}_2=2\boldsymbol{\varepsilon}_1+3\boldsymbol{\varepsilon}_2+\boldsymbol{\varepsilon}_3\\ \boldsymbol{\beta}_3=\boldsymbol{\varepsilon}_1+3\boldsymbol{\varepsilon}_2+\boldsymbol{\varepsilon}_3\end{cases}$

(1) 证明$\{\boldsymbol{\alpha}_1,\boldsymbol{\alpha}_2,\boldsymbol{\alpha}_3\}$ 及$\{\boldsymbol{\beta}_1,\boldsymbol{\beta}_2,\boldsymbol{\beta}_3\}$ 都是 V 的基;

(2) 求由$\{\boldsymbol{\alpha}_1,\boldsymbol{\alpha}_2,\boldsymbol{\alpha}_3\}$ 到$\{\boldsymbol{\beta}_1,\boldsymbol{\beta}_2,\boldsymbol{\beta}_3\}$ 的过渡矩阵.

3. 对下列各题,判断线性空间U的子集合W是否构成U的子空间,若是子空间,求它的基与维数.

(1) $U=F^{2\times 3}$,$W=\left\{\begin{bmatrix}1 & b & 0\\ 0 & 0 & c\end{bmatrix}\in F^{2\times 3}\,\middle|\, b,c\in F\right\}$;

(2) $U=F^{3\times 3}$,W 为 U 中反对称矩阵的全体组成的集合;

(3) $U=R[x]_2$,W 为 U 中只有一个实根的多项式全体组成的集合.

4. 已知方程组$\begin{cases}x_1+x_2+x_3+x_4=0\\ x_1\qquad\qquad\quad +x_4=0\\ \qquad x_2+x_3\qquad =0\end{cases}$,求解空间 $W(A)$ 及$W(A)^{\mathrm{T}}$.

5. 试在欧氏空间 $C[-\pi,\pi]$$\left(\text{其内积为}(f,g)=\int_{-\pi}^{\pi}f(x)g(x)\mathrm{d}x\right)$中,求子空间 $W=\mathrm{span}\{1,\cos x,\sin x\}$ 的一个标准正交基.

四、证明题

1. 设$\boldsymbol{A}$为n阶实方阵,在欧氏空间R^n(其内积为R^n 的标准内积)中证明:$\langle \boldsymbol{x},\boldsymbol{Ay}\rangle=\langle \boldsymbol{A}^{\mathrm{T}}\boldsymbol{x},\boldsymbol{y}\rangle$,$\forall\, \boldsymbol{x},\boldsymbol{y}\in R^n$.

2. 设 $\boldsymbol{\alpha},\boldsymbol{\beta}$ 是欧氏空间 U 中任意两向量,证明:$\langle\boldsymbol{\alpha},\boldsymbol{\beta}\rangle=\frac{1}{4}(\|\boldsymbol{\alpha}+\boldsymbol{\beta}\|^2-\|\boldsymbol{\alpha}-\boldsymbol{\beta}\|^2)$.

3. 证明:函数组 $x^3,x^3+x,x^2+1,x+1$ 是 $F[x]_3$ 的一个基,并求 $f=x^2+2x+3$ 在该基下的坐标.

4. 设 $\boldsymbol{\alpha}_1$、$\boldsymbol{\alpha}_2$、$\boldsymbol{\alpha}_3$ 是欧氏空间 U 的一个标准正交基,证明:$\boldsymbol{\beta}_1=\frac{1}{3}(\boldsymbol{\alpha}_1-2\boldsymbol{\alpha}_2-2\boldsymbol{\alpha}_3)$,$\boldsymbol{\beta}_2=\frac{1}{3}(2\boldsymbol{\alpha}_1-\boldsymbol{\alpha}_2+2\boldsymbol{\alpha}_3)$,$\boldsymbol{\beta}_3=\frac{1}{3}(2\boldsymbol{\alpha}_1+2\boldsymbol{\alpha}_2-\boldsymbol{\alpha}_3)$ 也是 U 的一个标准正交基.

第 6 章　特征值与特征向量

6.1　内容提要

1. 概念

1）特征值和特征向量

对于方阵 $\boldsymbol{A}$,若存在非零向量 $\boldsymbol{x}$ 和数 λ 满足

$$\boldsymbol{A}\boldsymbol{x}=\lambda\boldsymbol{x},$$

则称 λ 为 $\boldsymbol{A}$ 的特征值,$\boldsymbol{x}$ 为 $\boldsymbol{A}$ 的特征向量.

2）特征多项式

$$f(\lambda)=|\lambda\boldsymbol{E}-\boldsymbol{A}|=\lambda^n+b_1\lambda^{n-1}+\cdots+b_n=(\lambda-\lambda_1)^{k_1}\cdots(\lambda-\lambda_s)^{k_s}$$

称为方阵 $\boldsymbol{A}$ 的特征多项式，k_i 称为特征值 λ_i 的代数重数.

3）特征方程

$|\lambda\boldsymbol{E}-\boldsymbol{A}|=0$ 或 $|\boldsymbol{A}-\lambda\boldsymbol{E}|=0$ 称为方阵 $\boldsymbol{A}$ 的特征方程.

$(\lambda_i\boldsymbol{E}-\boldsymbol{A})\boldsymbol{x}=\boldsymbol{0}$ 的解集称为特征值 λ_i 的特征子空间,此空间的维数称为 λ_i 的几何重数.

4）相似矩阵

对 n 阶方阵 $\boldsymbol{A}$、$\boldsymbol{B}$,若存在可逆矩阵 $\boldsymbol{P}$ 使得

$$\boldsymbol{P}^{-1}\boldsymbol{A}\boldsymbol{P}=\boldsymbol{B}$$

则称方阵 $\boldsymbol{A}$ 与 $\boldsymbol{B}$ 相似,记作 $\boldsymbol{A}\sim\boldsymbol{B}$.

5）相似对角化

若方阵 $\boldsymbol{A}$ 相似于对角矩阵,则称方阵 $\boldsymbol{A}$ 可相似对角化.

2. 性质

(1) 若 λ 是 $\boldsymbol{A}$ 的特征值,则 $\lambda^k,\lambda^{-1},|\boldsymbol{A}|\lambda^{-1},f(\lambda)$ 分别为 $\boldsymbol{A}^k,\boldsymbol{A}^{-1},\boldsymbol{A}^*,f(\boldsymbol{A})$ 的特征值.

(2) 若实对称阵的特征值不等,则对应的特征向量正交.

(3) 相似矩阵具有反身性、对称性和传递性;

(4) 如果矩阵 $\boldsymbol{A},\boldsymbol{B}$ 相似,则

① $|\lambda\boldsymbol{E}-\boldsymbol{A}|=|\lambda\boldsymbol{E}-\boldsymbol{B}|$;

② $|\boldsymbol{A}|=|\boldsymbol{B}|=\lambda_1\lambda_2\cdots\lambda_n$;

③ $r(\boldsymbol{A})=r(\boldsymbol{B})$;

④ $\mathrm{tr}(\boldsymbol{A})=\mathrm{tr}(\boldsymbol{B})=\lambda_1+\lambda_2+\cdots+\lambda_n$.

(5) 方阵可对角化的条件:

① 线性无关的特征向量的个数等于矩阵的阶数[充要条件].

② 每一个特征值的几何重数等于其代数重数[充要条件].

③ 特征值互不相等[充分条件].

④ 实对称阵[充分条件].

6.2 基本方法

方阵对角化的方法与步骤：

(1) 解 $|\lambda\boldsymbol{E}-\boldsymbol{A}|=0$,求出所有特征值 $\lambda_1,\lambda_2,\cdots,\lambda_n$；

(2) 解 $(\lambda_i\boldsymbol{E}-\boldsymbol{A})\boldsymbol{x}=\boldsymbol{0}$,求出所有特征向量 $\boldsymbol{p}_1,\boldsymbol{p}_2,\cdots,\boldsymbol{p}_n$(若线性无关特征向量的个数等于矩阵的阶数,则可对角化,否则不可对角化)；

(3) 特征值做成对角阵 $\boldsymbol{\Lambda}=\mathrm{diag}(\lambda_1,\lambda_2,\cdots,\lambda_n)$；

(4) 特征向量组成可逆阵 $\boldsymbol{P}=(\boldsymbol{p}_1,\boldsymbol{p}_2,\cdots,\boldsymbol{p}_n)$；

(5) 写出 $\boldsymbol{P}^{-1}\boldsymbol{AP}=\boldsymbol{\Lambda}$.

6.3 释疑解惑

问题 6.1　为什么把矩阵的特征方程的重根数叫代数重数？

答　矩阵的特征方程是一个多项式方程,而多项式方程的根的个数是代数基本定理的结果,所以我们把矩阵的特征方程的重根数叫代数重数.

问题 6.2　为什么把矩阵特征值对应的线性无关的特征向量的个数叫几何重数？

答　矩阵特征值对应的线性无关的特征向量是相应的线性方程的解集,而此集合的线性组合构成一个向量空间,而线性无关的向量的个数,恰为此空间的维数,向量空间是几何空间的拓展,因此我们叫它几何重数.

问题 6.3　特征值,特征向量的意义是什么？

答　(1) 通过相似对角化,解决一些方阵的求幂问题；

(2) 通过合同对角化，化简二次型；

(3) 找到线性变换中,方位不变的向量,及此向量放缩的倍数和方向.

6.4 典型例题

例 6.1　矩阵 $\boldsymbol{A}=\begin{bmatrix}0&0&1\\x&1&y\\1&0&0\end{bmatrix}$ 有三个线性无关的特征向量,求 x、y 应满足的条件.

解　由特征方程

$$\begin{vmatrix}-\lambda&0&1\\x&1-\lambda&y\\1&0&-\lambda\end{vmatrix}=-(\lambda+1)(\lambda-1)^2=0$$

得特征值 $\lambda_1=-1,\lambda_2=\lambda_3=1$，

$\lambda_2=\lambda_3=1$ 有两个线性无关的特征向量

$$\begin{bmatrix}-1&0&1\\x&0&y\\1&0&-1\end{bmatrix}\to\begin{bmatrix}1&0&-1\\0&0&y+x\\0&0&0\end{bmatrix}=B$$

当 $y+x=0$ 时,矩阵 $\boldsymbol{B}$ 有两个特征向量线性无关的.

此时,矩阵 $\boldsymbol{A}$ 的三个特征向量线性无关.

例 6.2 已知矩阵 $\boldsymbol{A}=\begin{bmatrix}2&0&0\\0&0&1\\0&1&x\end{bmatrix}$ 与 $\boldsymbol{B}=\begin{bmatrix}2&0&0\\0&y&0\\0&0&-1\end{bmatrix}$ 相似. 求:(1) x 与 y;(2) 求一个满足 $\boldsymbol{P}^{-1}\boldsymbol{AP}=\boldsymbol{B}$ 的可逆矩阵 $\boldsymbol{P}$.

解 (1) 因为 $\boldsymbol{A}\sim\boldsymbol{B}$,

所以 $|\boldsymbol{A}|=|\boldsymbol{B}|,\mathrm{tr}(\boldsymbol{A})=\mathrm{tr}(\boldsymbol{B})$

即 $\begin{cases}-2=-2y\\2+x=2+y-1\end{cases}$ 故 $\begin{cases}x=0\\y=1\end{cases}$

(2) 将特征值 $2,1,-1$ 分别代入 $\begin{bmatrix}2-\lambda&0&0\\0&-\lambda&1\\0&1&-\lambda\end{bmatrix}\begin{bmatrix}x_1\\x_2\\x_3\end{bmatrix}=\boldsymbol{0}$,解得相应的特征向量为

$\boldsymbol{p}_1=(1,0,0)^{\mathrm{T}},\boldsymbol{p}_2=(0,1,1)^{\mathrm{T}},\boldsymbol{p}_3=(0,-1,1)^{\mathrm{T}}$,故所求的可逆矩阵 $\boldsymbol{P}=\begin{bmatrix}1&0&0\\0&1&-1\\0&1&1\end{bmatrix}$.

例 6.3 三阶实对称矩阵 $\boldsymbol{A}$ 的三个特征值为 $\lambda_1=\lambda_2=1,\lambda_3=2$,且属于 $\lambda=1$ 的特征向量为 $\boldsymbol{\alpha}_1=(1,1,-1)^{\mathrm{T}},\boldsymbol{\alpha}_2=(2,3,-3)^{\mathrm{T}}$.

(1) 求 $\boldsymbol{A}$ 的属于 $\lambda=2$ 的特征向量;

(2) 求矩阵 $\boldsymbol{A}$.

解 (1) 因为 $\boldsymbol{A}$ 是实对称阵,故不同特征值所对的特征向量相互正交,设 $\boldsymbol{\alpha}_3$ 为 $\lambda=2$ 对应的一个特征向量,则

$(\boldsymbol{\alpha}_1,\boldsymbol{\alpha}_2)^{\mathrm{T}}\boldsymbol{\alpha}_3=\boldsymbol{0}$,而 $(\boldsymbol{\alpha}_1,\boldsymbol{\alpha}_2)^{\mathrm{T}}=\begin{bmatrix}1&1&-1\\2&3&-3\end{bmatrix}\to\begin{bmatrix}1&1&-1\\0&1&-1\end{bmatrix}\to\begin{bmatrix}1&0&0\\0&1&-1\end{bmatrix}$

所以 $\boldsymbol{A}$ 的属于 $\lambda=2$ 的特征向量 $\boldsymbol{\alpha}_3=k(0,1,1)^{\mathrm{T}}(k\neq0)$.

(2) 令 $P=[\alpha_1,\alpha_2,\alpha_3]$,则

$$\boldsymbol{A}=\boldsymbol{P\Lambda P}^{-1}=\begin{bmatrix}1&2&0\\1&3&1\\-1&-3&1\end{bmatrix}\begin{bmatrix}1&&\\&1&\\&&2\end{bmatrix}\begin{bmatrix}1&2&0\\1&3&1\\-1&-3&1\end{bmatrix}^{-1}=\begin{bmatrix}1&0&0\\0&1.5&0.5\\0&0.5&1.5\end{bmatrix}.$$

例 6.4 已知 3 阶矩阵 $\boldsymbol{A}$ 的特征值为 $1,2,-3$,求 $|\boldsymbol{A}^*+\boldsymbol{A}^2+6\boldsymbol{A}^{-1}-2\boldsymbol{E}|$.

解 因为 $\boldsymbol{A}^*,\boldsymbol{A}^m,\boldsymbol{A}^{-1},\boldsymbol{E},f(\boldsymbol{A})$ 的特征值为 $|\boldsymbol{A}|\lambda^{-1},\lambda^m,\lambda^{-1},1,f(\lambda)$,

所以 $\boldsymbol{A}^*+\boldsymbol{A}^2+6\boldsymbol{A}^{-1}-2\boldsymbol{E}$ 的特征值为 $|\boldsymbol{A}|\lambda^{-1}+\lambda^2+6\lambda^{-1}-2=-1,2,3$

而 $|\boldsymbol{A}|=\lambda_1\cdots\lambda_n$

所以 $|\boldsymbol{A}^*+\boldsymbol{A}^2+6\boldsymbol{A}^{-1}-2\boldsymbol{E}|=-1\times2\times3=-6$.

例 6.5 已知 n 阶实对称阵 $\boldsymbol{A}$ 是幂等阵 $\boldsymbol{A}^2=\boldsymbol{A}$,且 $r(\boldsymbol{A})=3$,求 $|2\boldsymbol{E}-\boldsymbol{A}|$.

解 由 $\boldsymbol{A}$ 是 n 阶实对称阵,知 $\boldsymbol{A}$ 可相似对角化,即存在可逆阵 $\boldsymbol{P}$ 和对角阵 $\boldsymbol{\Lambda}$,使 $\boldsymbol{A}=$

$\boldsymbol{P\Lambda P}^{-1}$,再由 $\boldsymbol{A}^2=\boldsymbol{A}$,得 $\boldsymbol{A}(\boldsymbol{A}-\boldsymbol{E})=\boldsymbol{O}$ 及 $|\boldsymbol{A}||\boldsymbol{A}-\boldsymbol{E}|=0$,知 A 的特征值为 0 和 1.

又 $r(\boldsymbol{A})=3$,故 $\boldsymbol{A}\sim\begin{bmatrix}1&&&&&\\&1&&&&\\&&1&&&\\&&&0&&\\&&&&0&\\&&&&&0\end{bmatrix}=\boldsymbol{\Lambda}$

所以 $|2\boldsymbol{E}-\boldsymbol{A}|=|2\boldsymbol{E}-\boldsymbol{P\Lambda P}^{-1}|=|\boldsymbol{P}||2\boldsymbol{E}-\boldsymbol{\Lambda}||\boldsymbol{P}^{-1}|=2^{n-3}$

例 6.6　设 n 阶方阵 $\boldsymbol{A}$ 的秩为 $n-1$. 证明:$\boldsymbol{A}$ 的伴随矩阵 $\boldsymbol{A}^*$ 相似于对角矩阵的充要条件是 $A_{11}+A_{22}+\cdots+A_{nn}\neq 0$,其中 A_{ii} 为 $\boldsymbol{A}$ 的元素 a_{ii} 的代数余子式.

证　由 $r(\boldsymbol{A})=n-1$ 得 $r(\boldsymbol{A}^*)=1$,

由　$\boldsymbol{A}^*\boldsymbol{A}=|\boldsymbol{A}|\boldsymbol{E}=\boldsymbol{O}$,得 $\boldsymbol{A}^*\boldsymbol{a}_j=\boldsymbol{0}=0\cdot\boldsymbol{a}_j$($a_j$ 为矩阵 $\boldsymbol{A}$ 的第 j 列向量)

即　$\boldsymbol{A}^*$ 有以 0 为特征值的 $n-1$ 个线性无关的特征向量. 不妨设 $\lambda_1=\lambda_2=\cdots=\lambda_{n-1}=0$,而 $\lambda_n=\lambda_1+\lambda_2+\cdots+\lambda_n=A_{11}+A_{22}+\cdots+A_{nn}\neq 0$,因此 $\boldsymbol{A}^*$ 有 n 个线性无关的特征向量,从而 $\boldsymbol{A}^*$ 可对角化.

若　$A_{11}+A_{22}+\cdots+A_{nn}=0$,则 $\lambda_n=0$,即特征值 $\lambda=0$ 的代数重数为 n,

而　$r(\boldsymbol{A}^*)=1$,即 $\lambda=0$ 的几何重数为 $n-1$,故 $\boldsymbol{A}^*$ 不可对角化.

例 6.7　已知矩阵 $\boldsymbol{A}=\begin{bmatrix}2&8&0\\2&2&a\\0&0&6\end{bmatrix}$ 相似于对角阵 $\begin{bmatrix}6&&\\&6&\\&&-2\end{bmatrix}$,求 a.

解　由 $\lambda_1=\lambda_2=6$ 知,$r(\boldsymbol{A}-6\boldsymbol{E})=3-2=1$,

而 $\boldsymbol{A}-6\boldsymbol{E}=\begin{bmatrix}-4&8&0\\2&-4&a\\0&0&0\end{bmatrix}\to\begin{bmatrix}1&-2&0\\2&-4&a\\0&0&0\end{bmatrix}$,故,$a=0$.

例 6.8　三阶实对称矩阵 $\boldsymbol{A}$ 的特征值为 1,2,3;$(-1,-1,1)^{\mathrm{T}}$,$(1,-2,-1)^{\mathrm{T}}$ 分别是矩阵 $\boldsymbol{A}$ 的属于特征值 1,2 的特征向量,求 $\boldsymbol{A}$ 的属于特征值 3 的全部特征向量.

解　设特征值 3 的特征向量为 $(x_1,x_2,x_3)^{\mathrm{T}}$,由实对称矩阵的不同特征值所对应的特征向量正交,得

$$\begin{cases}-x_1-x_2+x_3=0\\x_1-2x_2-x_3=0\end{cases}$$

而　$\begin{pmatrix}-1&-1&1\\1&-2&-1\end{pmatrix}\to\begin{pmatrix}1&1&-1\\0&-3&0\end{pmatrix}\to\begin{pmatrix}1&0&-1\\0&1&0\end{pmatrix}$,

故　$\boldsymbol{A}$ 的属于特征值 3 的全部特征向量是 $k(1,0,1)^{\mathrm{T}}(k\neq 0)$.

例 6.9　设矩阵 $\boldsymbol{A}=\begin{bmatrix}2&1&1\\1&2&1\\1&1&2\end{bmatrix}$,$\boldsymbol{\alpha}=(1,k,1)^{\mathrm{T}}$ 是 $\boldsymbol{A}^{-1}$ 的一个特征向量,求常数 k 的值及与 $\boldsymbol{x}$ 对应的 $\boldsymbol{A}$ 的特征值 λ.

解　$\boldsymbol{A}^{-1}\boldsymbol{\alpha}=\dfrac{1}{\lambda}\boldsymbol{\alpha}$. 知 $\boldsymbol{\alpha}=\lambda^{-1}\boldsymbol{A\alpha}$

$$\begin{pmatrix}1\\k\\1\end{pmatrix}=\lambda^{-1}\begin{bmatrix}2&1&1\\1&2&1\\1&1&2\end{bmatrix}\begin{pmatrix}1\\k\\1\end{pmatrix}=\begin{pmatrix}\lambda^{-1}(3+k)\\\lambda^{-1}(2+2k)\\\lambda^{-1}(3+k)\end{pmatrix},$$

所以，$k(3+k)=(2+2k)$，得 $k^2+k-2=0$，因而，$k=-2$ 或 1. 对应的入 $=1,4$.

例 6.10 已知 3 阶矩阵 $\boldsymbol{A}$ 的特征值为 1、2、3，求 $\boldsymbol{A}^*-\boldsymbol{I}$ 的相似对角阵.

解 因为 $\boldsymbol{A}^*-\boldsymbol{I}$ 的特征值 $\lambda=\dfrac{|\boldsymbol{A}|}{\lambda_A}-1$，所以 $\boldsymbol{A}^*-\boldsymbol{I}$ 的特征值分别为 5,2,1，

所以 $\boldsymbol{A}^*-\boldsymbol{I}$ 相似于对角阵 $\begin{pmatrix}1&&\\&2&\\&&5\end{pmatrix}$.

例 6.11 已知三阶矩阵 $\boldsymbol{A}$ 的特征值为 1、-1、2. 设 $\boldsymbol{B}=\boldsymbol{A}^3-5\boldsymbol{A}^2$，计算：(1) $|\boldsymbol{B}|$；(2) $|\boldsymbol{B}-5\boldsymbol{A}|$

解 因为 $\lambda_B=\lambda_A^3-5\lambda_A^2$，所以矩阵 $\boldsymbol{B}$ 的特征值分别为 $-4,-6,-12$，

同理，矩阵 $\boldsymbol{B}-5\boldsymbol{A}$ 的特征值分别为 $-9,-1,-22$，

所以 $|\boldsymbol{B}|=(-4)(-6)(-12)=-288$，$|\boldsymbol{B}-5\boldsymbol{A}|=(-9)(-1)(-22)=-198$.

例 6.12 设三阶实对称矩阵 $\boldsymbol{A}$ 的特征值为 $\lambda_1=-1,\lambda_2=\lambda_3=1$. λ_1 的特征向量为 $\boldsymbol{\alpha}_1=[0,1,1]^{\mathrm{T}}$，求 $\boldsymbol{A}$.

解 设 $\lambda=1$ 的特征向量为 $\boldsymbol{\alpha}=(x_1,x_2,x_3)^{\mathrm{T}}$，因为 $\boldsymbol{A}$ 是实对称阵，所以属于不同特征值的特征向量正交，

故有 $x_2+x_3=0$，

解得 $\boldsymbol{\alpha}_2=(1,0,0)^{\mathrm{T}},\boldsymbol{\alpha}_3=(0,1,-1)^{\mathrm{T}}$，

令 $\boldsymbol{P}=(\boldsymbol{\alpha}_2,\boldsymbol{\alpha}_3,\boldsymbol{\alpha}_1)$，$\boldsymbol{\Lambda}=\begin{bmatrix}1&0&0\\0&1&0\\0&0&-1\end{bmatrix}$，

所以 $\boldsymbol{A}=\boldsymbol{P\Lambda P}^{-1}$

$$=\begin{bmatrix}1&0&0\\0&1&1\\0&-1&1\end{bmatrix}\begin{bmatrix}1&0&0\\0&1&0\\0&0&-1\end{bmatrix}\begin{bmatrix}1&0&0\\0&0.5&-0.5\\0&0.5&0.5\end{bmatrix}=\begin{bmatrix}1&0&0\\0&0&-1\\0&-1&0\end{bmatrix}.$$

例 6.13 设 3 阶矩阵 $\boldsymbol{A}$ 的特征值为 $\lambda_1=2,\lambda_2=-2,\lambda_3=1$，对应的特征向量为 $\boldsymbol{\alpha}_1=(0,1,1)^{\mathrm{T}},\boldsymbol{\alpha}_2=(1,1,1)^{\mathrm{T}},\boldsymbol{\alpha}_3=(1,1,0)^{\mathrm{T}}$，求 $\boldsymbol{A}$.

解 令 $\boldsymbol{P}=(\boldsymbol{\alpha}_2,\boldsymbol{\alpha}_3,\boldsymbol{\alpha}_1)$，$\boldsymbol{\Lambda}=\begin{bmatrix}-2&0&0\\0&1&0\\0&0&2\end{bmatrix}$，

所以 $A=\boldsymbol{P\Lambda P}^{-1}$

$$=\begin{bmatrix}1&1&0\\1&1&1\\1&0&1\end{bmatrix}\begin{bmatrix}-2&0&0\\0&1&0\\0&0&2\end{bmatrix}\begin{bmatrix}1&-1&1\\0&1&-1\\-1&1&0\end{bmatrix}=\begin{bmatrix}-2&3&-3\\-4&6&-3\\-4&4&-2\end{bmatrix}.$$

例 6.14 设 3 阶矩阵 $\boldsymbol{A}$ 的特征值为 $\lambda_1=1,\lambda_2=-1,\lambda_3=0$，$\lambda_1,\lambda_2$ 的特征向量分别为 $\boldsymbol{\alpha}_1=(1,2,2)^{\mathrm{T}},\boldsymbol{\alpha}_2=(2,1,-2)^{\mathrm{T}}$，求 $\boldsymbol{A}$.

解　因为属于 $\boldsymbol{A}$ 的不同特征值的特征向量必线性无关. 据施密特正交化原理知可设 $\boldsymbol{A}$ 的属于 $\lambda=0$ 的与 $\boldsymbol{\alpha}_1$、$\boldsymbol{\alpha}_2$ 正交的特征向量为 $\boldsymbol{\alpha}=[x_1,x_2,x_3]^{\mathrm{T}}$

就有 $\begin{cases}x_1+2x_2+2x_3=0,\\2x_1+x_2-2x_3=0,\end{cases}$

由 $\begin{bmatrix}1&2&2\\2&1&-2\end{bmatrix}\to\begin{bmatrix}1&2&2\\0&-3&-6\end{bmatrix}\to\begin{bmatrix}1&0&-2\\0&1&2\end{bmatrix}$

解得一个　$\boldsymbol{\alpha}_3=[2,-2,1]^{\mathrm{T}}$,

令　$\boldsymbol{P}=[\boldsymbol{\alpha}_1,\boldsymbol{\alpha}_2,\boldsymbol{\alpha}_3],\boldsymbol{\Lambda}=\begin{bmatrix}1&0&0\\0&-1&0\\0&0&0\end{bmatrix}$.

所以　$\boldsymbol{A}=\boldsymbol{P\Lambda P}^{-1}$

$$=\begin{bmatrix}1&2&2\\2&1&-2\\2&-2&1\end{bmatrix}\begin{bmatrix}1&0&0\\0&-1&0\\0&0&0\end{bmatrix}\left(\frac{1}{9}\begin{bmatrix}1&2&2\\2&1&-2\\2&-2&1\end{bmatrix}\right)=\begin{bmatrix}-\frac{1}{3}&0&\frac{2}{3}\\0&\frac{1}{3}&\frac{2}{3}\\\frac{2}{3}&\frac{2}{3}&0\end{bmatrix}.$$

例 6.15　$\boldsymbol{A}$ 为三阶矩阵,已知 $2\boldsymbol{E}-\boldsymbol{A},\boldsymbol{E}-\boldsymbol{A},\boldsymbol{E}+\boldsymbol{A}$ 都不可逆,证明 $\boldsymbol{A}$ 相似于对角阵.

证　因为 $2\boldsymbol{E}-\boldsymbol{A},\boldsymbol{E}-\boldsymbol{A},\boldsymbol{E}+\boldsymbol{A}$ 都不可逆

所以 $|2\boldsymbol{E}-\boldsymbol{A}|=0,|\boldsymbol{E}-\boldsymbol{A}|=0,|\boldsymbol{E}+\boldsymbol{A}|=0$,

即 $2,1,-1$ 是 $\boldsymbol{A}$ 的全部特征值,且不相等,故 $\boldsymbol{A}$ 可相似于对角矩阵.

例 6.16　设 n 阶方阵 $\boldsymbol{A}$ 满足 $\boldsymbol{A}^2-3\boldsymbol{A}+2\boldsymbol{E}=\boldsymbol{O}$,证明:$\boldsymbol{A}$ 相似于一个对角阵.

证　设 $\boldsymbol{A}$ 的特征值为 λ,则

由 $\boldsymbol{A}^2-3\boldsymbol{A}+2\boldsymbol{E}=\boldsymbol{O}$,知 $\lambda^2-3\lambda+2=0$. 故,$\boldsymbol{A}$ 有特征值 1 和 2.

又 $\boldsymbol{A}^2-3\boldsymbol{A}+2\boldsymbol{E}=(\boldsymbol{A}-2\boldsymbol{E})(\boldsymbol{A}-\boldsymbol{E})=\boldsymbol{O}$,

而 $n=r(\boldsymbol{E})=r[(2\boldsymbol{E}-\boldsymbol{A})+(\boldsymbol{A}-\boldsymbol{E})]\leqslant r(\boldsymbol{A}-2\boldsymbol{E})+r(\boldsymbol{A}-\boldsymbol{E})\leqslant n$

因而 $r(\boldsymbol{A}-2\boldsymbol{E})+r(\boldsymbol{A}-\boldsymbol{E})=n$

所以 $\boldsymbol{A}$ 有 n 个线性无关的特征向量,故 $\boldsymbol{A}$ 可相似对角化.

注:对于 n 阶矩阵 $\boldsymbol{A}$、$\boldsymbol{B}$,若 $\boldsymbol{AB}=\boldsymbol{O}$,则有 $r(\boldsymbol{A})+r(\boldsymbol{B})\leqslant n$.

例 6.17　设 $\boldsymbol{P}^{-1}\boldsymbol{AP}=\boldsymbol{B}$,且 $\boldsymbol{\xi}$ 为 $\boldsymbol{A}$ 的对应于特征值 λ 的特征向量,求 $\boldsymbol{B}$ 的对应于特征值 λ 的特征向量.

解　由 $\boldsymbol{P}^{-1}\boldsymbol{AP}=\boldsymbol{B}$,得 $\boldsymbol{P}^{-1}\boldsymbol{A}=\boldsymbol{BP}^{-1}$,因而 $\boldsymbol{P}^{-1}\boldsymbol{A\xi}=\boldsymbol{BP}^{-1}\boldsymbol{\xi}$,又 $\boldsymbol{A\xi}=\lambda\boldsymbol{\xi}$,所以 $\boldsymbol{B}(\boldsymbol{P}^{-1}\boldsymbol{\xi})=\lambda(\boldsymbol{P}^{-1}\boldsymbol{\xi})$.

故　$\boldsymbol{B}$ 的对应于 λ 的特征向量为 $\boldsymbol{P}^{-1}\boldsymbol{\xi}$.

例 6.18　矩阵 $\boldsymbol{A}=\begin{bmatrix}-4&-10&0\\1&3&0\\3&6&1\end{bmatrix}$ 能否与对角阵相似?若能,试求可逆矩阵 $\boldsymbol{P}$,使得 $\boldsymbol{P}^{-1}\boldsymbol{AP}$ 为对角阵.

解　由 $\begin{vmatrix}-4-\lambda&-10&0\\1&3-\lambda&0\\3&6&1-\lambda\end{vmatrix}=(1-\lambda)(\lambda^2+\lambda-2)=-(\lambda+2)(\lambda-1)^2=0$

得特征值 $\lambda_1=-2,\lambda_{2,3}=1$

当 $\lambda_1=-2$ 时，$\begin{bmatrix}-2&-10&0\\1&5&0\\3&6&3\end{bmatrix}\to\begin{bmatrix}1&2&1\\0&3&-1\\0&0&0\end{bmatrix}$，得 $\boldsymbol{\alpha}_1=(-5,1,3)^{\mathrm{T}}$，

当 $\lambda_{2,3}=1$ 时，$\begin{bmatrix}-5&-10&0\\1&2&0\\3&6&0\end{bmatrix}\to\begin{bmatrix}1&2&0\\0&0&0\\0&0&0\end{bmatrix}$，得 $\boldsymbol{\alpha}_2=(-2,1,0)^{\mathrm{T}},\boldsymbol{\alpha}_3=(0,0,1)^{\mathrm{T}}$.

$\boldsymbol{\alpha}_1,\boldsymbol{\alpha}_2,\boldsymbol{\alpha}_3$ 线性无关，故 $\boldsymbol{A}$ 可对角化，令 $\boldsymbol{P}=(\boldsymbol{\alpha}_1,\boldsymbol{\alpha}_2,\boldsymbol{\alpha}_3)$，则

$$\boldsymbol{P}^{-1}\boldsymbol{A}\boldsymbol{P}=\begin{bmatrix}-2&&\\&1&\\&&1\end{bmatrix}.$$

例 6.19 设 $\boldsymbol{\alpha}=[a_1,a_2,\cdots,a_n]^{\mathrm{T}},a_1\neq 0,\boldsymbol{A}=\boldsymbol{\alpha}\boldsymbol{\alpha}^{\mathrm{T}}$.

(1) 证明 $\lambda=0$ 是 $\boldsymbol{A}$ 的 $n-1$ 重特征值；

(2) 求 $\boldsymbol{A}$ 的非零特征值及 n 个线性无关的特征向量.

解 (1) $$\begin{vmatrix}a_1^2-\lambda&a_1a_2&\cdots&a_1a_n\\a_2a_1&a_2^2-\lambda&\cdots&a_2a_n\\\vdots&\vdots&&\vdots\\a_na_1&a_na_2&\cdots&a_n^2-\lambda\end{vmatrix}\xlongequal{-\frac{a_i}{a_1}\times R(1)+R(i)}\begin{vmatrix}a_1^2-\lambda&a_1a_2&\cdots&a_1a_n\\\frac{a_2}{a_1}\lambda&-\lambda&\cdots&0\\\vdots&\vdots&&\vdots\\\frac{a_n}{a_1}\lambda&0&\cdots&-\lambda\end{vmatrix}$$

$$\xlongequal{\frac{a_i}{a_1}\times C(i)+C(1)}\begin{vmatrix}a_1^2+a_2^2+\cdots+a_n^2-\lambda&a_1a_2&\cdots&a_1a_n\\0&-\lambda&\cdots&0\\\vdots&\vdots&&\vdots\\0&0&\cdots&-\lambda\end{vmatrix}$$

$=(a_1^2+a_2^2+\cdots+a_n^2-\lambda)(-\lambda)^{n-1}$.

所以，$\lambda=0$ 是 $\boldsymbol{A}$ 的 $n-1$ 重特征值；

(2) $\boldsymbol{A}$ 的非零特征值为 $a_1^2+a_2^2+\cdots+a_n^2$，

当 $\lambda=0$ 时，$\boldsymbol{A}-\lambda\boldsymbol{E}=\begin{bmatrix}a_1^2&a_1a_2&\cdots&a_1a_n\\a_2a_1&a_2^2&\cdots&a_2a_n\\\vdots&\vdots&&\vdots\\a_na_1&a_na_2&\cdots&a_n^2\end{bmatrix}\xrightarrow{-\frac{a_i}{a_1}\times R(1)+R(i)}\begin{bmatrix}a_1^2&a_1a_2&\cdots&a_1a_n\\0&0&\cdots&0\\\vdots&\vdots&&\vdots\\0&0&\cdots&0\end{bmatrix}$

$\xrightarrow{\frac{1}{a_1}\times R(1)}\begin{bmatrix}a_1&a_2&\cdots&a_n\\0&0&\cdots&0\\\vdots&\vdots&&\vdots\\0&0&\cdots&0\end{bmatrix}$，得特征向量：$\boldsymbol{\xi}_i=(a_{i+1},0,\cdots0,-a_1,0,\cdots,0)^{\mathrm{T}},(i=1,\cdots,n-1)$.

当 $\lambda=a_1^2+a_2^2+\cdots+a_n^2$ 时，

$$A-\lambda E=\begin{bmatrix} a_1^2-\lambda & a_1a_2 & \cdots & a_1a_n \\ a_2a_1 & a_2^2-\lambda & \cdots & a_2a_n \\ \vdots & \vdots & & \vdots \\ a_na_1 & a_na_2 & \cdots & a_n^2-\lambda \end{bmatrix} \xrightarrow{-\frac{a_i}{a_1}\times R(1)+R(i)} \begin{bmatrix} a_1^2-\lambda & a_1a_2 & \cdots & a_1a_n \\ \frac{a_2}{a_1}\lambda & -\lambda & \cdots & 0 \\ \vdots & \vdots & & \vdots \\ \frac{a_n}{a_1}\lambda & 0 & \cdots & -\lambda \end{bmatrix}$$

$$\xrightarrow{-\frac{1}{\lambda}\times R(i),i=2,\cdots n} \begin{bmatrix} a_1^2-\lambda & a_1a_2 & \cdots & a_1a_n \\ -\frac{a_2}{a_1} & 1 & \cdots & 0 \\ \vdots & \vdots & & \vdots \\ -\frac{a_n}{a_1} & 0 & \cdots & 1 \end{bmatrix} \xrightarrow{-a_1a_i\times R(i)+R(1),i=2,\cdots n}$$

$$\begin{bmatrix} 0 & 0 & \cdots & 0 \\ -\frac{a_2}{a_1} & 1 & \cdots & 0 \\ \vdots & \vdots & & \vdots \\ -\frac{a_n}{a_1} & 0 & \cdots & 1 \end{bmatrix},$$

解得 $\boldsymbol{\xi}_n=[a_1,a_2,\cdots,a_n]^{\mathrm{T}}$.

例 6.20　已知矩阵 $\boldsymbol{A}$ 相似于对角阵 $\boldsymbol{D}$，其中，

$$A=\begin{bmatrix} 1 & 2 & 3 & 4 \\ 1 & 2 & 3 & 4 \\ 1 & 2 & 3 & b \\ 1 & 2 & 3 & a \end{bmatrix},\quad D=\begin{bmatrix} 10 & & & \\ & 0 & & \\ & & 0 & \\ & & & 0 \end{bmatrix},$$

(1) 求常数 a、b 的值；(2) 求一个可逆矩阵 $\boldsymbol{P}$，使 $\boldsymbol{P}^{-1}\boldsymbol{AP}=\boldsymbol{D}$.

解　由对角阵 $\boldsymbol{D}$ 知，矩阵 $\boldsymbol{A}$ 的特征值 0 的代数重数是 3，因而，其几何重数也是 3，故 $\boldsymbol{A}-0\boldsymbol{E}$ 的秩为 $4-3=1$.

$$\text{而}\quad A-0E=\begin{bmatrix} 1 & 2 & 3 & 4 \\ 1 & 2 & 3 & 4 \\ 1 & 2 & 3 & b \\ 1 & 2 & 3 & a \end{bmatrix}\to\begin{bmatrix} 1 & 2 & 3 & 4 \\ 0 & 0 & 0 & 0 \\ 0 & 0 & 0 & b-4 \\ 0 & 0 & 0 & a-4 \end{bmatrix},$$

所以，$a=b=4$，且 $\lambda=0$ 的特征向量为 $\boldsymbol{\xi}_1=(-2,1,0,0)^{\mathrm{T}}$，$\boldsymbol{\xi}_2=(-3,0,1,0)^{\mathrm{T}}$，$\boldsymbol{\xi}_3=(-4,0,0,1)^{\mathrm{T}}$，

$$\text{由}\quad A-10E=\begin{bmatrix} -9 & 2 & 3 & 4 \\ 1 & -8 & 3 & 4 \\ 1 & 2 & -7 & 4 \\ 1 & 2 & 3 & -6 \end{bmatrix}\to\begin{bmatrix} 1 & 2 & 3 & -6 \\ 0 & -10 & 0 & 10 \\ 0 & 0 & -10 & 10 \\ 0 & 0 & 0 & 0 \end{bmatrix}\to\begin{bmatrix} 1 & 0 & 0 & -1 \\ 0 & 1 & 0 & -1 \\ 0 & 0 & 1 & -1 \\ 0 & 0 & 0 & 0 \end{bmatrix},$$

得　$\lambda=10$ 的特征向量为 $\boldsymbol{\xi}_4=(1,1,1,1)^{\mathrm{T}}$

令 $\boldsymbol{P}=(\boldsymbol{\xi}_1,\boldsymbol{\xi}_2,\boldsymbol{\xi}_3,\boldsymbol{\xi}_4)$，则得 $\boldsymbol{P}^{-1}\boldsymbol{AP}=\boldsymbol{D}$.

例 6.21 设 $A=\begin{bmatrix}2&1&2\\1&2&2\\2&2&1\end{bmatrix}$，求 $g(A)=A^{10}-6A^9+5A^8$.

解 由 $|A-\lambda E|=\begin{vmatrix}2-\lambda&1&2\\1&2-\lambda&2\\2&2&1-\lambda\end{vmatrix}=\begin{vmatrix}5-\lambda&5-\lambda&5-\lambda\\1&2-\lambda&2\\2&2&1-\lambda\end{vmatrix}$

$$=(5-\lambda)\begin{vmatrix}1&1&1\\1&2-\lambda&2\\2&2&1-\lambda\end{vmatrix}=(5-\lambda)\begin{vmatrix}1&1&1\\0&1-\lambda&1\\0&0&-1-\lambda\end{vmatrix}$$

$=-(1+\lambda)(1-\lambda)(5-\lambda)=0$，

解得 $\lambda=-1,1,5$.

当 $\lambda=-1$ 时，$A-\lambda E=\begin{bmatrix}3&1&2\\1&3&2\\2&2&2\end{bmatrix}\to\begin{bmatrix}2&2&2\\0&2&1\\0&0&0\end{bmatrix}\to\begin{bmatrix}2&0&1\\0&2&1\\0&0&0\end{bmatrix}$，

解得 $\xi_1=(1,1,-2)^T$，

当 $\lambda=1$ 时，$A-\lambda E=\begin{bmatrix}1&1&2\\1&1&2\\2&2&0\end{bmatrix}\to\begin{bmatrix}1&1&0\\0&0&1\\0&0&0\end{bmatrix}$，

解得 $\xi_2=(1,-1,0)^T$，

当 $\lambda=5$ 时，$A-\lambda E=\begin{bmatrix}-3&1&2\\1&-3&2\\2&2&-4\end{bmatrix}\to\begin{bmatrix}1&1&-2\\0&-4&4\\0&0&0\end{bmatrix}\to\begin{bmatrix}1&0&-1\\0&1&-1\\0&0&0\end{bmatrix}$，

解得 $\xi_3=(1,1,1)^T$，

令 $P=(\xi_1,\xi_2,\xi_3)$，则 $A=P\begin{bmatrix}-1&&\\&1&\\&&5\end{bmatrix}P^{-1}=P\Lambda P^{-1}$，

所以 $g(A)=A^{10}-6A^9+5A^8=P(\Lambda^{10}-6\Lambda^9+5\Lambda^8)P^{-1}$

$$=\begin{bmatrix}1&1&1\\1&-1&1\\-2&0&1\end{bmatrix}\Lambda^8(\Lambda-E)(\Lambda-5E)\begin{bmatrix}1&1&1\\1&-1&1\\-2&0&1\end{bmatrix}^{-1}$$

$$=\begin{bmatrix}1&1&1\\1&-1&1\\-2&0&1\end{bmatrix}\begin{bmatrix}-1&&\\&1&\\&&5\end{bmatrix}^8\begin{bmatrix}-2&&\\&0&\\&&4\end{bmatrix}\begin{bmatrix}-6&&\\&-4&\\&&0\end{bmatrix}\begin{bmatrix}1&1&1\\1&-1&1\\-2&0&1\end{bmatrix}^{-1}$$

$$=\begin{bmatrix}1&1&1\\1&-1&1\\-2&0&1\end{bmatrix}\begin{bmatrix}12&&\\&0&\\&&0\end{bmatrix}\begin{bmatrix}1&1&1\\1&-1&1\\-2&0&1\end{bmatrix}^{-1}$$

$$=\begin{bmatrix}12&0&0\\12&0&0\\24&0&0\end{bmatrix}\frac{1}{2}\begin{bmatrix}-1&-1&2\\1&-1&0\\2&2&-2\end{bmatrix}=\begin{bmatrix}-6&-6&12\\-6&-6&12\\-12&-12&24\end{bmatrix}.$$

例 6.22　已知 $\boldsymbol{\alpha}=\begin{bmatrix}1\\1\\-1\end{bmatrix}$ 是矩阵 $\boldsymbol{A}=\begin{bmatrix}2&-1&2\\5&a&3\\-1&b&-2\end{bmatrix}$ 的一个特征向量.

(1) 试确定参数 a、b 及特征向量 $\boldsymbol{\alpha}$ 对应的特征值.

(2) 问 $\boldsymbol{A}$ 能否相似对角化并说明理由.

解　由已知得，$\begin{bmatrix}2&-1&2\\5&a&3\\-1&b&-2\end{bmatrix}\begin{bmatrix}1\\1\\-1\end{bmatrix}=\lambda\begin{bmatrix}1\\1\\-1\end{bmatrix}$，即

$\begin{cases}-1=\lambda\\2+a=\lambda\\1+b=-\lambda\end{cases}$，解之得 $a=-3,b=0,\lambda=-1$.

由　$|\boldsymbol{A}-\lambda\boldsymbol{E}|=\begin{vmatrix}2-\lambda&-1&2\\5&-3-\lambda&3\\-1&0&-2-\lambda\end{vmatrix}=-(\lambda+1)^3=0$

知　$\boldsymbol{A}$ 的特征值 $\lambda=-1$ 的代数重数为 3，

而　$\boldsymbol{A}+\boldsymbol{E}=\begin{bmatrix}3&-1&2\\5&-2&3\\-1&0&-1\end{bmatrix}\rightarrow\begin{bmatrix}1&0&1\\0&-2&-2\\0&-1&-1\end{bmatrix}\rightarrow\begin{bmatrix}1&0&1\\0&1&1\\0&0&0\end{bmatrix}$

即　$\boldsymbol{A}$ 的对应于 $\lambda=-1$ 的几何重数为 $n-r(\boldsymbol{A}-\lambda\boldsymbol{E})=3-2=1$，

故，$\boldsymbol{A}$ 不可以相似对角化.

例 6.23　设 n 阶矩阵 $\boldsymbol{A}$、$\boldsymbol{B}$ 满足 $r(\boldsymbol{A})+r(\boldsymbol{B})<n$，证明 $\boldsymbol{A}$ 与 $\boldsymbol{B}$ 有公共的特征值，有公共的特征向量.

证　因为 $r(\boldsymbol{A})+r(\boldsymbol{B})<n$，所以 $r(\boldsymbol{A})<n,r(\boldsymbol{B})<n$，

故 $|\boldsymbol{A}|=0$，$|\boldsymbol{B}|=0$，因此，$\boldsymbol{A}$ 和 $\boldsymbol{B}$ 有公共的特征值 0.

而 $\begin{pmatrix}\boldsymbol{A}\\\boldsymbol{B}\end{pmatrix}\boldsymbol{x}=\boldsymbol{0}$ 有非零解 $\boldsymbol{\eta}$，从而 $\boldsymbol{A\eta}=\boldsymbol{0},\boldsymbol{B\eta}=\boldsymbol{0}$，即 $\boldsymbol{A}$ 和 $\boldsymbol{B}$ 有公共的特征向量 $\boldsymbol{\eta}$.

例 6.24　设矩阵 $\boldsymbol{A}=\begin{bmatrix}2&0&1\\3&1&x\\4&0&5\end{bmatrix}$ 可相似对角化，求 x.

解　由 $|\boldsymbol{A}-\lambda\boldsymbol{E}|=\begin{vmatrix}2-\lambda&0&1\\3&1-\lambda&x\\4&0&5-\lambda\end{vmatrix}=(1-\lambda)^2(6-\lambda)=0$，得 $\lambda=1,6$.

因为 $\lambda=1$ 是二重的，所以 $r(\boldsymbol{A}-\lambda\boldsymbol{E})=r\begin{bmatrix}1&0&1\\3&0&x\\4&0&4\end{bmatrix}=3-2=1$，

故 $x=3$.

6.5 自测题

一、填空题

1. 设 n 阶矩阵 $\boldsymbol{A}$ 的元素全为 1，则 $\boldsymbol{A}$ 的 n 个特征值是________.

2. 已知三阶方阵 $\boldsymbol{A}$ 的特征值为 $1,-1,2$. 矩阵 $\boldsymbol{B}=2\boldsymbol{A}^*+\boldsymbol{E}$，则 $\boldsymbol{B}$ 的特征值为________.

3. 矩阵 $\begin{bmatrix} a & & \\ & a & \\ & & a \end{bmatrix}$ 的特征值和对应的特征向量分别为________；________.

4. 设 n 阶矩阵 $\boldsymbol{A}$ 的各行元素之和为 4，则 $\boldsymbol{A}$ 的一个特征值为________，对应的特征向量为________.

5. 设 3 阶实对称矩阵 $\boldsymbol{A}$ 的特征值 $\lambda_1=\lambda_2=2,\lambda_3=-1$，$\boldsymbol{\alpha}_1=(1,2,3)^{\mathrm{T}}$ 及 $\boldsymbol{\alpha}_2=(2,3,4)^{\mathrm{T}}$ 均为 $\boldsymbol{A}$ 的对应于特征值 2 的特征向量，$\boldsymbol{A}$ 的对应于特征值 -1 的特征向量为________.

二、选择题

1. 对应于 n 阶矩阵 $\boldsymbol{A}$ 的每个 k 重特征值 λ，有 m 个线性无关的特征向量，则(　).

(A) 当 $m=k$ 时，$\boldsymbol{A}$ 与对角阵相似　　(B) 当 $m>k$ 时，$\boldsymbol{A}$ 与对角阵相似

(C) 当 $m<k$ 时，$\boldsymbol{A}$ 与对角阵相似　　(D) $\boldsymbol{A}$ 与对角阵是否相似，与 m,k 无关.

2. 设 $\boldsymbol{A}$、$\boldsymbol{B}$ 为 n 阶矩阵，且 $\boldsymbol{A}$ 与 $\boldsymbol{B}$ 相似，$\boldsymbol{E}$ 为 n 阶单位阵，则(　).

(A) $\lambda\boldsymbol{E}-\boldsymbol{A}=\lambda\boldsymbol{E}-\boldsymbol{B}$　　(B) $\boldsymbol{A}$ 与 $\boldsymbol{B}$ 有相同的特征值和特征向量

(C) $\boldsymbol{A}$ 与 $\boldsymbol{B}$ 都相似于一个对角阵　　(D) 对任意常数 t，$t\boldsymbol{E}-\boldsymbol{A}$ 与 $t\boldsymbol{E}-\boldsymbol{B}$ 相似.

3. 若 3 是矩阵 $\begin{bmatrix} 0 & 1 & 0 & 0 \\ 1 & 0 & 0 & 0 \\ 0 & 0 & y & 1 \\ 0 & 0 & 1 & 2 \end{bmatrix}$ 的特征值，则 y 的值为(　).

(A) 1　　(B) 2　　(C) 3　　(D) 4

4. 若 $\boldsymbol{A}$ 为正交矩阵，则(　).

(A) $\boldsymbol{A}$ 可逆且 $\boldsymbol{A}^{-1}$ 为正交阵　　(B) $\boldsymbol{A}$ 的特征值为 1 或 -1

(C) $|\boldsymbol{A}|=\pm 1$　　(D) $|\boldsymbol{A}^{\mathrm{T}}\boldsymbol{A}|=\pm 1$

5. 下列矩阵中可对角化的有(　).

(A) 实对称矩阵

(B) 有 n 个不同特征值的 n 阶方阵

(C) 有 n 个不同的特征向量的 n 阶方阵

(D) 对于每个 k_i 重特征值 λ_i，均有 $r(\boldsymbol{A}-\lambda_i\boldsymbol{E})=n-k_i$

三、解答题

1. 已知 3 阶矩阵 $\boldsymbol{A}$ 的特征值为 1、2、-3，对应的特征向量依次为 $\boldsymbol{\alpha}_1$、$\boldsymbol{\alpha}_2$、$\boldsymbol{\alpha}_3$，设方阵 $\boldsymbol{B}=\boldsymbol{A}^*-2\boldsymbol{A}+3\boldsymbol{E}$，求 $\boldsymbol{B}^{-1}$ 的特征值、特征向量及 $|\boldsymbol{B}^{-1}|$.

2. 设矩阵 $\boldsymbol{A}=\begin{pmatrix}1 & 2 & -3\\ -1 & 4 & -3\\ 1 & a & 5\end{pmatrix}$ 的全部特征值之积为 24，

(1) 求 a 的值；

(2) 讨论 $\boldsymbol{A}$ 能否对角化，若能，求一个可逆矩阵 $\boldsymbol{P}$ 使 $\boldsymbol{P}^{-1}\boldsymbol{AP}=\boldsymbol{D}$ 为对角阵.

3. 设 $\boldsymbol{A}$ 是 n 阶对称矩阵，$\boldsymbol{A}^2=\boldsymbol{I}$，$r(\boldsymbol{A}+\boldsymbol{I})=2$，求 $\boldsymbol{A}$ 的相似对角阵.

4. 设 3 阶对称矩阵 $\boldsymbol{A}$ 的特征值为 6、3、3 与特征值 6 对应的特征向量为 $\boldsymbol{\alpha}_1=(1,1,1)^{\mathrm{T}}$，求 $\boldsymbol{A}$.

5. 设 4 阶矩阵 $\boldsymbol{A}$ 满足 $|3\boldsymbol{E}+\boldsymbol{A}|=0$，$\boldsymbol{AA}^{\mathrm{T}}=2\boldsymbol{E}$，$|\boldsymbol{A}|<0$，求 $\boldsymbol{A}$ 的伴随矩阵 $\boldsymbol{A}^*$ 的一个特征值.

四、证明题

1. 证明：若 $\lambda\neq 0$ 是 $\boldsymbol{A}$ 的特征值，则 λ 必是 $\boldsymbol{A}^{\mathrm{T}}$ 的特征值.

2. 设 $\boldsymbol{A}$ 为正交矩阵，且 $|\boldsymbol{A}|=-1$，证明 $\lambda=-1$ 是 $\boldsymbol{A}$ 的特征值.

3. 若 $\boldsymbol{A}=\begin{pmatrix}k & 1 & 0\\ 0 & k & 1\\ 0 & 0 & k\end{pmatrix}$，则无论 k 取何值，$\boldsymbol{A}$ 均不能对角化.

4. 设 $\boldsymbol{A}^2-3\boldsymbol{A}+2\boldsymbol{E}=\boldsymbol{O}$，证明 $\boldsymbol{A}$ 的特征值只能取 1 或 2.

5. 设 $\boldsymbol{A}_{m\times n}$，$\boldsymbol{B}_{n\times m}$，$\lambda\neq 0$ 是 m 阶矩阵 $\boldsymbol{AB}$ 的特征值，证明 λ 也是 n 阶矩阵 $\boldsymbol{BA}$ 的特征值.

第 7 章　二次曲面与二次型

7.1　内容提要

1. 曲面

(1) 如果曲面 S 与三元方程 $F(x,y,z)=0$ 有下述关系：1) 曲面 S 上任意点的坐标都满足此方程；2) 满足此方程的点都在曲面 S 上，则 $F(x,y,z)=0$ 称为曲面 S 的方程，称曲面 S 为方程 $F(x,y,z)=0$ 的图形.

(2) (旋转曲面) 一条平面曲线绕其所在平面上的一条定直线旋转一周所形成的曲面称为旋转曲面. 该定直线称为旋转轴.

(3) (柱面) 平行于定直线并沿定曲线 C 移动的直线 l 形成的轨迹称为柱面. C 称为准线，动直线 l 称为母线.

(4) 二次曲面标准方程

① 球面　$(x-x_0)^2+(y-y_0)^2+(z-z_0)^2=R^2$；

② 椭球面　$\dfrac{x^2}{a^2}+\dfrac{y^2}{b^2}+\dfrac{z^2}{c^2}=1(a>0,b>0,c>0)$；

③ 椭圆抛物面　$\dfrac{x^2}{2p}+\dfrac{y^2}{2q}=z(p>0,q>0)$；

④ 双曲抛物面　$\dfrac{x^2}{2p}-\dfrac{y^2}{2q}=z(pq>0)$；

⑤ 单叶双曲面　$\dfrac{x^2}{a^2}+\dfrac{y^2}{b^2}-\dfrac{z^2}{c^2}=1$；

⑥ 双叶双曲面　$\dfrac{x^2}{a^2}+\dfrac{y^2}{b^2}-\dfrac{z^2}{c^2}=-1$；

⑦ 椭圆锥面　$\dfrac{x^2}{a^2}+\dfrac{y^2}{b^2}=\dfrac{z^2}{c^2}$.

2. 二次型及其矩阵

(1) 称变量 $x_1,x_2,\cdots,x_n$ 的 n 元二次齐次函数

$$\begin{aligned}f(x_1,x_2,\cdots,x_n)=&a_{11}x_1^2+2a_{12}x_1x_2+2a_{13}x_1x_3+\cdots+2a_{1n}x_1x_n\\&+a_{22}x_2^2+2a_{23}x_2x_3+\cdots+2a_{2n}x_2x_n+\cdots+a_{nn}x_n^2,\end{aligned}$$

(其中 $a_{ij}\in\mathbf{R}$) 为实二次型，简称为二次型.

(2) 记矩阵

$$\boldsymbol{A}=\begin{bmatrix}a_{11}&a_{12}&\cdots&a_{1n}\\a_{21}&a_{22}&\cdots&a_{2n}\\\vdots&\vdots&&\vdots\\a_{n1}&a_{n2}&\cdots&a_{nn}\end{bmatrix}$$

其中 $a_{ij}=a_{ji}$，记 $\boldsymbol{x}=(x_1,x_2,\cdots,x_n)^{\mathrm{T}}$，则二次型表示为

$$f(x_1,x_2,\cdots,x_n)=\boldsymbol{x}^{\mathrm{T}}\boldsymbol{A}\boldsymbol{x},$$

称 $\boldsymbol{A}$ 为二次型 f 的矩阵，矩阵 $\boldsymbol{A}$ 的秩为二次型 f 的秩.

3. 二次型的标准形

(1) 如果对二次型 $f(\boldsymbol{x})=\boldsymbol{x}^{\mathrm{T}}\boldsymbol{A}\boldsymbol{x}$ 作可逆线性变换 $\boldsymbol{x}=\boldsymbol{C}\boldsymbol{y}$，可将其化为只含变量平方项（所有交叉项的系数全为零）的形式

$$f(x_1,x_2,\cdots,x_n)=d_1y_1^2+d_2y_2^2+\cdots+d_ny_n^2,$$

则称上式为二次型 $f(x_1,x_2,\cdots,x_n)$ 的标准形.

(2) 任意一个二次型 $f(\boldsymbol{x})=\boldsymbol{x}^{\mathrm{T}}\boldsymbol{A}\boldsymbol{x}$ 都可以通过可逆线性变换化为标准形，一般而言，二次型的标准形并不唯一.

(3) 设有二次型 $f(\boldsymbol{x})=\boldsymbol{x}^{\mathrm{T}}\boldsymbol{A}\boldsymbol{x}$，它的秩为 r，f 经两个可逆线性变换 $\boldsymbol{x}=\boldsymbol{C}_1\boldsymbol{y}$ 和 $\boldsymbol{x}=\boldsymbol{C}_2\boldsymbol{z}$，化成的标准形分别为

$$f(x_1,x_2,\cdots,x_n)=d_1y_1^2+d_2y_2^2+\cdots+d_ry_r^2(d_i\neq 0,i=1,2,\cdots,r),$$

$$f(x_1,x_2,\cdots,x_n)=k_1z_1^2+k_2z_2^2+\cdots+k_rz_r^2(k_i\neq 0,i=1,2,\cdots,r),$$

则 $d_1,d_2,\cdots,d_r$ 中正（负）数的个数与 $k_1,k_2,\cdots,k_r$ 中正（负）数的个数分别相等.

称 f 的标准形中系数为正的个数为 f 的正惯性指数，称 f 的标准形中系数为负的个数为 f 的负惯性指数. 由惯性定理知道，f 的标准形虽然不唯一，但 f 的正惯性指数 p 及负惯性指数 $r-p$（其中 r 为 f 的秩）却由 f 唯一确定.

4. 正定二次型与正定矩阵的概念

(1) 设有 n 元二次型 $f(\boldsymbol{x})=\boldsymbol{x}^{\mathrm{T}}\boldsymbol{A}\boldsymbol{x}$（$\boldsymbol{A}$ 为实对称矩阵），如果对任意 n 维非零向量 $\boldsymbol{x}$，都有 $f(\boldsymbol{x})>0$，则称 f 为正定二次型，并称实对称矩阵 $\boldsymbol{A}$ 为正定矩阵；若 $f(\boldsymbol{x})\geqslant 0$，则称 f 为半正定二次型，并称实对称矩阵 $\boldsymbol{A}$ 为半正定矩阵；

(2) 设有 n 元二次型 $f(\boldsymbol{x})=\boldsymbol{x}^{\mathrm{T}}\boldsymbol{A}\boldsymbol{x}$（$\boldsymbol{A}$ 为实对称矩阵），如果对任意 n 维非零向量 $\boldsymbol{x}$，都有 $f(\boldsymbol{x})<0$，则称 f 为负定二次型，并称实对称矩阵 $\boldsymbol{A}$ 为负定矩阵；若 $f(\boldsymbol{x})\leqslant 0$，则称 f 为半负定二次型，并称实对称矩阵 $\boldsymbol{A}$ 为半负定矩阵.

如果 f 既不正定，也不负定，则称 f 为不定二次型，并称实对称矩阵 $\boldsymbol{A}$ 是不定的.

5. 正定二次型的判别

(1) 实对称矩阵 $\boldsymbol{A}$ 正定的充分必要条件是矩阵 $\boldsymbol{A}$ 的特征值全大于零.

(2) 实对称矩阵 $\boldsymbol{A}$ 正定的充分必要条件是矩阵 $\boldsymbol{A}$ 的各阶顺序主子式均大于零.

(3) n 元二次型 $f(\boldsymbol{x})=\boldsymbol{x}^{\mathrm{T}}\boldsymbol{A}\boldsymbol{x}$ 正定的充分必要条件是 f 的正惯性指数等于 n.

(4) 实对称矩阵 $\boldsymbol{A}$ 正定的充分必要条件是矩阵 $\boldsymbol{A}$ 合同于同阶单位矩阵，即存在可逆阵 $\boldsymbol{M}$，使 $\boldsymbol{A}=\boldsymbol{M}^{\mathrm{T}}\boldsymbol{M}$.

7.2　基本方法

1. 求空间曲线在坐标面上的投影曲线方程

空间曲线为两曲面的交线，设曲线 C 的一般方程为

$$\begin{cases}F(x,y,z)=0,\\G(x,y,z)=0,\end{cases}$$

消去 z 得柱面 $H(x,y)=0$,则 C 在 xOy 面上的投影曲线为 $\begin{cases} H(x,y)=0, \\ z=0. \end{cases}$

2. 化二次型为标准形的方法

(1) 配方法:用配方法化二次型为标准形,如果 f 中含有变量 x_1 的平方项及交叉乘积项,则把所有含 x_1 合并在一起,并按 x_1 配成完全平方,然后按此法再对其他的变量配方,直至将 f 配成平方和形式;如果二次型 f 中不含变量的平方项,但含交叉乘积项 x_ix_j,则先做可逆线性变换 $\begin{cases} x_i = y_i + y_j \\ x_j = y_i - y_j \\ x_k = y_k \end{cases}$ $(k \neq i, k \neq j)$ 使 f 中出现平方项,再按上述方法配方.

应该注意,用不同的配方法化 $f(\boldsymbol{x}) = \boldsymbol{x}^{\mathrm{T}}\boldsymbol{A}\boldsymbol{x}$ 所得到的标准形不是唯一的,变量平方项的系数不一定是 $\boldsymbol{A}$ 的特征值.

(2) 正交变换:写出二次型 $f(\boldsymbol{x}) = \boldsymbol{x}^{\mathrm{T}}\boldsymbol{A}\boldsymbol{x}$ 的矩阵 $\boldsymbol{A}$,求出 $\boldsymbol{A}$ 的全部特征值 $\lambda_1,\lambda_2,\cdots,\lambda_n$,再求出使 $\boldsymbol{A}$ 对角化的正交矩阵 $\boldsymbol{P}$,经正交变换 $\boldsymbol{x} = \boldsymbol{P}\boldsymbol{y}$,化二次型 $f(\boldsymbol{x}) = \boldsymbol{x}^{\mathrm{T}}\boldsymbol{A}\boldsymbol{x}$ 为标准形

$$f(x_1,x_2,\cdots,x_n) = \boldsymbol{y}^{\mathrm{T}}\boldsymbol{\Lambda}\boldsymbol{y} = \lambda_1 y_1^2 + \lambda_2 y_2^2 + \cdots + \lambda_n y_n^2,$$

其中

$$\boldsymbol{\Lambda} = \boldsymbol{P}^{-1}\boldsymbol{A}\boldsymbol{P} = \begin{bmatrix} \lambda_1 & & & \\ & \lambda_2 & & \\ & & \ddots & \\ & & & \lambda_n \end{bmatrix},$$

3. 判断二次型 $f(\boldsymbol{x}) = \boldsymbol{x}^{\mathrm{T}}\boldsymbol{A}\boldsymbol{x}$ 正定性的方法

(1) 用定义,若对任意 n 维非零向量 $\boldsymbol{x}$,$f(\boldsymbol{x}) = \boldsymbol{x}^{\mathrm{T}}\boldsymbol{A}\boldsymbol{x} > 0$,则 f 是正定的.

(2) 若矩阵 $\boldsymbol{A}$ 的特征值全大于零,则 f 是正定的.

(3) 若矩阵 $\boldsymbol{A}$ 的各阶顺序主子式均大于零,则 f 是正定的.

(4) 若 f 标准形中的平方项系数全大于零,则 f 是正定的.

(5) 若矩阵 $\boldsymbol{A}$ 合同于同阶单位矩阵,即存在可逆阵 $\boldsymbol{M}$ 使 $\boldsymbol{A} = \boldsymbol{M}^{\mathrm{T}}\boldsymbol{M}$,则 f 是正定的.

7.3 释疑解惑

问题 7.1 二次型 $f(\boldsymbol{x}) = \boldsymbol{x}^{\mathrm{T}}\boldsymbol{A}\boldsymbol{x}$ 的标准形、规范形是否唯一?

答 由惯性定理知道,二次型的标准形不唯一,但规范形是唯一的.

问题 7.2 通过某一线性变换,将二次型 $f(\boldsymbol{x}) = \boldsymbol{x}^{\mathrm{T}}\boldsymbol{A}\boldsymbol{x}$ 化为

$$f = k_1 y_1^2 + k_2 y_2^2 + \cdots + k_n y_n^2,$$

其中 $k_1,k_2,\cdots,k_n$ 均大于零,问

(1) $f(\boldsymbol{x}) = \boldsymbol{x}^{\mathrm{T}}\boldsymbol{A}\boldsymbol{x}$ 是否为正定二次型?

(2) $f = k_1 y_1^2 + k_2 y_2^2 + \cdots + k_n y_n^2$ 是否为 $f(\boldsymbol{x}) = \boldsymbol{x}^{\mathrm{T}}\boldsymbol{A}\boldsymbol{x}$ 的标准形?

答 (1) $f(\boldsymbol{x}) = \boldsymbol{x}^{\mathrm{T}}\boldsymbol{A}\boldsymbol{x}$ 不一定为正定二次型,例如三元二次型

$$f(x_1,x_2,x_3) = (x_1 - x_2)^2 + (x_2 - x_3)^2 + (x_3 - x_1)^2,$$

若令$\begin{cases}y_1=x_1-x_2\\ y_2=x_2-x_3\\ y_3=x_3-x_1\end{cases}$,则 $f=y_1^2+y_2^2+y_3^2$,但 $f(x_1,x_2,x_3)$ 不是正定二次型. 因为对 $\boldsymbol{x}_0=(1,1,1)^{\mathrm{T}}$,有 $f(\boldsymbol{x}_0)=0$. 主要原因是线性变换$\begin{cases}y_1=x_1-x_2\\ y_2=x_2-x_3\\ y_3=x_3-x_1\end{cases}$不是可逆的线性变换.

(2) $f=k_1y_1^2+k_2y_2^2+\cdots+k_ny_n^2$ 不一定是 $f(\boldsymbol{x})=\boldsymbol{x}^{\mathrm{T}}\boldsymbol{A}\boldsymbol{x}$ 的标准形. 当且仅当用可逆线性变换化二次型为只含变量的平方项(所有交叉项的系数全为零)的形式

$$f(x_1,x_2,\cdots,x_n)=d_1y_1^2+d_2y_2^2+\cdots+d_ny_n^2,$$

才是二次型 $f(x_1,x_2,\cdots,x_n)$ 的标准形. 例如(1)中 $f=y_1^2+y_2^2+y_3^2$ 不是 $f(x_1,x_2,x_3)$ 的标准形.

问题 7.3　求正交矩阵 $\boldsymbol{P}$,使实对称矩阵 $\boldsymbol{A}$ 化为对角矩阵和求正交变换 $\boldsymbol{x}=\boldsymbol{P}\boldsymbol{y}$ 使二次型 $f(\boldsymbol{x})=\boldsymbol{x}^{\mathrm{T}}\boldsymbol{A}\boldsymbol{x}$ 化为标准形有何联系?有何区别?

答　它们都是要将实对称矩阵 $\boldsymbol{A}$ 化为对角矩阵,前者使 $\boldsymbol{P}^{-1}\boldsymbol{A}\boldsymbol{P}$ 为对角阵,后者使 $\boldsymbol{P}^{\mathrm{T}}\boldsymbol{A}\boldsymbol{P}$ 为对角阵,由于 $\boldsymbol{P}$ 为正交矩阵,故 $\boldsymbol{P}^{-1}=\boldsymbol{P}^{\mathrm{T}}$,于是 $\boldsymbol{P}^{-1}\boldsymbol{A}\boldsymbol{P}=\boldsymbol{P}^{\mathrm{T}}\boldsymbol{A}\boldsymbol{P}$,因此尽管问题的提法不同,但处理问题的方法是相同的,只是在二次型 $f(\boldsymbol{x})=\boldsymbol{x}^{\mathrm{T}}\boldsymbol{A}\boldsymbol{x}$ 化为标准形时,要写出正交变换 $\boldsymbol{x}=\boldsymbol{P}\boldsymbol{y}$ 和二次型的标准形.

7.4　典型例题

例 7.1　直线 $L:\dfrac{x-1}{0}=\dfrac{y}{1}=\dfrac{z}{1}$ 绕 z 轴旋转一周,求此旋转曲面的方程.

解　在 L 上任取一点 $M_0(1,y_0,z_0)$,设 $M(x,y,z)$ 为 M_0 绕 z 轴旋转轨迹上任一点,则

$$\begin{cases}y_0=z_0\\ z_0=z\\ x^2+y^2=1+y_0^2\end{cases}$$

将 $y_0=z$ 代人第三方程,得旋转曲面方程

$$x^2+y^2-z^2=1.$$

例 7.2　求曲线 $\begin{cases}z=y^2\\ x=0\end{cases}$ 绕 z 轴旋转所得曲面与平面 $x+y+z=1$ 的交线在 xOy 平面的投影曲线方程.

解　曲线 $\begin{cases}z=y^2\\ x=0\end{cases}$ 绕 z 轴旋转曲面方程为 $z=x^2+y^2$,

旋转曲面与所给平面的交线为$\begin{cases}z=x^2+y^2\\ x+y+z=1\end{cases}$

消去 z 得以交线为准线、平行 Oz 轴的直线为母线的柱面方程为　$x+y+x^2+y^2=1$,

所求曲线在 xOy 面上的投影曲线方程为$\begin{cases}x+y+x^2+y^2=1\\ z=0\end{cases}$.

例 7.3　设二次型 $f(x_1,x_2,x_3)=x_1^2+x_2^2+x_3^2+2kx_1x_2+2x_1x_3+2mx_2x_3$ 经过正交变

换 $\boldsymbol{x}=\boldsymbol{Ty}$ 化为标准型 $f(x_1,x_2,x_3)=y_2^2+2y_3^2$,其中 $\boldsymbol{x}=(x_1,x_2,x_3)^{\mathrm{T}}$,$\boldsymbol{y}=(y_1,y_2,y_3)^{\mathrm{T}}$ 求 k,m.

解 变换前后的二次型矩阵分别为 $\boldsymbol{A}=\begin{bmatrix}1&k&1\\k&1&m\\1&m&1\end{bmatrix}$,$\boldsymbol{\Lambda}=\begin{bmatrix}0&0&0\\0&1&0\\0&0&2\end{bmatrix}$,

有 $\boldsymbol{T}^{\mathrm{T}}\boldsymbol{AT}=\boldsymbol{T}^{-1}\boldsymbol{AT}=\boldsymbol{\Lambda}$,$\boldsymbol{A}$ 与 $\boldsymbol{\Lambda}$ 相似. 则 $\boldsymbol{A}$ 与 $\boldsymbol{\Lambda}$ 有相同的特征多项式 $|\lambda\boldsymbol{E}-\boldsymbol{A}|=|\lambda\boldsymbol{E}-\boldsymbol{\Lambda}|$,

即 $\begin{vmatrix}\lambda-1&-k&-1\\-k&\lambda-1&-m\\-1&-m&\lambda-1\end{vmatrix}=\begin{vmatrix}\lambda&0&0\\0&\lambda-1&0\\0&0&\lambda-2\end{vmatrix}$,

展开得 $\lambda^3-3\lambda^2+(2-k^2-m^2)\lambda+(k-m)^2=\lambda^3-3\lambda^2+2\lambda$,

从而 $2-k^2-m^2=2$,$(k-m)^2=0$,得 $k=m=0$.

例 7.4 用正交变换把 $f(x_1,x_2,x_3)=2x_1x_3+x_2^2$ 化为标准形.

解 $f(x_1,x_2,x_3)=(x_1,x_2,x_3)\begin{pmatrix}0&0&1\\0&1&0\\1&0&0\end{pmatrix}\begin{pmatrix}x_1\\x_2\\x_3\end{pmatrix}=\boldsymbol{x}^{\mathrm{T}}\boldsymbol{Ax}$,则 $\boldsymbol{A}=\begin{pmatrix}0&0&1\\0&1&0\\1&0&0\end{pmatrix}$.

$|\lambda\boldsymbol{E}-\boldsymbol{A}|=(\lambda+1)(\lambda-1)^2=0$,得 $\lambda_1=\lambda_2=1$,$\lambda_3=-1$,对应于 $\lambda_1=\lambda_2=1$ 的标准正交特征向量为

$\boldsymbol{e}_1=\dfrac{1}{\sqrt{2}}(1,0,1)^{\mathrm{T}}$,$\boldsymbol{e}_2=(0,1,0)^{\mathrm{T}}$,对应于 $\lambda_3=-1$ 的单位特征向量为 $\boldsymbol{e}_3=\dfrac{1}{\sqrt{2}}(1,0,-1)^{\mathrm{T}}$,

所求正交矩阵 $\boldsymbol{P}=[\boldsymbol{e}_1\quad\boldsymbol{e}_2\quad\boldsymbol{e}_3]$,

作正交变换 $\boldsymbol{x}=\boldsymbol{Py}$,则 $f=\boldsymbol{y}^{\mathrm{T}}(\boldsymbol{P}^{\mathrm{T}}\boldsymbol{AP})\boldsymbol{y}=\boldsymbol{y}^{\mathrm{T}}\boldsymbol{\Lambda y}=y_1^2+y_2^2-y_3^2$

例 7.5 用配方法化 $f(x_1,x_2,x_3)=2x_1^2+5x_2^2+5x_3^2+4x_1x_2-4x_1x_3-8x_2x_3$ 为标准形.

解
$$\begin{aligned}f&=2[x_1^2+2x_1(x_2-x_3)]+5x_2^2+5x_3^2-8x_2x_3\\&=2(x_1+x_2-x_3)^2+3x_2^2-4x_2x_3+3x_3^2\\&=2(x_1+x_2-x_3)^2+3(x_2-\frac{2}{3}x_3)^2+\frac{5}{3}x_3^2\end{aligned}$$

令 $\begin{cases}y_1=x_1+x_2-x_3\\y_2=x_2-(2/3)x_3,\\y_1=x_3\end{cases}$ 则 $\begin{cases}x_1=y_1-y_2+(1/3)y_3\\x_2=y_2+(2/3)y_3\\x_3=y_3\end{cases}$

可逆变换 $\boldsymbol{x}=\boldsymbol{Cy}$,其中 $\boldsymbol{C}=\begin{bmatrix}1&-1&1/3\\0&1&2/3\\0&0&1\end{bmatrix}$,

则标准形为 $f=2y_1^2+3y_2^2+\dfrac{5}{3}y_3^2$.

例 7.6 用配方法化 $f(x_1,x_2,x_3)=2x_1x_2+2x_1x_3-6x_2x_3$ 为标准形.

解 先出现平方项

令 $\begin{cases}x_1=y_1+y_2\\x_2=y_1-y_2,\\x_3=y_3\end{cases}$ 即 $\boldsymbol{x}=\boldsymbol{C}_1\boldsymbol{y}$ 其中 $\boldsymbol{C}_1=\begin{bmatrix}1&1&0\\1&-1&0\\0&0&1\end{bmatrix}$.

$$\begin{aligned}
\text{则 } f &= 2y_1^2 - 2y_2^2 + 2y_1y_3 + 2y_2y_3 - 6y_1y_3 + 6y_2y_3 \\
&= 2(y_1^2 - 2y_1y_3) - 2y_2^2 + 8y_2y_3 \\
&= 2(y_1 - y_3)^2 - 2(y_2^2 - 4y_2y_3) - 2y_3^2 \\
&= 2(y_1 - y_3)^2 - 2(y_2 - 2y_3)^2 + 6y_3^2,
\end{aligned}$$

令 $\begin{cases} z_1 = y_1 - y_3 \\ z_2 = y_2 - 2y_3 \\ z_3 = y_3 \end{cases}$，　则 $\begin{cases} y_1 = z_1 + z_3 \\ y_2 = z_2 + 2z_3 \\ y_3 = z_3 \end{cases}$，

即 $\boldsymbol{y} = \boldsymbol{C}_2\boldsymbol{z}$，其中 $\boldsymbol{C}_2 = \begin{bmatrix} 1 & 0 & 1 \\ 0 & 1 & 2 \\ 0 & 0 & 1 \end{bmatrix}$，

可逆变换 $\boldsymbol{x} = \boldsymbol{C}_1\boldsymbol{y} = \boldsymbol{C}_1\boldsymbol{C}_2\boldsymbol{z}$，　$\boldsymbol{C} = \boldsymbol{C}_1\boldsymbol{C}_2 = \begin{bmatrix} 1 & 1 & 3 \\ 1 & -1 & -1 \\ 0 & 0 & 1 \end{bmatrix}$，

则　$f = 2z_1^2 - 2z_2^2 + 6z_3^2$.

例 7.7　设二次型 $f(\boldsymbol{x}) = \boldsymbol{x}^{\mathrm{T}}\boldsymbol{B}\boldsymbol{x}$，其中 $\boldsymbol{B} = \begin{pmatrix} 2 & 1 & -1 \\ 5 & 2 & 2 \\ 1 & -2 & 5 \end{pmatrix}$.

(1) 写出二次型 $f(\boldsymbol{x}) = \boldsymbol{x}^{\mathrm{T}}\boldsymbol{A}\boldsymbol{x}$ 的矩阵 $\boldsymbol{A}$；

(2) 求一个正交矩阵 $\boldsymbol{P}$，使 $\boldsymbol{P}^{-1}\boldsymbol{A}\boldsymbol{P}$ 为对角矩阵；

(3) 写出在正交变换 $\boldsymbol{x} = \boldsymbol{P}\boldsymbol{y}$ 下 f 的标准形.

解　(1) $\boldsymbol{A} = \dfrac{1}{2}(\boldsymbol{B} + \boldsymbol{B}^{\mathrm{T}}) = \begin{bmatrix} 2 & 3 & 0 \\ 3 & 2 & 0 \\ 0 & 0 & 5 \end{bmatrix}$.

(2) $\boldsymbol{A}$ 的特征值为 $\lambda_1 = \lambda_2 = 5, \lambda_3 = -1$，对应于 $\lambda_1 = \lambda_2 = 5$ 的标准正交特征向量为

$$\boldsymbol{e}_1 = \frac{1}{\sqrt{2}}(1,1,0)^{\mathrm{T}},\quad \boldsymbol{e}_2 = (0,0,1)^{\mathrm{T}},$$

对应于 $\lambda_3 = -1$ 的单位特征向量为 $\boldsymbol{e}_3 = \dfrac{1}{\sqrt{2}}(1,-1,0)^{\mathrm{T}}$，

令 $\boldsymbol{P} = [\boldsymbol{e}_1\ \boldsymbol{e}_2\ \boldsymbol{e}_3]$，则 $\boldsymbol{P}$ 为正交矩阵，使 $\boldsymbol{P}^{-1}\boldsymbol{A}\boldsymbol{P} = \begin{pmatrix} 5 & & \\ & 5 & \\ & & -1 \end{pmatrix}$.

(3) 标准形为　$5y_1^2 + 5y_2^2 - y_3^2$.

例 7.8　已知二次型 $f(x_1,x_2,x_3) = x_1^2 - 2x_2^2 + bx_3^2 - 4x_1x_2 + 4x_1x_3 + 2ax_2x_3\ (a > 0)$ 经正交变换 $\boldsymbol{x} = \boldsymbol{P}\boldsymbol{y}$ 化成了标准形 $f = 2y_1^2 + 2y_2^2 - 7y_3^2$，求 a, b 和正交矩阵 $\boldsymbol{P}$.

解　f 的矩阵为 $\boldsymbol{A} = \begin{bmatrix} 1 & -2 & 2 \\ -2 & -2 & a \\ 2 & a & b \end{bmatrix}$，由题设可知 $\boldsymbol{P}^{\mathrm{T}}\boldsymbol{A}\boldsymbol{P} = \boldsymbol{P}^{-1}\boldsymbol{A}\boldsymbol{P} = \begin{bmatrix} 2 & & \\ & 2 & \\ & & -7 \end{bmatrix}$

因此 $\boldsymbol{A}$ 的特征值为 $\lambda_1 = \lambda_2 = 2, \lambda_3 = -7$，由特征值的性质得

$$2 + 2 - 7 = 1 - 2 + b \Rightarrow b = -2$$

$$|\boldsymbol{A}| = \lambda_1\lambda_2\lambda_3 = -28 \Rightarrow u = 4$$

此时 $\boldsymbol{A} = \begin{bmatrix} 1 & -2 & 2 \\ -2 & -2 & 4 \\ 2 & 4 & -2 \end{bmatrix}$.

对应于 $\lambda_1 = \lambda_2 = 2$ 的标准正交特征向量为

$$\boldsymbol{e}_1 = \frac{1}{\sqrt{2}}(0,1,1)^{\mathrm{T}}, \quad \boldsymbol{e}_2 = \frac{1}{3\sqrt{2}}(4,-1,1)^{\mathrm{T}},$$

对应于 $\lambda_3 = -7$ 的单位特征向量为 $\boldsymbol{e}_3 = \frac{1}{3}(1,2,-2)^{\mathrm{T}}$,

所求正交矩阵

$$\boldsymbol{P} = [\boldsymbol{e}_1\ \boldsymbol{e}_2\ \boldsymbol{e}_3] = \begin{bmatrix} 0 & 4/3\sqrt{2} & 1/3 \\ 1/\sqrt{2} & -1/3\sqrt{2} & 2/3 \\ 1/\sqrt{2} & 1/3\sqrt{2} & -2/3 \end{bmatrix}.$$

例 7.9 x,y 满足什么条件,矩阵 $\boldsymbol{A} = \begin{bmatrix} 1 & 2 & 0 & 0 \\ 2 & x & 0 & 0 \\ 0 & 0 & 2 & -1 \\ 0 & 0 & -1 & y \end{bmatrix}$ 是正定的.

解 $\boldsymbol{A}$ 正定的充分必要条件是各阶顺序主子式全大于 0,即

$$\begin{vmatrix} 1 & 2 \\ 2 & x \end{vmatrix} = x - 4 > 0,$$

$$\begin{vmatrix} 1 & 2 & 0 \\ 2 & x & 0 \\ 0 & 0 & 2 \end{vmatrix} = 2(x-4) > 0,$$

$$\begin{vmatrix} 1 & 2 & 0 & 0 \\ 2 & x & 0 & 0 \\ 0 & 0 & 2 & -1 \\ 0 & 0 & -1 & y \end{vmatrix} = \begin{vmatrix} 1 & 2 \\ 2 & x \end{vmatrix}\begin{vmatrix} 2 & -1 \\ -1 & y \end{vmatrix} = (x-4)(2y-1) > 0,$$

得 $x > 4, y > \frac{1}{2}$.

故当 $x > 4, y > \frac{1}{2}$ 时,矩阵 $\boldsymbol{A}$ 是正定的.

例 7.10 判断下列二次型的正定性.

(1) $f(x_1,x_2,x_3) = 5x_1^2 + x_2^2 + 5x_3^2 + 4x_1x_2 - 8x_1x_3 - 4x_2x_3$;

(2) $f(x_1,x_2,x_3) = -5x_1^2 - 6x_2^2 - 4x_3^2 + 4x_1x_2 + 4x_1x_3$;

(3) $f(x_1,x_2,x_3) = x_1^2 + x_2^2 + x_3^2 + 2ax_1x_2 + 2bx_2x_3 (a,b \in R)$;

(4) $f(x_1,x_2,x_3) = 2x_1^2 + 4x_2^2 + 5x_3^2 - 4x_1x_3$.

解 (1) $\boldsymbol{A} = \begin{bmatrix} 5 & 2 & -4 \\ 2 & 1 & -2 \\ -4 & -2 & 5 \end{bmatrix}$,

矩阵 A 各阶顺序主子式分别为

$$\Delta_1 = 5 > 0,\quad \Delta_2 = \begin{vmatrix} 5 & 2 \\ 2 & 1 \end{vmatrix} = 1 > 0,\quad \Delta_3 = |\boldsymbol{A}| = 1 > 0,$$

故 $\boldsymbol{A}$ 为正定矩阵，f 为正定二次型.

(2) $\boldsymbol{A} = \begin{bmatrix} -5 & 2 & 2 \\ 2 & -6 & 0 \\ 2 & 0 & -4 \end{bmatrix}$

$$\Delta_1 = -5 < 0,\quad \Delta_2 = \begin{vmatrix} -5 & 2 \\ 2 & -6 \end{vmatrix} = 26 > 0,\quad \Delta_3 = |\boldsymbol{A}| = -80 < 0,$$

故 $\boldsymbol{A}$ 为负定矩阵，f 为负定二次型.

(3) $\boldsymbol{A} = \begin{bmatrix} 1 & a & 0 \\ a & 1 & b \\ 0 & b & 1 \end{bmatrix}$

$$\Delta_1 = 1,\quad \Delta_2 = \begin{vmatrix} 1 & a \\ a & 1 \end{vmatrix} = 1 - a^2,\quad \Delta_3 = |\boldsymbol{A}| = 1 - (a^2 + b^2).$$

当 $a^2 + b^2 < 1$ 时，有 $\Delta_1 > 0, \Delta_2 > 0, \Delta_3 > 0$，故 $\boldsymbol{A}$ 为正定矩阵，f 为正定二次型；

当 $a^2 + b^2 \geqslant 1$ 时，有 $A_1 > 0, A_3 \leqslant 0$，故 $\boldsymbol{A}$ 为不定矩阵，f 为不定二次型.

(4) 用特征值判别法.

二次型的矩阵为 $\boldsymbol{A} = \begin{bmatrix} 2 & 0 & -2 \\ 0 & 4 & 0 \\ -2 & 0 & 5 \end{bmatrix}$.

令 $|\lambda\boldsymbol{E} - \boldsymbol{A}| = 0 \Rightarrow \lambda_1 = 1, \lambda_2 = 4, \lambda_3 = 6$，此二次型为正定二次型.

例 7.11　设 $\boldsymbol{A}$ 和 $\boldsymbol{B}$ 都是 $m \times n$ 实矩阵，并且 $r(\boldsymbol{A}+\boldsymbol{B}) = n$，试证：$\boldsymbol{A}^{\mathrm{T}}\boldsymbol{A} + \boldsymbol{B}^{\mathrm{T}}\boldsymbol{B}$ 为正定矩阵.

证　$(\boldsymbol{A}^{\mathrm{T}}\boldsymbol{A} + \boldsymbol{B}^{\mathrm{T}}\boldsymbol{B})^{\mathrm{T}} = \boldsymbol{A}^{\mathrm{T}}\boldsymbol{A} + \boldsymbol{B}^{\mathrm{T}}\boldsymbol{B}$，$\boldsymbol{A}^{\mathrm{T}}\boldsymbol{A} + \boldsymbol{B}^{\mathrm{T}}\boldsymbol{B}$ 是实对称阵

任取 n 维非零向量 $\boldsymbol{x}$，只须证明 $\boldsymbol{x}^{\mathrm{T}}(\boldsymbol{A}^{\mathrm{T}}\boldsymbol{A} + \boldsymbol{B}^{\mathrm{T}}\boldsymbol{B})\boldsymbol{x} > 0$ 即可.

而 $\boldsymbol{x}^{\mathrm{T}}(\boldsymbol{A}^{\mathrm{T}}\boldsymbol{A} + \boldsymbol{B}^{\mathrm{T}}\boldsymbol{B})\boldsymbol{x} = \boldsymbol{x}^{\mathrm{T}}\boldsymbol{A}^{\mathrm{T}}\boldsymbol{A}\boldsymbol{x} + \boldsymbol{x}^{\mathrm{T}}\boldsymbol{B}^{\mathrm{T}}\boldsymbol{B}\boldsymbol{x} = (\boldsymbol{A}\boldsymbol{x})^{\mathrm{T}}\boldsymbol{A}\boldsymbol{x} + (\boldsymbol{B}\boldsymbol{x})^{\mathrm{T}}\boldsymbol{B}\boldsymbol{x}$，
若 $\boldsymbol{A}\boldsymbol{x}$、$\boldsymbol{B}\boldsymbol{x}$ 不全为 0，则有 $\boldsymbol{x}^{\mathrm{T}}(\boldsymbol{A}^{\mathrm{T}}\boldsymbol{A} + \boldsymbol{B}^{\mathrm{T}}\boldsymbol{B})\boldsymbol{x} > 0$.

下面只须证明 $\boldsymbol{A}\boldsymbol{x}$、$\boldsymbol{B}\boldsymbol{x}$ 不全为 $\boldsymbol{o}$.

由 $r(\boldsymbol{A}+\boldsymbol{B}) = n$，任取 n 维非零向量 $\boldsymbol{x}$，有 $(\boldsymbol{A}+\boldsymbol{B})\boldsymbol{x} \neq \boldsymbol{o}$，

若 $(\boldsymbol{A}+\boldsymbol{B})\boldsymbol{x} = \boldsymbol{o}$，则说明 $(\boldsymbol{A}+\boldsymbol{B})\boldsymbol{x} = \boldsymbol{o}$ 有非零解，从而 $r(\boldsymbol{A}+\boldsymbol{B}) < n$，与题设矛盾.

因此 $(\boldsymbol{A}+\boldsymbol{B})\boldsymbol{x} \neq \boldsymbol{o}$，则 $\boldsymbol{A}\boldsymbol{x}$、$\boldsymbol{B}\boldsymbol{x}$ 不全为 $\boldsymbol{o}$.

从而任取 n 维非零向量 $\boldsymbol{x}$，均有 $\boldsymbol{x}^{\mathrm{T}}(\boldsymbol{A}^{\mathrm{T}}\boldsymbol{A} + \boldsymbol{B}^{\mathrm{T}}\boldsymbol{B})\boldsymbol{x} > 0$，故 $\boldsymbol{A}^{\mathrm{T}}\boldsymbol{A} + \boldsymbol{B}^{\mathrm{T}}\boldsymbol{B}$ 为正定矩阵.

例 7.12　设 $\boldsymbol{A} = (a_{ij})_{n\times n}$ 是正定矩阵，证明：

(1) $a_{ii} > 0 (i = 1, 2, \cdots, n)$；

(2) $\boldsymbol{A}^{-1}$ 为正定矩阵；

(3) $\boldsymbol{A}^{*}$ 为正定矩阵；

(4) $\boldsymbol{A}^{m}$（m 为正整数）为正定矩阵

(5) 存在正定矩阵 $\boldsymbol{B}$，使得 $\boldsymbol{A} = \boldsymbol{B}^2$.

证　(1) 反证：假设存在 $a_{ii} < 0$，取 $\boldsymbol{\varepsilon}_i$ 为第 i 分量为 1 其余都为 0 的 n 维列向量，则 $\boldsymbol{\varepsilon}_i^{\mathrm{T}}\boldsymbol{A}\boldsymbol{\varepsilon}_i =$

$a_{ii}<0$,与 $\boldsymbol{A}=(a_{ij})_{n\times n}$ 是正定矩阵矛盾,所以任意 $a_{ii}>0(i=1,2,\cdots,n)$.

(2) 首先由 $\boldsymbol{A}^{\mathrm{T}}=\boldsymbol{A}$,得$(\boldsymbol{A}^{-1})^{\mathrm{T}}=(\boldsymbol{A}^{\mathrm{T}})^{-1}=\boldsymbol{A}^{-1}$,故 $\boldsymbol{A}^{-1}$ 为对称矩阵. 由 $\boldsymbol{A}$ 正定,知 $\boldsymbol{A}$ 的特征值全大于零. 设 λ 为 $\boldsymbol{A}^{-1}$ 的任一特征值,则 $\dfrac{1}{\lambda}$ 为 $\boldsymbol{A}$ 的特征值,故由 $\dfrac{1}{\lambda}>0$ 得 $\lambda>0$,即 $\boldsymbol{A}^{-1}$ 的特征值全大于零,故 $\boldsymbol{A}^{-1}$ 为正定矩阵.

(3) 首先,由于 $\boldsymbol{A}^{-1}$ 为对称矩阵,故 $\boldsymbol{A}^{*}=|\boldsymbol{A}|\boldsymbol{A}^{-1}$ 为对称矩阵. 由 $\boldsymbol{A}$ 正定,知 $\boldsymbol{A}$ 的特征值及 $|\boldsymbol{A}|$ 都大于零. 设 λ 为 $\boldsymbol{A}^{*}$ 的任一特征值,则存在 $\boldsymbol{x}\neq\boldsymbol{0}$,使 $\boldsymbol{A}^{*}\boldsymbol{x}=\lambda\boldsymbol{x}$. 即 $|\boldsymbol{A}|\boldsymbol{A}^{-1}\boldsymbol{x}=\lambda\boldsymbol{x}$,两端左乘 $\boldsymbol{A}$,并且两端同乘 $\dfrac{1}{\lambda}$,得 $\boldsymbol{A}\boldsymbol{x}=\dfrac{|\boldsymbol{A}|}{\lambda}\boldsymbol{x}$ 故 $\dfrac{|\boldsymbol{A}|}{\lambda}$ 为 $\boldsymbol{A}$ 的特征值. 由 $\dfrac{|\boldsymbol{A}|}{\lambda}>0$ 与 $|\boldsymbol{A}|>0$,得 $\lambda>0$,即 $\boldsymbol{A}^{*}$ 的特征值全大于零,故 $\boldsymbol{A}^{*}$ 为正定矩阵.

(4) 设 $\lambda_1,\lambda_2,\cdots,\lambda_n$ 为正定矩阵 $\boldsymbol{A}$ 的全部特征值,则 $\lambda_i>0(i=1,2,\cdots,n)$,且 $\lambda_1^m,\lambda_2^m,\cdots,\lambda_n^m$ 为对称矩阵 $\boldsymbol{A}^m$ 的全部特征值,故 $\boldsymbol{A}^m$ 的特征值都大于零,因此 $\boldsymbol{A}^m$ 为正定矩阵.

(5) 因为 $\boldsymbol{A}$ 是正定矩阵,故存在正交矩阵 $\boldsymbol{P}$,使

$$\boldsymbol{A}=\boldsymbol{P}\begin{bmatrix}\lambda_1&&&\\&\lambda_2&&\\&&\ddots&\\&&&\lambda_n\end{bmatrix}\boldsymbol{P}^{\mathrm{T}},$$

其中 $\lambda_1,\lambda_2,\cdots,\lambda_n$ 为矩阵 $\boldsymbol{A}$ 的全部特征值,因此有 $\lambda_i>0(i=1,2,\cdots,n)$,于是

$$\boldsymbol{A}=\boldsymbol{P}\begin{bmatrix}\sqrt{\lambda_1}&&&\\&\sqrt{\lambda_2}&&\\&&\ddots&\\&&&\sqrt{\lambda_n}\end{bmatrix}\boldsymbol{P}^{\mathrm{T}}\boldsymbol{P}\begin{bmatrix}\sqrt{\lambda_1}&&&\\&\sqrt{\lambda_2}&&\\&&\ddots&\\&&&\sqrt{\lambda_n}\end{bmatrix}\boldsymbol{P}^{\mathrm{T}},$$

记

$$\boldsymbol{B}=\boldsymbol{P}\begin{bmatrix}\sqrt{\lambda_1}&&&\\&\sqrt{\lambda_2}&&\\&&\ddots&\\&&&\sqrt{\lambda_n}\end{bmatrix}\boldsymbol{P}^{\mathrm{T}},$$

则 $\boldsymbol{B}$ 与正定矩阵

$$\begin{bmatrix}\sqrt{\lambda_1}&&&\\&\sqrt{\lambda_2}&&\\&&\ddots&\\&&&\sqrt{\lambda_n}\end{bmatrix}$$

合同,故 $\boldsymbol{B}$ 也是正定矩阵,且 $\boldsymbol{A}=\boldsymbol{B}^2$.

例 7.13　证明:n 阶实矩阵 $\boldsymbol{A}$ 为正定矩阵的充要条件是存在 n 个线性无关的实向量 $\boldsymbol{\alpha}_i=(m_{i1},m_{i2},\cdots m_{in}),i=1,2,\cdots,n$,使得 $\boldsymbol{A}=\boldsymbol{\alpha}_1^{\mathrm{T}}\boldsymbol{\alpha}_1+\boldsymbol{\alpha}_2^{\mathrm{T}}\boldsymbol{\alpha}_2+\cdots+\boldsymbol{\alpha}_n^{\mathrm{T}}\boldsymbol{\alpha}_n$.

证　$\boldsymbol{A}$ 正定的充要条件是存在可逆阵 $\boldsymbol{M}$ 使 $\boldsymbol{A}=\boldsymbol{M}^{\mathrm{T}}\boldsymbol{M}$,

$\boldsymbol{M}$ 可逆的充要条件是存在实的线性无关的行向量

$\boldsymbol{\alpha}_i=(m_{i1},m_{i2},\cdots,m_{in}),i=1,2,\cdots,n$ 使 $\boldsymbol{M}=\begin{pmatrix}\boldsymbol{\alpha}_1\\ \vdots\\ \boldsymbol{\alpha}_n\end{pmatrix}$,即

$\boldsymbol{A}=\boldsymbol{M}^{\mathrm{T}}\boldsymbol{M}=\boldsymbol{\alpha}_1^{\mathrm{T}}\boldsymbol{\alpha}_1+\boldsymbol{\alpha}_2^{\mathrm{T}}\boldsymbol{\alpha}_2+\cdots+\boldsymbol{\alpha}_n^{\mathrm{T}}\boldsymbol{\alpha}_n$.

例 7.14　设 $\boldsymbol{A}$、$\boldsymbol{B}$ 为同阶正定矩阵,则

(1) $\boldsymbol{A}+\boldsymbol{B},\boldsymbol{A}-\boldsymbol{B},\boldsymbol{AB}$ 是否为正定矩阵,为什么?

(2) $\boldsymbol{AB}=\boldsymbol{BA},\boldsymbol{AB}$ 是否为正定矩阵,为什么?

解　(1) $\boldsymbol{A}+\boldsymbol{B}$ 是正定矩阵,$\boldsymbol{A}-\boldsymbol{B}$ 与 $\boldsymbol{AB}$ 不一定是正定矩阵.

因为$(\boldsymbol{A}+\boldsymbol{B})^{\mathrm{T}}=\boldsymbol{A}^{\mathrm{T}}+\boldsymbol{B}^{\mathrm{T}}=\boldsymbol{A}+\boldsymbol{B},\boldsymbol{A}+\boldsymbol{B}$ 是实对称矩阵,

任取非零向量 $\boldsymbol{x}$,有 $\boldsymbol{x}^{\mathrm{T}}\boldsymbol{Ax}+\boldsymbol{x}^{\mathrm{T}}\boldsymbol{Bx}>0$,故 $\boldsymbol{A}+\boldsymbol{B}$ 是正定矩阵.

$(\boldsymbol{A}-\boldsymbol{B})^{\mathrm{T}}=\boldsymbol{A}^{\mathrm{T}}-\boldsymbol{B}^{\mathrm{T}}=\boldsymbol{A}-\boldsymbol{B},\boldsymbol{A}-\boldsymbol{B}$ 是实对称矩阵,

令 $\boldsymbol{B}=2\boldsymbol{A}$,有 $\boldsymbol{A}-\boldsymbol{B}=-\boldsymbol{A}$ 不是正定矩阵.

由于$(\boldsymbol{AB})^{\mathrm{T}}=\boldsymbol{B}^{\mathrm{T}}\boldsymbol{A}^{\mathrm{T}}=\boldsymbol{BA}$,由 $\boldsymbol{AB}=\boldsymbol{BA}$ 一般不成立,即不能保证 $\boldsymbol{AB}$ 是实对称矩阵,从而 $\boldsymbol{AB}$ 不一定是正定矩阵.

(2) 若 $\boldsymbol{AB}=\boldsymbol{BA}$,则 $\boldsymbol{AB}$ 是实对称矩阵,由于 $\boldsymbol{A}$、$\boldsymbol{B}$ 为同阶正定矩阵,存在可逆矩阵 $\boldsymbol{P}$ 和 $\boldsymbol{Q}$,使 $\boldsymbol{A}=\boldsymbol{P}^{\mathrm{T}}\boldsymbol{P},\boldsymbol{B}=\boldsymbol{Q}^{\mathrm{T}}\boldsymbol{Q}$,则

$\boldsymbol{Q}(\boldsymbol{AB})\boldsymbol{Q}^{-1}=\boldsymbol{Q}(\boldsymbol{P}^{\mathrm{T}}\boldsymbol{P})(\boldsymbol{Q}^{\mathrm{T}}\boldsymbol{Q})\boldsymbol{Q}^{-1}=\boldsymbol{QP}^{\mathrm{T}}\boldsymbol{PQ}^{\mathrm{T}}=(\boldsymbol{PQ}^{\mathrm{T}})^{\mathrm{T}}\boldsymbol{PQ}^{\mathrm{T}}$.

由于 $\boldsymbol{PQ}^{\mathrm{T}}$ 是可逆矩阵,从而$(\boldsymbol{PQ}^{\mathrm{T}})^{\mathrm{T}}\boldsymbol{PQ}^{\mathrm{T}}$ 是正定矩阵,则其特征值全大于 0,而 $\boldsymbol{AB}$ 与 $(\boldsymbol{PQ}^{\mathrm{T}})^{\mathrm{T}}\boldsymbol{PQ}^{\mathrm{T}}$ 相似,故 $\boldsymbol{AB}$ 的特征值全大于 0,因此 $\boldsymbol{AB}$ 是正定矩阵.

例 7.15　已知 $\boldsymbol{A}$ 是一个 n 阶实反对称矩阵,证明:$\boldsymbol{E}-\boldsymbol{A}^2$ 是正定矩阵,其中 $\boldsymbol{E}$ 是 n 阶单位矩阵.

证　由于 $\boldsymbol{A}$ 是一个 n 阶实反对称矩阵,即 $\boldsymbol{A}=-\boldsymbol{A}^{\mathrm{T}}$,

所以 $(\boldsymbol{E}-\boldsymbol{A}^2)^{\mathrm{T}}=\boldsymbol{E}-(\boldsymbol{A}^2)^{\mathrm{T}}=\boldsymbol{E}-\boldsymbol{A}^{\mathrm{T}}\boldsymbol{A}^{\mathrm{T}}=\boldsymbol{E}-(-\boldsymbol{A})(-\boldsymbol{A})=\boldsymbol{E}-\boldsymbol{A}^2$,

即 $\boldsymbol{E}-\boldsymbol{A}^2$ 为实对称矩阵.

任取 n 维非零向量 $\boldsymbol{x}$,则

$$\begin{aligned}\boldsymbol{x}^{\mathrm{T}}(\boldsymbol{E}-\boldsymbol{A}^2)\boldsymbol{x}&=\boldsymbol{x}^{\mathrm{T}}\boldsymbol{x}-\boldsymbol{x}^{\mathrm{T}}\boldsymbol{A}^2\boldsymbol{x}=\boldsymbol{x}^{\mathrm{T}}\boldsymbol{x}-\boldsymbol{x}^{\mathrm{T}}\boldsymbol{AAx}\\&=\boldsymbol{x}^{\mathrm{T}}\boldsymbol{x}+\boldsymbol{x}^{\mathrm{T}}\boldsymbol{A}^{\mathrm{T}}\boldsymbol{Ax}=\boldsymbol{x}^{\mathrm{T}}\boldsymbol{x}+(\boldsymbol{Ax})^{\mathrm{T}}\boldsymbol{Ax}>0,\end{aligned}$$

由定义知 $\boldsymbol{E}-\boldsymbol{A}^2$ 是正定矩阵.

例 7.16　设 $\boldsymbol{A}$、$\boldsymbol{B}$ 均为 n 阶正定矩阵. 证明:关于 λ 的方程 $|\lambda\boldsymbol{A}-\boldsymbol{B}|=0$ 的根全大于零.

证　因为 $\boldsymbol{A}$ 正定,存在可逆矩阵 $\boldsymbol{P}$,使 $\boldsymbol{A}=\boldsymbol{P}^{\mathrm{T}}\boldsymbol{P}$,因为 $\boldsymbol{B}$ 正定,所以$(\boldsymbol{P}^{-1})^{\mathrm{T}}\boldsymbol{BP}^{-1}$ 也正定,且

$$\begin{aligned}|\lambda\boldsymbol{A}-\boldsymbol{B}|&=|\lambda\boldsymbol{P}^{\mathrm{T}}\boldsymbol{P}-\boldsymbol{P}^{\mathrm{T}}(\boldsymbol{P}^{-1})^{\mathrm{T}}\boldsymbol{BP}^{-1}\boldsymbol{P}|=|\boldsymbol{P}^{\mathrm{T}}(\lambda\boldsymbol{I}-(\boldsymbol{P}^{-1})^{\mathrm{T}}\boldsymbol{BP}^{-1})\boldsymbol{P}|\\&=|\boldsymbol{P}^{\mathrm{T}}\boldsymbol{P}||\lambda\boldsymbol{I}-(\boldsymbol{P}^{-1})^{\mathrm{T}}\boldsymbol{BP}^{-1}|=|\boldsymbol{A}||\lambda\boldsymbol{I}-(\boldsymbol{P}^{-1})^{\mathrm{T}}\boldsymbol{BP}^{-1}|=0\end{aligned}$$

$\Leftrightarrow|\lambda\boldsymbol{I}-(\boldsymbol{P}^{-1})^{\mathrm{T}}\boldsymbol{BP}^{-1}|=0$

方程的根即正定矩阵$(\boldsymbol{P}^{-1})^{\mathrm{T}}\boldsymbol{BP}^{-1}$ 的特征值,故全大于零.

例 7.17　设实对称矩阵 $\boldsymbol{A}$ 满足 $\boldsymbol{A}^2-3\boldsymbol{A}+2\boldsymbol{E}=\boldsymbol{O}$,证明:$\boldsymbol{A}$ 为正定矩阵.

证　设 λ 为 $\boldsymbol{A}$ 的任一特征值,则存在 $\boldsymbol{x}\neq\boldsymbol{0}$,使 $\boldsymbol{Ax}=\lambda\boldsymbol{x}$,从而$(\boldsymbol{A}^2-3\boldsymbol{A}+2\boldsymbol{E})\boldsymbol{x}=\boldsymbol{0}$,得 $(\lambda^2-3\lambda+2)\boldsymbol{x}=\boldsymbol{0}$,故 $\lambda^2-3\lambda+2=0$,得 $\lambda=1$ 或 $\lambda=2$,故 $\boldsymbol{A}$ 的特征值只可能是 1 或 2,即就是说 $\boldsymbol{A}$ 的特征值全大于零,故 $\boldsymbol{A}$ 为正定矩阵.

例 7.18　判断方程 $2x^2+5y^2+5z^2+4xy-4xz-8yz=4$ 表示什么曲面.

解　记 $f(x,y,z)=2x^2+5y^2+5z^2+4xy-4xz-8yz$，则二次型的矩阵为

$$A=\begin{bmatrix}2&2&-2\\2&5&-4\\-2&-4&5\end{bmatrix},$$

计算可知矩阵 A 的特征值为 $\lambda_1=\lambda_2=1,\lambda_3=10$，

故 $f(x,y,z)$ 经过旋转(正交)变换可化为

$$f(x,y,z)=x'^2+y'^2+10z'^2,$$

曲面方程化为　$x'^2+y'^2+10z'^2=4$，

故方程 $2x^2+5y^2+5z^2+4xy-4xz-8yz=4$ 表示椭球面.

例 7.19　已知二次型 $f(x_1,x_2,x_3)=5x_1^2+5x_2^2+cx_3^2-2x_1x_2+6x_1x_3-6x_2x_3$ 的秩为 2，

(1) 求参数 c 及 f 所对应矩阵的特征值；

(2) 指出方程 $f(x_1,x_2,x_3)=1$ 表示什么曲面.

解　(1) 二次型 $f(x_1,x_2,x_3)$ 的矩阵为 $A=\begin{bmatrix}5&-1&3\\-1&5&-3\\3&-3&c\end{bmatrix}$，

由于二次型的秩等于二次型矩阵的秩，故 $r(A)=2$，

$$|A|=\begin{vmatrix}5&-1&3\\-1&5&-3\\3&-3&c\end{vmatrix}=\begin{vmatrix}0&24&-12\\-1&5&-3\\0&12&c-9\end{vmatrix}=24(c-9)+144=0,$$

即 $c=3$.

$$|\lambda E-A|=\begin{vmatrix}\lambda-5&1&-3\\1&\lambda-5&3\\-3&3&\lambda-3\end{vmatrix}=\lambda(\lambda-4)(\lambda-9),$$

矩阵 A 的特征值为 $\lambda_1=0,\lambda_2=4,\lambda_3=9$.

(2) 由上可知，$f(x_1,x_2,x_3)$ 经过旋转(正交)变换可化为

$$f(x_1,x_2,x_3)=4y_2^2+9y_3^2,$$

即曲面 $f(x_1,x_2,x_3)=1$ 可经正交变换化为 $4y_2^2+9y_3^2=1$. 因此，方程 $f(x_1,x_2,x_3)=1$ 表示椭圆柱面.

例 7.20　已知二次型 $f(x_1,x_2,x_3)=a_{11}x_1^2+a_{22}x_2^2+a_{33}x_3^2+2a_{12}x_1x_2+2a_{13}x_1x_3+2a_{23}x_2x_3$ 是正定的，求椭球体 $f(x_1,x_2,x_3)\leqslant 1$ 的体积.

解　二次型 f 的矩阵为

$$A=\begin{bmatrix}a_{11}&a_{12}&a_{13}\\a_{12}&a_{22}&a_{23}\\a_{13}&a_{23}&a_{33}\end{bmatrix},$$

设 A 的全部特征值为 λ_1、λ_2、λ_3，则由 f 正定知 $\lambda_i>0(i=1,2,3)$. 于是可经旋转(正交)变换

$$\begin{bmatrix}x_1\\x_2\\x_3\end{bmatrix}=P\begin{bmatrix}x'\\y'\\z'\end{bmatrix},$$

将曲面方程 $f(x_1,x_2,x_3)=1$ 化成标准方程

$$\lambda_1 x'^2+\lambda_2 y'^2+\lambda_3 z'^2=1,$$

即

$$\frac{x'^2}{\left(\frac{1}{\sqrt{\lambda_1}}\right)^2}+\frac{y'^2}{\left(\frac{1}{\sqrt{\lambda_2}}\right)^2}+\frac{z'^2}{\left(\frac{1}{\sqrt{\lambda_3}}\right)^2}=1,$$

故所求椭球体的体积为

$$\frac{4\pi}{3}\frac{1}{\sqrt{\lambda_1}}\frac{1}{\sqrt{\lambda_2}}\frac{1}{\sqrt{\lambda_3}}=\frac{4\pi}{3\sqrt{\lambda_1\lambda_2\lambda_3}}=\frac{4\pi}{3\sqrt{|\boldsymbol{A}|}}$$

例 7.21　设 $\boldsymbol{A}$ 是 n 阶实对称矩阵，$\boldsymbol{x}$ 是 R^n 中任意非零(列)向量，设实对称矩阵 $\boldsymbol{A}$ 的全部特征值按大小顺序排列为 $\lambda_1\leqslant\lambda_2\leqslant\cdots\leqslant\lambda_n$，$\boldsymbol{\alpha}_1$ 为特征值 λ_1 对应的特征向量，$\boldsymbol{\alpha}_n$ 为特征值 λ_n 对应的特征向量，则

$$\lambda_1\leqslant\frac{\boldsymbol{x}^{\mathrm{T}}\boldsymbol{A}\boldsymbol{x}}{\boldsymbol{x}^{\mathrm{T}}\boldsymbol{x}}\leqslant\lambda_n\text{，且 }\lambda_1=\min_{\boldsymbol{x}\neq 0}f(\boldsymbol{x})=f(\boldsymbol{\alpha}_1),\quad \lambda_n=\min_{\boldsymbol{x}\neq 0}f(\boldsymbol{x})=f(\boldsymbol{\alpha}_n)$$

其中 $f(\boldsymbol{x})=\dfrac{\boldsymbol{x}^{\mathrm{T}}\boldsymbol{A}\boldsymbol{x}}{\boldsymbol{x}^{\mathrm{T}}\boldsymbol{x}}$

证　对二次型 $\boldsymbol{x}^{\mathrm{T}}\boldsymbol{A}\boldsymbol{x}$，存在正交矩阵 $\boldsymbol{P}$，$\boldsymbol{x}=\boldsymbol{P}\boldsymbol{y}$，使

$$\boldsymbol{x}^{\mathrm{T}}\boldsymbol{A}\boldsymbol{x}\xlongequal{\boldsymbol{x}=\boldsymbol{P}\boldsymbol{y}}\lambda_1 y_1^2+\lambda_2 y_2^2+\cdots+\lambda_n y_n^2$$

$$\boldsymbol{x}^{\mathrm{T}}\boldsymbol{x}\xlongequal{\boldsymbol{x}=\boldsymbol{P}\boldsymbol{y}}(\boldsymbol{P}\boldsymbol{y})^{\mathrm{T}}\boldsymbol{P}\boldsymbol{y}=\boldsymbol{y}^{\mathrm{T}}\boldsymbol{y}$$

由于 λ_1、λ_n 分别为 $\boldsymbol{A}$ 的最小和最大特征值，所以

$$\lambda_1 y_1^2+\lambda_1 y_2^2+\cdots+\lambda_1 y_n^2\leqslant\boldsymbol{x}^{\mathrm{T}}\boldsymbol{A}\boldsymbol{x}\leqslant\lambda_n y_1^2+\lambda_n y_2^2+\cdots+\lambda_n y_n^2$$

即

$$\lambda_1\boldsymbol{x}^{\mathrm{T}}\boldsymbol{x}=\lambda_1\boldsymbol{y}^{\mathrm{T}}\boldsymbol{y}\leqslant\boldsymbol{x}^{\mathrm{T}}\boldsymbol{A}\boldsymbol{x}\leqslant\lambda_n\boldsymbol{y}^{\mathrm{T}}\boldsymbol{y}=\lambda_n\boldsymbol{x}^{\mathrm{T}}\boldsymbol{x}$$

则

$$\lambda_1\leqslant\frac{\boldsymbol{x}^{\mathrm{T}}\boldsymbol{A}\boldsymbol{x}}{\boldsymbol{x}^{\mathrm{T}}\boldsymbol{x}}\leqslant\lambda_n(\boldsymbol{x}\neq 0)$$

由于 $\boldsymbol{A}\boldsymbol{\alpha}_1=\lambda_1\boldsymbol{\alpha}_1$，所以

$$f(\boldsymbol{\alpha}_1)=\frac{\boldsymbol{\alpha}_1^{\mathrm{T}}\boldsymbol{A}\boldsymbol{\alpha}_1}{\boldsymbol{\alpha}_1^{\mathrm{T}}\boldsymbol{\alpha}_1}=\lambda_1$$

同理可知

$$f(\boldsymbol{\alpha}_n)=\frac{\boldsymbol{\alpha}_n^{\mathrm{T}}\boldsymbol{A}\boldsymbol{\alpha}_n}{\boldsymbol{\alpha}_n^{\mathrm{T}}\boldsymbol{\alpha}_n}=\lambda_n$$

7.5　自测题

一、填空题

1. $C:\begin{cases}x^2+y^2+z^2=1\\x^2+(y-1)^2+(z-1)^2=1\end{cases}$ 在 xOy 面上的投影曲线方程为________.

2. 曲线 $\begin{cases}y^2=3x\\z=0\end{cases}$ 绕 x 轴旋转一周所得旋转面的方程为________.

3. 上半球面 $z=\sqrt{4-x^2-y^2}$ 和锥面 $z=\sqrt{3(x^2+y^2)}$ 所围的立体在 xOy 面上的投影区域为________.

4. 实二次型 $f(x_1,x_2,x_3)=2x_1^2-x_3^2-x_1x_2-2x_1x_3$ 的秩为________.

5. 已知二次型 $f(x_1,x_2,x_3)=(x_1,x_2,x_3)\begin{bmatrix}1&2&3\\3&4&5\\5&6&7\end{bmatrix}\begin{bmatrix}x_1\\x_2\\x_3\end{bmatrix}$，则二次型矩阵为 $\boldsymbol{A}=$ ________.

6. 当 t 的取值范围为 ________ 时，二次型 $f=-x_1^2-4x_2^2-2x_3^2+2tx_1x_2+2x_1x_3$ 是负定的.

7. 若二次型 $f(x_1,x_2,x_3)=2x_1^2+x_2^2+x_3^2+2x_1x_2+tx_2x_3$ 是正定的，则 t 的取值范围是 ________.

8. 设二次型 $f(x_1,x_2,x_3,x_4)=-(2x_1+x_2-x_3)^2+(x_2+2x_3+x_4)^2+(x_1+x_3-2x_4)^2$，则 f 的正惯性指数 $p=$ ________，负惯性指数 $q=$ ________，f 的秩是________.

9. 设二次型 $f(x_1,x_2,x_3)=x_1^2+tx_2^2+x_3^2+2x_1x_2+2tx_1x_3-2x_2x_3$ 的正惯性指数和负惯性指数全为1，则 $t=$ ________.

10. 若实对称矩阵 $\boldsymbol{A}$ 与 $\boldsymbol{B}=\begin{bmatrix}2&0&0\\0&0&1\\0&1&0\end{bmatrix}$ 合同，则二次型 $\boldsymbol{x}^{\mathrm{T}}\boldsymbol{A}\boldsymbol{x}$ 的规范型是________.

二、选择题

1. 曲线 $\begin{cases}2x^2-y^2=2\\z=0\end{cases}$ 绕 x 轴旋转一周所形成旋转面的名称是（　）.

(A) 单叶双曲面　(B) 双叶双曲面　(C) 椭圆面　(D) 抛物面

2. 定点在原点，准线为 $\begin{cases}x^2+y^2=3\\x^2+y^2+2z-5=0\end{cases}$ 的锥面方程为（　）.

(A) $z^2=\frac{1}{3}(x^2+y^2)$　(B) $z^2=x^2+y^2$

(C) $z^2=x^2-y^2$　(D) $z^2=3(x^2+y^2)$

3. 对于二次型 $f(x_1,x_2,\cdots,x_n)=\boldsymbol{x}^{\mathrm{T}}\boldsymbol{A}\boldsymbol{x}$，其中 $\boldsymbol{A}$ 为 n 阶实对称矩阵，为正定的充分必要条件是（　）.

(A) 负惯性指数为0　(B) 对于任意的向量 $\boldsymbol{x}=(x_1,x_2,\cdots,x_n)^{\mathrm{T}}\neq\boldsymbol{o}$，均有 $\boldsymbol{x}^{\mathrm{T}}\boldsymbol{A}\boldsymbol{x}>0$

(C) $|\boldsymbol{A}|>0$　(D) 存在 n 阶矩阵 $\boldsymbol{P}$，使得 $\boldsymbol{A}=\boldsymbol{P}^{\mathrm{T}}\boldsymbol{P}$

4. 对于二次型 $f(x_1,x_2,\cdots,x_n)=\boldsymbol{x}^{\mathrm{T}}\boldsymbol{A}\boldsymbol{x}$，其中 $\boldsymbol{A}$ 为 n 阶实对称矩阵，下列结论正确的是（　）.

(A) 化 f 为标准形的非退化线性变换是唯一的　(B) f 的标准形是唯一的

(C) 化 f 为规范形的非退化线性变换是唯一的　(D) f 的规范形是唯一的

5. 设 $\boldsymbol{A}$ 为 n 阶正定矩阵，如果矩阵 $\boldsymbol{A}$ 与 $\boldsymbol{B}$ 相似，则 $\boldsymbol{B}$ 必是（　）.

(A) 实对称矩阵　(B) 正交矩阵　(C) 可逆矩阵　(D) 正定矩阵

6. 下列矩阵中是正定矩阵的是（　）.

(A) $\begin{bmatrix}1&2&1\\1&4&0\\0&0&1\end{bmatrix}$　(B) $\begin{bmatrix}1&-2&0\\-2&6&0\\0&0&-3\end{bmatrix}$　(C) $\begin{bmatrix}1&2&0\\2&5&0\\0&0&3\end{bmatrix}$　(D) $\begin{bmatrix}2&3&1\\3&1&0\\1&0&4\end{bmatrix}$

7. 下列二次型是正定的是(　).

(A) $f(x_1,x_2,x_3)=x_1^2+x_2^2+x_3^2-2x_1x_2$

(B) $f(x_1,x_2,x_3)=-4x_1^2+3x_2^2+3x_3^2+2x_2x_3$

(C) $f(x_1,x_2,x_3)=x_1^2+2x_2^2+x_3^2+2x_1x_2+4x_2x_3$

(D) $f(x_1,x_2,x_3)=5x_1^2+6x_2^2+4x_3^2-4x_1x_2-4x_1x_3$

8. 二次形 $f(x_1,x_2,x_3)=2x_1^2+x_2^2-4x_3^2-4x_1x_2-2x_2x_3$ 的标准形是(　).

(A) $2y_1^2-y_2^2-3y_3^2$　(B) $-2y_1^2-y_2^2-3y_3^2$　(C) $2y_1^2+y_2^2$　(D) $2y_1^2+y_2^2+3y_3^2$

9. 设 $ax^2+2bxy+cy^2=1(a>0)$ 为椭圆的方程,则必有(　).

(A) $b^2<4ac$　(B) $b^2>4ac$　(C) $b^2<ac$　(D) $b^2>ac$

10. 当(　),矩阵 $\boldsymbol{A}=\begin{bmatrix}1 & 2 & -1\\ a+b & 5 & 0\\ -1 & 0 & c\end{bmatrix}$ 是正定的.

(A) $a=1,b=2,c=1$　(B) $a=1,b=1,c=-1$

(C) $a=1,b=-3,c=5$　(D) $a=-1,b=3,c=8$

三、计算题

1. 设 $f(x_1,x_2,x_3)=\boldsymbol{x}^{\mathrm{T}}\boldsymbol{A}\boldsymbol{x}$, $\boldsymbol{A}=\begin{bmatrix}c & -1 & 3\\ -1 & c & -3\\ 3 & -3 & 9c\end{bmatrix}$, f 的秩为 2, 求 c.

2. 已知二次型 $f(x_1,x_2,x_3)=4x_2^2-3x_3^2+4x_1x_2-4x_1x_3+8x_2x_3$,用正交变换把二次型 f 化为标准形,并写出相应的正交矩阵.

3. 已知二次型 $f(x_1,x_2,x_3)=2x_1^2+3x_2^2+3x_3^2+2ax_2x_3$,$(a>0)$,可通过正交变换化为标准形 $f=y_1^2+2y_2^2+5y_3^2$,求参数 a 及所用的正交变换矩阵 $\boldsymbol{P}$.

4. 配方法化二次型 $f(x_1,x_2,x_3)=x_1x_2+x_2x_3$ 为标准形,指出二次曲面 $f(x_1,x_2,x_3)=1$ 的名称.

5. 设矩阵 $\boldsymbol{B}=\begin{bmatrix}2 & 4 & 0\\ 2 & 2 & 0\\ 0 & 0 & 5\end{bmatrix}$, $\boldsymbol{x}=(x_1,x_2,x_3)^{\mathrm{T}}$,

(1) 写出二次型 $f(x_1,x_2,x_3)=\boldsymbol{x}^{\mathrm{T}}\boldsymbol{B}\boldsymbol{x}$ 的矩阵 $\boldsymbol{A}$;

(2) 求一个正交矩阵 $\boldsymbol{P}$,使 $\boldsymbol{P}^{-1}\boldsymbol{A}\boldsymbol{P}$ 成对角矩阵;

(3) 写出在正交变换 $\boldsymbol{x}=\boldsymbol{P}\boldsymbol{y}$ 下 f 化成的标准形.

四、证明题

1. 设 $\boldsymbol{A}$ 为 $m\times n$ 实矩阵,$\boldsymbol{E}$ 为 n 阶单位矩阵. 已知矩阵 $\boldsymbol{B}=\lambda\boldsymbol{E}+\boldsymbol{A}^{\mathrm{T}}\boldsymbol{A}$,试证:当 $\lambda>0$ 时,矩阵 $\boldsymbol{B}$ 为正定矩阵.

2. 设矩阵 $\boldsymbol{A}_{n\times n}$ 正定,证明:存在正定阵 $\boldsymbol{B}$,使 $\boldsymbol{A}=\boldsymbol{B}^2$.

3. 设 $\boldsymbol{A}$ 是 n 阶正交正定矩阵,证明 $\boldsymbol{A}$ 必为单位矩阵.

4. 设 $\boldsymbol{A}$、$\boldsymbol{B}$ 为两个 n 阶实对称矩阵,且 $\boldsymbol{A}$ 正定,证明:存在一个 n 阶实可逆矩阵 $\boldsymbol{T}$,使得

$\boldsymbol{T}^{\mathrm{T}}\boldsymbol{AT}$ 与 $\boldsymbol{T}^{\mathrm{T}}\boldsymbol{BT}$ 都是对角矩阵.

5. 设 $\boldsymbol{A}$ 是一个 n 阶反对称矩阵,证明:对任何的 n 维列向量 $\boldsymbol{x}$,均有 $\boldsymbol{x}^{\mathrm{T}}\boldsymbol{Ax}=0$.

6. 设 $\boldsymbol{A}$、$\boldsymbol{B}$ 为 n 阶实对称矩阵,且 $\boldsymbol{A}$ 的全部特征值均大于 a,$\boldsymbol{B}$ 的特征值均大于 b,a、$b\in R$,证明 $\boldsymbol{A}+\boldsymbol{B}$ 的特征值均大于 $a+b$.

7. 设 m 阶方阵 $\boldsymbol{A}$ 正定,$\boldsymbol{B}$ 为 $m\times n$ 阶实矩阵,证明 $\boldsymbol{B}^{\mathrm{T}}\boldsymbol{AB}$ 为正定的充要条件是 $r(\boldsymbol{B})=n$.

第 8 章　线性变换

8.1　内容提要

1. 线性变换的概念

(1) 变换　设有两个非空集合 A、B，如果对 $\forall \alpha \in A$，按某种对应法则总有 B 中唯一确定的元素 β 与之对应，则称此对应法则为从 A 到 B 的变换或映射.

(2) 线性变换　设 V、W 都是数域 F 上的线性空间，T 是从 V 到 W 的一个映射，如果对 $\forall \boldsymbol{\alpha},\boldsymbol{\beta} \in V$，$\forall k \in F$，有

$$T(\boldsymbol{\alpha}+\boldsymbol{\beta}) = T(\boldsymbol{\alpha}) + T(\boldsymbol{\beta}), \tag{8-1}$$

$$T(k\boldsymbol{\alpha}) = kT(\boldsymbol{\alpha}), \tag{8-2}$$

则称 T 为 V 到 W 的一个线性变换. V 到 W 的线性变换全体记作 $L(V,W)$，V 到 V 自身的线性变换(即线性算子)的全体记作 $L(V)$.

(3) 核与值域　设有 $T \in L(V,W)$，则 T 的核(或称零空间)是指集合 $\ker(T) = \{\boldsymbol{\alpha} \mid \boldsymbol{\alpha} \in V, T(\boldsymbol{\alpha}) = 0_w\}$，其中 0_w 是线性空间 W 中的零元素. T 的值域(或称象空间)是指集合 $R(T) = \{T(\boldsymbol{\alpha}) \mid \boldsymbol{\alpha} \in V\}$. T 的零度是指 $\ker(T)$ 的维数，记作 $\operatorname{nullity}(T)$，$T$ 的秩是指 $R(T)$ 的维数，记作 $\operatorname{rank}(T)$.

2. 线性变换的性质

(1) 基本性质

① 零元素的象仍为零元素；

② 负元素的象仍为负元素；

③ 线性组合的的象为象的线性组合；

④ 线性相关向量组仍被映射为线性相关向量组.

(2) 秩加零度定理

设 $\dim(V) = n$，$T \in L(V,W)$，则

$$\operatorname{nullity}(T) + \operatorname{rank}(T) = n \tag{8-3}$$

(3) 设 $T \in L(V,W)$，则以下条件等价：

① T 是单射；

② $\ker(T) = \{\mathbf{0}\}$；

③ T 将 V 中线性无关向量组映射为 W 中的线性无关向量组.

3. 线性变换的运算

(1) 设有 $T_1, T_2 \in L(V,W)$，$k \in F$，则线性变换 T_1、T_2 的加法定义为

$$(T_1 + T_2)(\boldsymbol{\alpha}) = T_1(\boldsymbol{\alpha}) + T_2(\boldsymbol{\alpha}), \quad \forall \boldsymbol{\alpha} \in V. \tag{8-4}$$

数 k 与线性变换 T 的数乘定义为

$$(kT)(\boldsymbol{\alpha}) = kT(\boldsymbol{\alpha}), \quad \forall \boldsymbol{\alpha} \in V \tag{8-5}$$

容易验证：$T_1 + T_2$，kT 仍是 V 到 W 上的线性变换.

设 $T_2 \in L(V,U)$，$T_1 \in L(U,W)$，则 T_1 与 T_2 的乘法(复合)定义为

$$(T_1T_2)(\boldsymbol{\alpha}) = T_1(T_2(\boldsymbol{\alpha})), \quad \forall \boldsymbol{\alpha} \in V, \tag{8-6}$$

可以验证 T_1T_2 也是线性空间 V 到 W 上的线性变换.

(2) 可逆线性变换

设 $T \in L(V,W)$，I_v 与 I_w 分别是 V、W 上的恒等变换，如存在 $S \in L(W,V)$，使

$$TS = I_w, \quad ST = I_v, \tag{8-7}$$

则称 T 为可逆线性变换，其逆线性变换为 S，记作 $T^{-1} = S$. S 也是线性变换.

(3) 可逆线性变换的性质

(i) 设 $T \in L(V,W)$，则 T 可逆 $\Leftrightarrow \ker(T) = \{\mathbf{0}\}$ 且 $R(T) = W$；

(ii) $T \in L(V,W)$，$\dim(V) = \dim(W) = n$，则以下命题等价：

① T 是可逆线性变换；

② T 是单射；

③ T 是满射；

④ $\text{nullity}(T) = o$；

⑤ $\text{rank}(T) = n$.

4. 矩阵表示

(1) 线性变换的矩阵

设有数域 F 上的 n 维线性空间 V 和 m 维线性空间 W，$\boldsymbol{B} = \{\boldsymbol{\alpha}_1, \boldsymbol{\alpha}_2, \cdots, \boldsymbol{\alpha}_n\}$ 是 V 的一组基，$\boldsymbol{B}' = \{\boldsymbol{\beta}_1, \boldsymbol{\beta}_2, \cdots, \boldsymbol{\beta}_m\}$ 是 W 的一组基，对 $T \in L(V,W)$，$T(\boldsymbol{\alpha}_1)$，$T(\boldsymbol{\alpha}_2)$，$\cdots$，$T(\boldsymbol{\alpha}_n)$ 可唯一地由 $\boldsymbol{\beta}_1$，$\boldsymbol{\beta}_2$，$\cdots$，$\boldsymbol{\beta}_m$ 线性表出，即

$$\begin{cases} T(\boldsymbol{\alpha}_1) = a_{11}\boldsymbol{\beta}_1 + a_{21}\boldsymbol{\beta}_2 + \cdots + a_{m1}\boldsymbol{\beta}_m \\ T(\boldsymbol{\alpha}_2) = a_{12}\boldsymbol{\beta}_1 + a_{22}\boldsymbol{\beta}_2 + \cdots + a_{m2}\boldsymbol{\beta}_m \\ \qquad \vdots \\ T(\boldsymbol{\alpha}_n) = a_{1n}\boldsymbol{\beta}_1 + a_{2n}\boldsymbol{\beta}_2 + \cdots + a_{mn}\boldsymbol{\beta}_m \end{cases} \tag{8-8}$$

则称矩阵 $\boldsymbol{A} = \begin{bmatrix} a_{11} & a_{12} & \cdots & a_{1n} \\ a_{21} & a_{22} & \cdots & a_{2n} \\ \vdots & \vdots & & \vdots \\ a_{m1} & a_{m2} & \cdots & a_{mn} \end{bmatrix}$ 为线性变换 T 在给定基 $\boldsymbol{B}$，$\boldsymbol{B}'$ 下的矩阵.

(2) 性质

在上述线性空间 V，W 中分别取定基 $\boldsymbol{B}$，$\boldsymbol{B}'$ 后，$L(V,W)$ 中的每一个线性变换 T 与 T 在这组基下的矩阵之间建立了一一对应关系，且有

① 线性变换的乘积对应矩阵的乘积；

② 线性变换的和对应矩阵的和；

③ 线性变换的数乘对应矩阵的数乘；

④ 设 T 为线性空间 V 上的线性算子，T 在 V 的两组基 $\boldsymbol{\alpha}_1, \boldsymbol{\alpha}_2, \cdots, \boldsymbol{\alpha}_n$；$\boldsymbol{\beta}_1, \boldsymbol{\beta}_2, \cdots, \boldsymbol{\beta}_n$ 下的矩阵

分别为 $\boldsymbol{A}$ 和 $\boldsymbol{B}$，由基 $\boldsymbol{\alpha}_1,\boldsymbol{\alpha}_2,\cdots,\boldsymbol{\alpha}_n$ 到基 $\boldsymbol{\beta}_1,\boldsymbol{\beta}_2,\cdots,\boldsymbol{\beta}_n$ 的过渡矩阵是 $\boldsymbol{D}$，则 $\boldsymbol{B}=\boldsymbol{D}^{-1}\boldsymbol{A}\boldsymbol{D}$. 即线性算子 T 在不同基下的矩阵是相似的.

8.2　基本方法

(1) 按照和的象是否等于象的和，数乘的象是否等于数与象的数乘判断线性变换.

(2) 运用线性变换的性质进行有关命题的证明.

(3) 求线性变换在给定基下的矩阵时，可按以下步骤进行：

① 求出 V 的基 $\boldsymbol{\alpha}_1,\boldsymbol{\alpha}_2,\cdots,\boldsymbol{\alpha}_n$ 中每个向量的象 $T(\boldsymbol{\alpha}_k)(k=1,2,\cdots,n)$，将这些象分别用 W 中的基 $\boldsymbol{\beta}_1,\boldsymbol{\beta}_2,\cdots,\boldsymbol{\beta}_m$ 线性表示；

② 将上面得到的各个线性表示式中的系数（坐标）依次作为列向量得到一个矩阵，即为所求.

8.3　释疑解惑

问题 8.1　什么是线性变换？

答　线性变换是线性空间之间的一种映射，其基本特点是保证两个线性空间的线性运算（加法和数乘）间的对应关系.

问题 8.2　线性变换的矩阵如何确定？

答　设 $\boldsymbol{B}=\{\boldsymbol{\alpha}_1,\boldsymbol{\alpha}_2,\cdots,\boldsymbol{\alpha}_n\}$ 是线性空间 V 的一组基，$\boldsymbol{B}'=\{\boldsymbol{\beta}_1,\boldsymbol{\beta}_2,\cdots,\boldsymbol{\beta}_m\}$ 是线性空间 W 的一组基，$\forall\,\boldsymbol{\alpha}\in V$，则 $\boldsymbol{\alpha}$ 可表示为 $\boldsymbol{\alpha}=\sum\limits_{k=1}^{n}x_k\boldsymbol{\alpha}_k$，其中 x_k 为数域 F 中的数，对 $T\in L(V,W)$，按线性变换的性质有

$$T(\boldsymbol{\alpha})=\sum_{k=1}^{n}x_kT(\boldsymbol{\alpha}_k).$$

设 $T(\boldsymbol{\alpha}_k)=a_{1k}\boldsymbol{\beta}_1+a_{2k}\boldsymbol{\beta}_2+\cdots+a_{mk}\boldsymbol{\beta}_m=\sum\limits_{i=1}^{m}a_{ik}\boldsymbol{\beta}_i$，其中 a_{ik} 为数域 F 中的数，则

$$\begin{aligned}T(\boldsymbol{\alpha})&=\sum_{k=1}^{n}x_k\sum_{i=1}^{m}a_{ik}\boldsymbol{\beta}_i=\sum_{i=1}^{m}\Big(\sum_{k=1}^{n}a_{ik}x_k\Big)\boldsymbol{\beta}_i\\&=[\boldsymbol{\beta}_1\ \boldsymbol{\beta}_2\ \cdots\ \boldsymbol{\beta}_m]\begin{bmatrix}a_{11}&a_{12}&\cdots&a_{1n}\\a_{21}&a_{22}&\cdots&a_{2n}\\\vdots&\vdots&&\vdots\\a_{m1}&a_{m2}&\cdots&a_{mn}\end{bmatrix}\begin{bmatrix}x_1\\x_2\\\vdots\\x_n\end{bmatrix},\end{aligned}$$

矩阵 $\boldsymbol{A}=(a_{ij})_{m\times n}$ 为线性变换 T 在给定基下的矩阵.

可以看到，$\boldsymbol{\alpha}$ 在 V 中的基 $\boldsymbol{B}$ 下的坐标

$$\boldsymbol{x}=(x_1,x_2,\cdots,x_n)^{\mathrm{T}}$$

与 $T(\boldsymbol{\alpha})$ 在 W 中的基 $\boldsymbol{B}'$ 下的坐标 $\boldsymbol{y}=(y_1,y_2,\cdots,y_m)^{\mathrm{T}}$ 之间具有如下关系：

$$\boldsymbol{y}=\boldsymbol{A}\boldsymbol{x}.$$

当基选定后，线性变换 T 即可由它的矩阵 $\boldsymbol{A}$ 唯一地确定，这样，从 V 到 W 的全体线性变换做成的线性空间 $L(V,W)$ 与数域 F 上的全体 $m\times n$ 矩阵所成的线性空间 $F^{m\times n}$ 之间建立了一一对应关系，且这种对应关系保持了两个空间之间的线性运算，因而 $L(V,W)$ 与 $F^{m\times n}$ 是同构的线性空间，其维数均为 mn.

问题 8.3 举例说明秩加零度定理.

答 取 $V=R[x]_n$，D 为 V 上的微商变换，即

$$\forall f(x)\in V,\ D[f(x)]=f'(x)$$

则易知 $R(D)=R[x]_{n-1}$，$\ker(D)=R$.

注意到虽然 $\ker(D)+R(D)=R+R[x]_{n-1}=R[x]_{n-1}\neq V$，但 $\text{nullity}(D)+\text{rank}(D)=1+n=\dim(V)$，满足秩加零度定理.

8.4 典型例题

例 8.1 n 阶对称矩阵的全体构成的集合 V 对于矩阵的线性运算构成一个 $\frac{n(n+1)}{2}$ 维线性空间，设 $\boldsymbol{P}$ 为一给定的矩阵，$\forall \boldsymbol{A}\in V$，变换 $T(\boldsymbol{A})=\boldsymbol{P}^{\mathrm{T}}\boldsymbol{A}\boldsymbol{P}$ 称为合同变换. 证明：合同变换 T 是 V 中的线性变换.

证 $\forall \boldsymbol{A},\boldsymbol{B}\in V$，则有 $\boldsymbol{A}^{\mathrm{T}}=\boldsymbol{A}$，$\boldsymbol{B}^{\mathrm{T}}=\boldsymbol{B}$，故

$$(\boldsymbol{A}+\boldsymbol{B})^{\mathrm{T}}=\boldsymbol{A}^{\mathrm{T}}+\boldsymbol{B}^{\mathrm{T}}=\boldsymbol{A}+\boldsymbol{B},\ (k\boldsymbol{A})^{\mathrm{T}}=k\boldsymbol{A},$$

即 $\boldsymbol{A}+\boldsymbol{B}$，$k\boldsymbol{A}$ 均为 n 阶对称矩阵. 由变换 T 的定义可知，

$$T(\boldsymbol{A}+\boldsymbol{B})=\boldsymbol{P}^{\mathrm{T}}(\boldsymbol{A}+\boldsymbol{B})\boldsymbol{P}=\boldsymbol{P}^{\mathrm{T}}\boldsymbol{A}\boldsymbol{P}+\boldsymbol{P}^{\mathrm{T}}\boldsymbol{B}\boldsymbol{P}=T(\boldsymbol{A})+T(\boldsymbol{B}),$$

$$T(k\boldsymbol{A})=\boldsymbol{P}^{\mathrm{T}}(k\boldsymbol{A})\boldsymbol{P}=k\boldsymbol{P}^{\mathrm{T}}\boldsymbol{A}\boldsymbol{P}=kT(\boldsymbol{A}),$$

故 $T(\boldsymbol{A})=\boldsymbol{P}^{\mathrm{T}}\boldsymbol{A}\boldsymbol{P}$ 是 V 中的一个线性变换.

例 8.2 在 $R[x]_n$ 中定义一个变换 T 如下：

$$\forall f(x)\in R[x]_n,\ T[f(x)]=3f'(x)-2\int_a^b f(x)\mathrm{d}x,$$

证明：T 是 $R[x]_n$ 中的一个线性变换.

证 $\forall f(x),g(x)\in R[x]_n$，$k\in\mathbf{R}$，有

$$T[f(x)+g(x)]=3[f(x)+g(x)]'-2\int_a^b[f(x)+g(x)]\mathrm{d}x$$

$$T[f(x)]=3f'(x)-2\int_a^b f(x)\mathrm{d}x,\ T[g(x)]=3g'(x)-2\int_a^b g(x)\mathrm{d}x$$

$$\begin{aligned}T[f(x)]+T[g(x)]&=3f'(x)-2\int_a^b f(x)\mathrm{d}x+3g'(x)-2\int_a^b g(x)\mathrm{d}x\\&=3[f(x)+g(x)]'-2\int_a^b[f(x)+g(x)]\mathrm{d}x\\&=T[f(x)+g(x)].\end{aligned}$$

$$T[kf(x)]=3kf'(x)-2\int_a^b kf(x)\mathrm{d}x=k\left(3f'(x)-2\int_a^b f(x)\mathrm{d}x\right)=kT[f(x)].$$

故 T 是 $R[x]_n$ 中的一个线性变换.

例 8.3 在线性空间 $V=\{(a_0+a_1x+a_2x^2)\mathrm{e}^x \mid a_0,a_1a_2\in\mathbf{R}\}$ 中取定一组基 $\boldsymbol{\alpha}_1=x^2\mathrm{e}^x$，

$\boldsymbol{\alpha}_2 = xe^x, \boldsymbol{\alpha}_3 = e^x$，求微商变换 D 在这组基下的矩阵.

解　先求出基在微商变换 D 下的象，并将象用给定的基线性表示，得

$$D(x^2e^x) = 2xe^x + x^2e^x = 1x^2e^x + 2xe^x + 0e^x,$$
$$D(xe^x) = 1e^x + xe^x = 0x^2e^x + 1xe^x + 1e^x,$$
$$D(e^x) = e^x = 0x^2e^x + 0xe^x + 1e^x.$$

以上述线性表示式中的系数为列，可得微商变换 D 在这组基下的矩阵为 $\begin{bmatrix} 1 & 0 & 0 \\ 2 & 1 & 0 \\ 0 & 1 & 1 \end{bmatrix}$.

例 8.4　设 $T \in L(R^3, R^2)$，取 R^3 的一组基为

(Ⅰ)：$\boldsymbol{\alpha}_1 = (0,1,1)^{\mathrm{T}}, \boldsymbol{\alpha}_2 = (2,1,-1)^{\mathrm{T}}, \boldsymbol{\alpha}_3 = (1,4,-1)^{\mathrm{T}}$，

取 R^2 的一组基(Ⅱ)：$\boldsymbol{\beta}_1 = (0,1)^{\mathrm{T}}, \boldsymbol{\beta}_2 = (-2,1)^{\mathrm{T}}$，$T$ 在基(Ⅰ)，(Ⅱ)下的矩阵为

$$\boldsymbol{A} = \begin{bmatrix} 3 & -2 & 1 \\ 1 & 6 & 2 \end{bmatrix}.$$

(1) 求 T 的值域和 T 的秩；(2) 求 T 的核和 T 的零度；(3) 求 $T((2,2,0)^{\mathrm{T}})$.

解　(1) T 的值域 $R(T)$ 是由 $T(\boldsymbol{\alpha}_1), T(\boldsymbol{\alpha}_2), T(\boldsymbol{\alpha}_3)$ 生成的 R^2 的一个子空间，向量组 $T(\boldsymbol{\alpha}_1), T(\boldsymbol{\alpha}_2), T(\boldsymbol{\alpha}_3)$ 的极大无关组和秩分别为 $R(T)$ 的基与维数. 而

$$[T(\boldsymbol{\alpha}_1)\ T(\boldsymbol{\alpha}_2)\ T(\boldsymbol{\alpha}_3)] = [\boldsymbol{\beta}_1\ \boldsymbol{\beta}_2]\boldsymbol{A} = \begin{bmatrix} -2 & -12 & -4 \\ 4 & 4 & 3 \end{bmatrix},$$

易知 $T(\boldsymbol{\alpha}_1), T(\boldsymbol{\alpha}_2), T(\boldsymbol{\alpha}_3)$ 的一个极大无关组为上述矩阵的前两列，故 $R(T) = \mathrm{span}\{(-2, 4)^{\mathrm{T}}, (-12,4)^{\mathrm{T}}\} = \mathrm{span}\{(-1,2)^{\mathrm{T}}, (-3,1)^{\mathrm{T}}\}$，$T$ 的维数为 2.

(2) 设 $\boldsymbol{\alpha} = x_1\boldsymbol{\alpha}_1 + x_2\boldsymbol{\alpha}_2 + x_3\boldsymbol{\alpha}_3 \in R^3$，则

$$T(\boldsymbol{\alpha}) = [T(\boldsymbol{\alpha}_1)\ T(\boldsymbol{\alpha}_2)\ T(\boldsymbol{\alpha}_3)]\begin{bmatrix} x_1 \\ x_2 \\ x_3 \end{bmatrix} = [\boldsymbol{\beta}_1\ \boldsymbol{\beta}_2]\boldsymbol{Ax},$$

其中，$\boldsymbol{x} = (x_1, x_2, x_3)^{\mathrm{T}} \in R^3$，因 $\boldsymbol{\beta}_1$、$\boldsymbol{\beta}_2$ 线性无关，故 $\boldsymbol{\alpha} \in \ker(T) \Leftrightarrow T(\boldsymbol{\alpha}) = 0 \Leftrightarrow \boldsymbol{Ax} = \boldsymbol{0}$，对 $\boldsymbol{Ax} = \boldsymbol{0}$，易求得其基础解系为 $\boldsymbol{\xi} = (2,1,-4)^{\mathrm{T}}$，故 $\ker(T)$ 的基为 $[\boldsymbol{\alpha}_1\ \boldsymbol{\alpha}_2\ \boldsymbol{\alpha}_3]\boldsymbol{\xi} = 2\boldsymbol{\alpha}_1 + \boldsymbol{\alpha}_2 - 4\boldsymbol{\alpha}_3 = (-2,-13,5)^{\mathrm{T}}$，从而知 T 的核 $\ker(T) = \mathrm{span}\{(-2,-13,5)^{\mathrm{T}}\}$，$T$ 的零度为 1.

(3) 向量$(2,2,0)^{\mathrm{T}}$在基(Ⅰ)下的坐标是 $\boldsymbol{x} = (1,1,0)^{\mathrm{T}}$，故 $T((2,2,0)^{\mathrm{T}})$ 在基(Ⅱ)下的坐标是 $\boldsymbol{y} = \boldsymbol{Ax} = \begin{bmatrix} 1 \\ 7 \end{bmatrix}$，故 $T((2,2,0)^{\mathrm{T}}) = [\boldsymbol{\beta}_1\ \boldsymbol{\beta}_2]\boldsymbol{y} = \boldsymbol{\beta}_1 + 7\boldsymbol{\beta}_2 = \begin{bmatrix} -14 \\ 8 \end{bmatrix}$.

例 8.5　设 $T \in L(R^3)$，其定义为 $T(x) = \boldsymbol{Ax}, \forall \boldsymbol{x} \in R^3, \boldsymbol{A} = \begin{bmatrix} 1 & -1 & 3 \\ 5 & 6 & -4 \\ 7 & 4 & 2 \end{bmatrix}$，

证明：

(1) $\ker(T)$ 是过原点的直线，并求该直线的方程；

(2) $R(T)$ 是过原点的平面，并求该平面的方程.

证　(1) $\ker(T) = \{\boldsymbol{x} \mid \boldsymbol{x} \in R^3, T(\boldsymbol{x}) = \boldsymbol{0}\} = \{\boldsymbol{x} \mid \boldsymbol{x} \in R^3, \boldsymbol{Ax} = \boldsymbol{0}\}$，即 $\ker(T)$ 为方程组 $\boldsymbol{Ax} = \boldsymbol{0}$ 的解空间，易求得 $\boldsymbol{Ax} = \boldsymbol{0}$ 的基础解系为 $\boldsymbol{\xi} = (-14,19,11)^{\mathrm{T}}$，故

$\ker(T) = \mathrm{span}\{(-14,19,11)^{\mathrm{T}}\}$，

即 $\forall (x,y,z)^{\mathrm{T}} \in \ker(T)$，均满足 $(x,y,z)^{\mathrm{T}} \parallel (-14,19,11)^{\mathrm{T}}$，即 $\dfrac{x}{-14}=\dfrac{y}{19}=\dfrac{z}{11}$，此为过原点的一条直线.

(2) 记 $\boldsymbol{A}=[\boldsymbol{\alpha}_1\ \boldsymbol{\alpha}_2\ \boldsymbol{\alpha}_3]$，由值域的定义可知，

$$\begin{aligned}R(T)&=\{T(\boldsymbol{x}) \mid \boldsymbol{x}\in R^3\}=\{\boldsymbol{A}\boldsymbol{x} \mid \boldsymbol{x}\in R^3\}\\&=\{x_1\boldsymbol{\alpha}_1+x_2\boldsymbol{\alpha}_2+x_3\boldsymbol{\alpha}_3 \mid x_i\in R, i=1,2,3\},\end{aligned}$$

故 $R(T)$ 为 A 的列空间，因 A 的列向量组的一个极大无关组为 $\boldsymbol{\alpha}_1=(1,5,7)^{\mathrm{T}}$，$\boldsymbol{\alpha}_2=(-1,6,4)^{\mathrm{T}}$，故

$$R(T)=\{x_1(1,5,7)^{\mathrm{T}}+x_2(-1,6,4)^{\mathrm{T}} \mid x_i\in R, i=1,2\},$$

显然这是一个通过原点，且由 $\boldsymbol{\alpha}_1$、$\boldsymbol{\alpha}_2$ 张成的平面，如取其法向量为 $\boldsymbol{\alpha}_1\times\boldsymbol{\alpha}_2=(-22,-11,11)^{\mathrm{T}}$，则该平面的点法式方程为 $2x+y-z=0$.

例 8.6 设 $T\in L(V)$，T 在 V 的基 $\boldsymbol{\alpha}_1$、$\boldsymbol{\alpha}_2$、$\boldsymbol{\alpha}_3$ 下的矩阵为 $\boldsymbol{A}=\begin{bmatrix}-1&3&-1\\-3&5&-1\\-3&3&1\end{bmatrix}$，问：是否存在 V 的基 $\boldsymbol{\beta}_1$、$\boldsymbol{\beta}_2$、$\boldsymbol{\beta}_3$，使得 T 在这组基下的矩阵为对角矩阵？若存在，求出这组基及对应的对角矩阵.

解 易求得 $\boldsymbol{A}$ 的特征值为 $\lambda_1=\lambda_2=2$，$\lambda_3=1$，λ_1，λ_2 与 λ_3 对应的特征向量分别为 $\boldsymbol{\xi}_1=(1,1,0)^{\mathrm{T}}$，$\boldsymbol{\xi}_2=(-1,0,3)^{\mathrm{T}}$ 与 $\boldsymbol{\xi}_3=(1,1,1)^{\mathrm{T}}$，因为矩阵 $\boldsymbol{A}$ 有三个线性无关的特征向量，故 $\boldsymbol{A}$ 可对角化.

记矩阵 $\boldsymbol{P}=[\boldsymbol{\xi}_1\ \boldsymbol{\xi}_2\ \boldsymbol{\xi}_3]=\begin{bmatrix}1&-1&1\\1&0&1\\0&3&1\end{bmatrix}$，则有 $\boldsymbol{P}^{-1}\boldsymbol{A}\boldsymbol{P}=\begin{bmatrix}2&&\\&2&\\&&1\end{bmatrix}$. 因为，线性算子在不同基下的矩阵是相似的，所以对角矩阵 $\begin{pmatrix}2&0&0\\0&2&0\\0&0&1\end{pmatrix}$ 可以做为线性变换 T 在某基 $\boldsymbol{\beta}_1$，$\boldsymbol{\beta}_2$，$\boldsymbol{\beta}_3$ 下的矩阵，而 $[\boldsymbol{\beta}_1\ \boldsymbol{\beta}_2\ \boldsymbol{\beta}_3]=[\boldsymbol{\alpha}_1\ \boldsymbol{\alpha}_2\ \boldsymbol{\alpha}_3]\boldsymbol{P}$，可求得这组基为

$$\boldsymbol{\beta}_1=\boldsymbol{\alpha}_1+\boldsymbol{\alpha}_2,\ \boldsymbol{\beta}_2=-\boldsymbol{\alpha}_1+3\boldsymbol{\alpha}_3,\ \boldsymbol{\beta}_3=\boldsymbol{\alpha}_1+\boldsymbol{\alpha}_2+\boldsymbol{\alpha}_3,$$

T 在这组基下的矩阵为对角阵 $\mathrm{diag}\{2,2,1\}$.

例 8.7 在 R^3 中，设 $\boldsymbol{\alpha}_1=(-1,0,2)^{\mathrm{T}}$，$\boldsymbol{\alpha}_2=(0,1,1)^{\mathrm{T}}$，$\boldsymbol{\alpha}_3=(3,-1,0)^{\mathrm{T}}$

(1) 求满足 $T(\boldsymbol{\alpha}_1)=(-5,0,3)^{\mathrm{T}}$，$T(\boldsymbol{\alpha}_2)=(0,-1,6)^{\mathrm{T}}$，$T(\boldsymbol{\alpha}_3)=(-5,-1,9)^{\mathrm{T}}$ 的线性变换 T 在基 $\boldsymbol{\alpha}_1$、$\boldsymbol{\alpha}_2$、$\boldsymbol{\alpha}_3$ 下的矩阵.

(2) 求线性变换 T 在基 $\boldsymbol{\varepsilon}_1=(1,0,0)^{\mathrm{T}}$，$\boldsymbol{\varepsilon}_2=(0,1,0)^{\mathrm{T}}$，$\boldsymbol{\varepsilon}_3=(0,0,1)^{\mathrm{T}}$ 下的矩阵.

解 (1) 记 $T(\boldsymbol{\alpha}_1)=k_1\boldsymbol{\alpha}_1+k_2\boldsymbol{\alpha}_2+k_3\boldsymbol{\alpha}_3$，即 $(-5,0,3)^{\mathrm{T}}=(-k_1+3k_3,k_2-k_3,2k_1+k_2)^{\mathrm{T}}$，可解得 $k_1=2$，$k_2=-1$，$k_3=-1$. 同理可得，$T(\boldsymbol{\alpha}_2)=3\boldsymbol{\alpha}_1+\boldsymbol{\alpha}_3$，$T(\boldsymbol{\alpha}_3)=5\boldsymbol{\alpha}_1-\boldsymbol{\alpha}_2$. 故线性变换 T 在基 $\boldsymbol{\alpha}_1$、$\boldsymbol{\alpha}_2$、$\boldsymbol{\alpha}_3$ 下的矩阵为 $\boldsymbol{A}=\begin{bmatrix}2&3&5\\-1&0&-1\\-1&1&0\end{bmatrix}$.

(2) 设 $\boldsymbol{\varepsilon}_1=k_1\boldsymbol{\alpha}_1+k_2\boldsymbol{\alpha}_2+k_3\boldsymbol{\alpha}_3$，即 $(1,0,0)^{\mathrm{T}}=(-k_1+3k_3,k_2-k_3,2k_1+k_2)^{\mathrm{T}}$，可解得 $k_1=-\dfrac{1}{7}$，$k_2=\dfrac{2}{7}$，$k_3=\dfrac{2}{7}$. 故 $\boldsymbol{\varepsilon}_1=-\dfrac{1}{7}\boldsymbol{\alpha}_1+\dfrac{2}{7}\boldsymbol{\alpha}_2+\dfrac{2}{7}\boldsymbol{\alpha}_3$. 同理可得，

$\boldsymbol{\varepsilon}_2=-\frac{3}{7}\boldsymbol{\alpha}_1+\frac{6}{7}\boldsymbol{\alpha}_2-\frac{1}{7}\boldsymbol{\alpha}_3,\boldsymbol{\varepsilon}_3=\frac{3}{7}\boldsymbol{\alpha}_1+\frac{1}{7}\boldsymbol{\alpha}_2+\frac{1}{7}\boldsymbol{\alpha}_3$.

又 $T(\boldsymbol{\alpha}_1)=-5\boldsymbol{\varepsilon}_1+3\boldsymbol{\varepsilon}_3,T(\boldsymbol{\alpha}_2)=-\boldsymbol{\varepsilon}_2+6\boldsymbol{\varepsilon}_3,T(\boldsymbol{\alpha}_3)=-5\boldsymbol{\varepsilon}_1-\boldsymbol{\varepsilon}_2+9\boldsymbol{\varepsilon}_3$,

故 $T(\boldsymbol{\varepsilon}_1)=T(-\frac{1}{7}\boldsymbol{\alpha}_1+\frac{2}{7}\boldsymbol{\alpha}_2+\frac{2}{7}\boldsymbol{\alpha}_3)=-\frac{1}{7}T(\boldsymbol{\alpha}_1)+\frac{2}{7}T(\boldsymbol{\alpha}_2)+\frac{2}{7}T(\boldsymbol{\alpha}_3)=-\frac{5}{7}\boldsymbol{\varepsilon}_1-\frac{4}{7}\boldsymbol{\varepsilon}_2+\frac{27}{7}\boldsymbol{\varepsilon}_3$.

同理有：$T(\boldsymbol{\varepsilon}_2)=\frac{20}{7}\boldsymbol{\varepsilon}_1-\frac{5}{7}\boldsymbol{\varepsilon}_2+\frac{18}{7}\boldsymbol{\varepsilon}_3,T(\boldsymbol{\varepsilon}_3)=-\frac{20}{7}\boldsymbol{\varepsilon}_1-\frac{2}{7}\boldsymbol{\varepsilon}_2+\frac{24}{7}\boldsymbol{\varepsilon}_3$,

即

$$T(\boldsymbol{\varepsilon}_1,\boldsymbol{\varepsilon}_2,\boldsymbol{\varepsilon}_3)=(\boldsymbol{\varepsilon}_1,\boldsymbol{\varepsilon}_2,\boldsymbol{\varepsilon}_3)\begin{bmatrix}-\frac{5}{7} & \frac{20}{7} & -\frac{20}{7}\\ -\frac{4}{7} & -\frac{5}{7} & -\frac{2}{7}\\ \frac{27}{7} & \frac{18}{7} & \frac{24}{7}\end{bmatrix},$$

故线性变换 T 在基 $\boldsymbol{\varepsilon}_1$、$\boldsymbol{\varepsilon}_2$、$\boldsymbol{\varepsilon}_3$ 下的矩阵为 $\boldsymbol{B}=-\frac{1}{7}\begin{bmatrix}5 & -20 & 20\\ 4 & 5 & 2\\ -27 & -18 & -24\end{bmatrix}$.

例 8.8　设 T 是 n 维线性空间 V 上的线性变换，$\boldsymbol{\xi}\in V$，如果 $T^{n-1}\boldsymbol{\xi}\neq\mathbf{0}$，$T^n\boldsymbol{\xi}=\mathbf{0}$，证明：$\boldsymbol{\xi}$，$T\boldsymbol{\xi},\cdots,T^{n-1}\boldsymbol{\xi}$ 是 V 的一组基，并求 T 在这组基下的矩阵.

证　因 $\boldsymbol{\xi},T\boldsymbol{\xi},\cdots,T^{n-1}\boldsymbol{\xi}$ 中含有 n 个向量，故只需要证明它们是线性无关的即可. 因 $T^n\boldsymbol{\xi}=\mathbf{0}$，所以 $T^{n+k}\boldsymbol{\xi}=0,(k\geqslant1)$，令 $l_1\boldsymbol{\xi}+l_2T\boldsymbol{\xi}+\cdots+l_nT^{n-1}\boldsymbol{\xi}=0,l_i\in F$，以 T^{n-1} 作用于上式两边，可得 $l_1T^{n-1}\boldsymbol{\xi}=\mathbf{0}$，而已知 $T^{n-1}\boldsymbol{\xi}\neq\mathbf{0}$，故 $l_1=0$.

同理可得 $l_i=0,(i=2,\cdots,n)$，故 $\boldsymbol{\xi},T\boldsymbol{\xi},\cdots,T^{n-1}\boldsymbol{\xi}$ 线性无关，又因 $\dim(V)=n$，所以 $\boldsymbol{\xi}$，$T\boldsymbol{\xi},\cdots,T^{n-1}\boldsymbol{\xi}$ 是 V 的一组基.

又：$T(\boldsymbol{\xi})=T\boldsymbol{\xi},T(T\boldsymbol{\xi})=T^2\boldsymbol{\xi},\cdots,T(T^{n-2}\boldsymbol{\xi})=T^{n-1}\boldsymbol{\xi},T(T^{n-1}\boldsymbol{\xi})=T^n\boldsymbol{\xi}=\mathbf{0}$,

故 T 在 $\boldsymbol{\xi},T\boldsymbol{\xi},\cdots,T^{n-1}\boldsymbol{\xi}$ 下的矩阵是 $\begin{bmatrix}0 & 0 & \cdots & 0 & 0\\ 1 & 0 & \cdots & 0 & 0\\ 0 & 1 & \cdots & 0 & 0\\ \vdots & \vdots & & \vdots & \vdots\\ 0 & 0 & \cdots & 1 & 0\end{bmatrix}$.

例 8.9　设 $T\in L(V)$，$\boldsymbol{\varepsilon}_1,\boldsymbol{\varepsilon}_2,\cdots,\boldsymbol{\varepsilon}_n$ 是 V 的一组基，证明：T 可逆 $\Leftrightarrow$ $T(\boldsymbol{\varepsilon}_1),T(\boldsymbol{\varepsilon}_2),\cdots,T(\boldsymbol{\varepsilon}_n)$ 线性无关.

证　必要性　设 T 可逆，令 $k_1T(\boldsymbol{\varepsilon}_1)+k_2T(\boldsymbol{\varepsilon}_2)+\cdots+k_nT(\boldsymbol{\varepsilon}_n)=\mathbf{0}$，两边以 T^{-1} 作变换，得 $k_1\boldsymbol{\varepsilon}_1+k_2\boldsymbol{\varepsilon}_2+\cdots+k_n\boldsymbol{\varepsilon}_n=\mathbf{0}$，而 $\boldsymbol{\varepsilon}_1,\boldsymbol{\varepsilon}_2,\cdots,\boldsymbol{\varepsilon}_n$ 是线性无关的，故 $k_1=k_2=\cdots=k_n=0$，即 $T(\boldsymbol{\varepsilon}_1),T(\boldsymbol{\varepsilon}_2),\cdots,T(\boldsymbol{\varepsilon}_n)$ 线性无关.

充分性　如 $T(\boldsymbol{\varepsilon}_1),T(\boldsymbol{\varepsilon}_2),\cdots,T(\boldsymbol{\varepsilon}_n)$ 线性无关，则它们也是 V 的一组基，V 中每个向量都是它们的线性组合，且表示法唯一，定义 V 中的一个变换 S 为

$$S(k_1T(\boldsymbol{\varepsilon}_1)+k_2T(\boldsymbol{\varepsilon}_2)+\cdots+k_nT(\boldsymbol{\varepsilon}_n))=k_1\boldsymbol{\varepsilon}_1+k_2\boldsymbol{\varepsilon}_2+\cdots+k_n\boldsymbol{\varepsilon}_n,$$

易知 S 是 V 上的一个线性变换，且 $TS=ST=I$，故 T 可逆.

例 8.10　设有映射 $T:R^n \to R^m$. 证明:T 为线性变换 $\Leftrightarrow$ 存在 $\boldsymbol{A} \in R^{m\times n}$,使对 $\forall x \in R^n$,$T(x) = \boldsymbol{A}\boldsymbol{x}$.

证　*必要性*　设 T 为线性变换,令 e_j 为第 j 个分量为 1,其他分量全为 0 的 n 维列向量,$(j = 1,2,\cdots,n)$,设 $T(e_j) = (a_{1j},a_{2j},\cdots,a_{mj})^{\mathrm{T}}$,$j = 1,2,\cdots,n$,取

$\boldsymbol{x} = (x_1,x_2,\cdots,x_n)^{\mathrm{T}} = x_1\boldsymbol{e}_1 + x_2\boldsymbol{e}_2 + \cdots + x_n\boldsymbol{e}_n \in R^n$,有

$T(\boldsymbol{x}) = [T(\boldsymbol{e}_1)\ T(\boldsymbol{e}_2)\ \cdots\ T(\boldsymbol{e}_n)]\begin{bmatrix} x_1 \\ x_2 \\ \vdots \\ x_n \end{bmatrix}$,将 $T(\boldsymbol{e}_j) = (a_{1j},a_{2j},\cdots,a_{mj})^{\mathrm{T}}$,$j = 1,2,\cdots,n$ 代入上式,即得 $T(\boldsymbol{x}) = \boldsymbol{A}\boldsymbol{x}$,其中矩阵 $\boldsymbol{A} = (a_{ij})_{m\times n} \in R^{m\times n}$.

充分性　设存在矩阵 $\boldsymbol{A} \in R^{m\times n}$,使 $\forall\, \boldsymbol{x} \in R^n$,$T(\boldsymbol{x}) = \boldsymbol{A}\boldsymbol{x}$,则 T 为 R^n 到 R^m 上的映射,对于 $\forall\, \boldsymbol{x},\boldsymbol{y} \in R^n$,$k \in R$,有

$$T(\boldsymbol{x}+\boldsymbol{y}) = \boldsymbol{A}(\boldsymbol{x}+\boldsymbol{y}) = \boldsymbol{A}\boldsymbol{x} + \boldsymbol{A}\boldsymbol{y} = T(\boldsymbol{x}) + T(\boldsymbol{y}),$$
$$T(k\boldsymbol{x}) = \boldsymbol{A}(k\boldsymbol{x}) = k(\boldsymbol{A}\boldsymbol{x}) = kT(\boldsymbol{x}),$$

故 T 为 R^n 到 R^m 上的线性变换.

8.5　自测题

一、填空题

1. R^3 中的线性变换 T 为 $T(x,y,z)^{\mathrm{T}} = (x+y+z,0,0)^{\mathrm{T}}$,则 $T(1,5,-2)^{\mathrm{T}} =$ ________,此变换在基 $\boldsymbol{\alpha}_1 = (1,0,0)^{\mathrm{T}}$,$\boldsymbol{\alpha}_2 = (1,1,0)^{\mathrm{T}}$,$\boldsymbol{\alpha}_3 = (1,1,1)^{\mathrm{T}}$ 下的矩阵为________,在自然基 $\boldsymbol{e}_1$,$\boldsymbol{e}_2$,$\boldsymbol{e}_3$ 下的矩阵为________.

2. R^3 中的线性变换 T 在基 $\boldsymbol{\alpha}_1 = (-1,1,1)^{\mathrm{T}}$,$\boldsymbol{\alpha}_2 = (1,0,-1)^{\mathrm{T}}$,$\boldsymbol{\alpha}_3 = (0,1,1)^{\mathrm{T}}$ 下的矩阵为 $\boldsymbol{A} = \begin{bmatrix} 1 & 0 & 1 \\ 1 & 1 & 0 \\ -1 & 2 & 1 \end{bmatrix}$,则 $T(\boldsymbol{\alpha}_1) =$ ________,$T(\boldsymbol{\alpha}_2) =$ ________,$T(\boldsymbol{\alpha}_3) =$ ________. T 在自然基 $\boldsymbol{e}_1$,$\boldsymbol{e}_2$,$\boldsymbol{e}_3$ 下的矩阵为________.

3. 若 R^3 中的线性算子 T 的矩阵 $\boldsymbol{A} = \begin{bmatrix} 1 & 3 & 2 \\ -1 & -2 & 1 \\ 2 & 5 & 1 \end{bmatrix}$,则 $\ker(T)$ 的一个基是________,$T(R^3)$ 的一个基是________.

4. 二阶对称矩阵的全体 $V = \left\{\begin{bmatrix} x_1 & x_2 \\ x_2 & x_3 \end{bmatrix} \middle| x_1,x_2,x_3 \in R\right\}$,对于矩阵的线性运算构成 3 维线性空间,取其一组基 $\boldsymbol{A}_1 = \begin{bmatrix} 1 & 0 \\ 0 & 0 \end{bmatrix}$,$\boldsymbol{A}_2 = \begin{bmatrix} 0 & 1 \\ 1 & 0 \end{bmatrix}$,$\boldsymbol{A}_3 = \begin{bmatrix} 0 & 0 \\ 0 & 1 \end{bmatrix}$,在 V 中定义合同变换 $T(\boldsymbol{A}) = \begin{bmatrix} 1 & 0 \\ 1 & 1 \end{bmatrix}\boldsymbol{A}\begin{bmatrix} 1 & 1 \\ 0 & 1 \end{bmatrix}$,则 T 在基 $\boldsymbol{A}_1$,$\boldsymbol{A}_2$,$\boldsymbol{A}_3$ 下的矩阵为________.

二、选择题

1. R^2 中的下列变换是线性变换的有(　).

(A) $T(x,y)^{\mathrm{T}}=(0,0)^{\mathrm{T}}$　(B) $T(x,y)^{\mathrm{T}}=(ax+by,cx+dy)^{\mathrm{T}}$,其中 a,b,c,d 为实数

(C) $T(x,y)^{\mathrm{T}}=(x+y,1)^{\mathrm{T}}$　(D) $T(x,y)^{\mathrm{T}}=(x^2+y^2,0)^{\mathrm{T}}$

2. 设 $\boldsymbol{A}$、$\boldsymbol{B}$、$\boldsymbol{M}$ 为同阶方阵,若 $\boldsymbol{A}=\boldsymbol{M}^{-1}\boldsymbol{B}\boldsymbol{M}$,则以下论断正确的是(　).

(A) $\boldsymbol{A}$ 与 $\boldsymbol{B}$ 相似　(B) $\boldsymbol{A}$ 与 $\boldsymbol{B}$ 合同

(C) $\boldsymbol{A}$ 与 $\boldsymbol{B}$ 是同一线性变换的矩阵　(D) $|\boldsymbol{A}|=|\boldsymbol{B}|$

3. 设 $T\in L(F[x]_3,F[x]_4)$,定义为 $T[f(x)]=xf(x),\forall f(x)\in F[x]_3$,则下列向量中为 $R(T)$ 中的向量的是(　).

(A) $x+x^2$　(B) $x+1$　(C) $3-x^2$　(D) x^4+x^2

4. 设 $T\in L(F[x]_3)$,其定义为:$T[f(x)]=f(x+1)-f(x),\forall f(x)\in F[x]_3$,则 T 在 $F[x]_3$ 的基 $1,x,x^2$ 下的矩阵为(　).

(A) $\begin{bmatrix}0&1&0\\1&0&0\\1&2&0\end{bmatrix}$　(B) $\begin{bmatrix}1&0&0\\0&1&0\\1&2&0\end{bmatrix}$　(C) $\begin{bmatrix}0&1&1\\0&0&2\\0&0&0\end{bmatrix}$　(D) $\begin{bmatrix}1&0&1\\0&1&2\\3&0&0\end{bmatrix}$

三、判断题

1. 判断下列映射中哪些是线性变换,哪些不是?并说明理由.

(1) 在线性空间 V 中,$\forall\alpha\in V$,定义 $T(\boldsymbol{\alpha})=\boldsymbol{\alpha}_0$,其中 $\boldsymbol{\alpha}_0$ 是 V 中一个固定的向量;

(2) 在 R^3 中,对于 $\forall\boldsymbol{\alpha}=(x,y,z)^{\mathrm{T}}$,定义 $T(x,y,z)^{\mathrm{T}}=(2x-3y,-z,4y)^{\mathrm{T}}$;

(3) 在 F^3 中,定义 $T(x_1,x_2,x_3)^{\mathrm{T}}=(x_1^2,x_2+x_3,x_3)^{\mathrm{T}}$;

(4) $\forall\boldsymbol{A}\in F^{n\times n}$,定义 $T(\boldsymbol{A})=2\boldsymbol{A}-3\boldsymbol{A}\boldsymbol{B}$,其中 $\boldsymbol{B}\in F^{n\times n}$.

四、计算题

1. 在 F^3 中定义两个线性变换如下:

$T_1(x_1,x_2,x_3)^{\mathrm{T}}=(2x_1-x_2,x_2+x_3,x_1)^{\mathrm{T}}$,　$T_2(x_1,x_2,x_3)^{\mathrm{T}}=(-x_3,x_2,-x_1)^{\mathrm{T}}$,

求 T_1+T_2,T_1T_2,T_2T_1.

2. 设 $T\in L(F^{2\times2})$,定义线性变换 T 为:$T(\boldsymbol{X})=\boldsymbol{X}\begin{bmatrix}a&b\\c&d\end{bmatrix},\forall\boldsymbol{X}\in F^{2\times2}$,其中 $\begin{bmatrix}a&b\\c&d\end{bmatrix}$ 为 $F^{2\times2}$ 中一固定矩阵,求 T 在 $F^{2\times2}$ 的基 $\boldsymbol{E}_{11},\boldsymbol{E}_{12},\boldsymbol{E}_{21},\boldsymbol{E}_{22}$ 下的矩阵.

3. 设 $T\in L(R^3)$,满足 $T(\boldsymbol{\xi}_1)=(-1,1,0)^{\mathrm{T}},T(\boldsymbol{\xi}_2)=(2,1,1)^{\mathrm{T}},T(\boldsymbol{\xi}_3)=(0,-1,-1)^{\mathrm{T}}$,其中 $\boldsymbol{\xi}_1=(1,0,0)^{\mathrm{T}},\boldsymbol{\xi}_2=(0,1,0)^{\mathrm{T}},\boldsymbol{\xi}_3=(0,0,1)^{\mathrm{T}}$.

(1) 求 T 在 $\boldsymbol{\xi}_1,\boldsymbol{\xi}_2,\boldsymbol{\xi}_3$ 下的矩阵 $\boldsymbol{A}$.

(2) 求 T 在基 $\boldsymbol{\alpha}_1=\boldsymbol{\xi}_1+\boldsymbol{\xi}_2+\boldsymbol{\xi}_3,\boldsymbol{\alpha}_2=\boldsymbol{\xi}_1+\boldsymbol{\xi}_2,\boldsymbol{\alpha}_3=\boldsymbol{\xi}_1$ 下的矩阵 $\boldsymbol{B}$.

4. 设 $T\in L(R^3)$,定义 T 为:

$\forall(x_1,x_2,x_3)^{\mathrm{T}}\in R^3$,　$T(x_1,x_2,x_3)^{\mathrm{T}}=(x_1+2x_2-x_3,x_2+x_3,x_1+x_2-2x_3)^{\mathrm{T}}$

(1) 求 T 的值域和 T 的秩;(2) 求 T 的核和 T 的零度.

五、证明题

1. 设 $T \in L(V,W)$，如果 V 中向量 $\boldsymbol{\alpha}_1, \boldsymbol{\alpha}_2, \cdots, \boldsymbol{\alpha}_n$ 的象 $T(\boldsymbol{\alpha}_1), T(\boldsymbol{\alpha}_2), \cdots, T(\boldsymbol{\alpha}_n)$ 线性无关，证明：$\boldsymbol{\alpha}_1, \boldsymbol{\alpha}_2, \cdots, \boldsymbol{\alpha}_n$ 也线性无关.

2. 设 $T \in L(V)$，$T(x_1, x_2, x_3)^{\mathrm{T}} = (x_1 + \alpha x_2, x_2 + \beta x_3, x_3)^{\mathrm{T}}$，设有 V 中向量 $\boldsymbol{a} = (a_1, a_2, a_3)^{\mathrm{T}}$，$\boldsymbol{b} = (b_1, b_2, b_3)^{\mathrm{T}}$，$\boldsymbol{c} = (c_1, c_2, c_3)^{\mathrm{T}}$ 线性无关，证明：$T(\boldsymbol{a}), T(\boldsymbol{b}), T(\boldsymbol{c})$ 也线性无关.

模拟试题

模拟试题一

一、填空题

1. 设矩阵 $\boldsymbol{A}=\begin{bmatrix}1&0&0\\0&2&0\\0&0&3\end{bmatrix}$，$\boldsymbol{B}=\begin{bmatrix}2&7&9\\0&5&8\\0&0&11\end{bmatrix}$，则行列式 $|\boldsymbol{AB}|=$ ________.

2. 已知 3 阶矩阵 $\boldsymbol{B}$ 的秩为 2，矩阵 $\boldsymbol{A}=\begin{bmatrix}1&2&3\\0&4&5\\0&0&6\end{bmatrix}$，则 $r(\boldsymbol{AB})=$ ________.

3. 已知向量组 $\begin{bmatrix}1\\2\\3\end{bmatrix}$，$\begin{bmatrix}4\\5\\a\end{bmatrix}$，$\begin{bmatrix}2\\0\\0\end{bmatrix}$ 线性相关，则常数 $a=$ ________.

4. 设 $\boldsymbol{\alpha}=(a_1,a_2,a_3)^{\mathrm{T}}$ 为 3 维列向量，已知 $\boldsymbol{\alpha\alpha}^{\mathrm{T}}=\begin{bmatrix}1&-1&2\\-1&1&-2\\2&-2&4\end{bmatrix}$，则 $\boldsymbol{\alpha}^{\mathrm{T}}\boldsymbol{\alpha}=$ ________.

二、单项选择题

1. 齐次线性方程组 $\boldsymbol{Ax}=\boldsymbol{0}$ 有非零解的充分必要条件是 $\boldsymbol{A}$ 的(　).

(A) 列向量组线性相关　　(B) 行向量组线性相关

(C) 列向量组线性无关　　(D) 行向量组线性无关

2. 设方阵 $\boldsymbol{A}$ 满足 $\boldsymbol{A}^2-\boldsymbol{E}=\boldsymbol{E}$，则(　).

(A) $\boldsymbol{A}+\boldsymbol{E}$ 可逆但 $\boldsymbol{A}-\boldsymbol{E}$ 不可逆　　(B) $\boldsymbol{A}+\boldsymbol{E}$ 不可逆但 $\boldsymbol{A}-\boldsymbol{E}$ 可逆

(C) $\boldsymbol{A}+\boldsymbol{E}$ 和 $\boldsymbol{A}-\boldsymbol{E}$ 都不可逆　　(D) $\boldsymbol{A}+\boldsymbol{E}$ 和 $\boldsymbol{A}-\boldsymbol{E}$ 都可逆

3. 设 $\boldsymbol{\beta}_1$、$\boldsymbol{\beta}_2$、$\boldsymbol{\beta}_3$ 是 4 元非齐次线性方程组 $\boldsymbol{Ax}=\boldsymbol{b}$ 的 3 个线性无关的解，且 $r(\boldsymbol{A})=2$，c_1,c_2 为任意常数，则 $\boldsymbol{Ax}=\boldsymbol{b}$ 的通解为(　).

(A) $\boldsymbol{\beta}_1+c_1\boldsymbol{\beta}_2+c_2\boldsymbol{\beta}_3$　　(B) $c_1\boldsymbol{\beta}_1+c_2\boldsymbol{\beta}_2-(c_1+c_2)\boldsymbol{\beta}_3$

(C) $c_1\boldsymbol{\beta}_1+c_2\boldsymbol{\beta}_2-(1-c_1-c_2)\boldsymbol{\beta}_3$　　(D) $c_1\boldsymbol{\beta}_1+c_2\boldsymbol{\beta}_2+(1-c_1-c_2)\boldsymbol{\beta}_3$

4. 下列矩阵中不是正交矩阵的是(　).

(A) $\begin{bmatrix}0&-1\\1&0\end{bmatrix}$　(B) $\frac{1}{3}\begin{bmatrix}1&2&2\\2&-2&1\\2&1&-2\end{bmatrix}$　(C) $\frac{1}{\sqrt{2}}\begin{bmatrix}1&-1&0\\1&1&0\\0&0&\sqrt{2}\end{bmatrix}$　(D) $\begin{bmatrix}3&-2&0\\2&3&0\\0&0&1\end{bmatrix}$

三、求行列式 $D=\begin{vmatrix}7&7&6&3\\3&2&5&7\\5&5&4&3\\5&4&6&5\end{vmatrix}$ 的值.

四、设矩阵 $\boldsymbol{A}=\begin{bmatrix}2&1&1\\-1&1&1\\1&-1&0\end{bmatrix}$，$\boldsymbol{B}=\begin{bmatrix}1&4&3\\1&-1&2\\6&8&1\end{bmatrix}$，矩阵 $\boldsymbol{X}$ 满足 $\boldsymbol{AX}=\boldsymbol{B}+2\boldsymbol{X}$，求矩阵 $\boldsymbol{X}$.

五、设矩阵 $\boldsymbol{A}=\begin{bmatrix}1&-1&6&0\\1&1&2&-2\\1&3&-a&-2a\end{bmatrix}$，已知 4 元齐次线性方程组 $\boldsymbol{Ax}=\boldsymbol{0}$ 的基础解系含 2 个向量，求 a 的值并求方程组 $\boldsymbol{Ax}=\boldsymbol{0}$ 的通解.

六、a，b 取何值时，方程组

$$\begin{bmatrix}1&1&2&3\\1&3&6&1\\3&-1&a&15\\0&-6&-12&9\end{bmatrix}\begin{bmatrix}x_1\\x_2\\x_3\\x_4\end{bmatrix}=\begin{bmatrix}1\\3\\3\\b\end{bmatrix}$$

有唯一解、无解、有无穷多解？并在有无穷多解时，求出方程组的通解.

七、设向量组 $\boldsymbol{\alpha}_1$，$\boldsymbol{\alpha}_2$，$\boldsymbol{\alpha}_3$ 为方程组 $\boldsymbol{Ax}=\boldsymbol{0}$ 的基础解系，证明：向量组 $\boldsymbol{\beta}_1=\boldsymbol{\alpha}_1+2\boldsymbol{\alpha}_2+5\boldsymbol{\alpha}_3$，$\boldsymbol{\beta}_2=\boldsymbol{\alpha}_1+3\boldsymbol{\alpha}_2+9\boldsymbol{\alpha}_3$，$\boldsymbol{\beta}_3=2\boldsymbol{\alpha}_1+5\boldsymbol{\alpha}_2+3\boldsymbol{\alpha}_3$ 也可作为 $\boldsymbol{Ax}=\boldsymbol{0}$ 的基础解系.

八、设矩阵 $\boldsymbol{A}=\begin{bmatrix}2&1&1\\1&2&1\\1&1&2\end{bmatrix}$. (1) 求出 $|\boldsymbol{A}|$，并写出 $\boldsymbol{AA}^*$；(2) 若向量 $\boldsymbol{\alpha}=(1,k,1)^{\mathrm{T}}$ 及数 λ 满足 $\boldsymbol{A}^*\boldsymbol{\alpha}=\lambda\boldsymbol{\alpha}$，试求数 k 及 λ 的值.

九、设实矩阵 $\boldsymbol{A}_{n\times m}$ 的秩为 m（其中 $m<n$），问怎样的矩阵 $\boldsymbol{B}_{n\times(n-m)}$，可以使矩阵 $[\boldsymbol{A},\boldsymbol{B}]$ 为 n 阶可逆方阵？并证明你的结论.

模拟试题二

一、填空题

1. 设 $\lambda=2$ 是可逆矩阵 $\boldsymbol{A}$ 的一个特征值，则矩阵 $\left(\frac{1}{3}\boldsymbol{A}^2\right)^{-1}$ 的一个特征值为________.

2. 矩阵 $\boldsymbol{B}=\begin{pmatrix}2&0\\1&0\end{pmatrix}$，则二次型 $f(x)=\boldsymbol{x}^{\mathrm{T}}\boldsymbol{Bx}$ 的矩阵为________.

3. 已知 $\boldsymbol{\eta}_1$、$\boldsymbol{\eta}_2$、$\boldsymbol{\eta}_3$ 是四元方程组 $\boldsymbol{AX}=\boldsymbol{b}$ 的三个解，其中 $r(\boldsymbol{A})=3$ 且 $\boldsymbol{\eta}_1+\boldsymbol{\eta}_2=(1,2,3,4)^{\mathrm{T}}$，$\boldsymbol{\eta}_2+\boldsymbol{\eta}_3=(4,4,4,4)^{\mathrm{T}}$，则方程组 $\boldsymbol{AX}=\boldsymbol{b}$ 的通解为________.

二、单项选择题

1. 设 $\boldsymbol{A}$ 为三阶方阵，将 $\boldsymbol{A}$ 的第 2 行加到第 1 行得矩阵 $\boldsymbol{B}$，再将 $\boldsymbol{B}$ 的第 1 列的 -1 倍加到第 2 列得矩阵 $\boldsymbol{C}$，记矩阵 $\boldsymbol{P}=\begin{pmatrix}1&1&0\\0&1&0\\0&0&1\end{pmatrix}$，则（　）.

(A) $\boldsymbol{C}=\boldsymbol{P}^{-1}\boldsymbol{AP}$ (B) $\boldsymbol{C}=\boldsymbol{PAP}^{-1}$ (C) $\boldsymbol{C}=\boldsymbol{P}^{\mathrm{T}}\boldsymbol{AP}$ (D) $\boldsymbol{C}=\boldsymbol{PAP}^{\mathrm{T}}$

2. 设 $\boldsymbol{A}$ 为实矩阵,线性方程组(Ⅰ):$\boldsymbol{Ax}=\boldsymbol{O}$,(Ⅱ):$\boldsymbol{A}^{\mathrm{T}}\boldsymbol{Ax}=\boldsymbol{O}$,则( ).

(A) (Ⅱ)的解是(Ⅰ)的解,(Ⅰ)的解也是(Ⅱ)的解

(B) (Ⅱ)的解是(Ⅰ)的解,但(Ⅰ)的解不是(Ⅱ)的解

(C) (Ⅰ)的解不是(Ⅱ)的解,(Ⅱ)的解也不是(Ⅰ)的解

(D) (Ⅰ)的解是(Ⅱ)的解,但(Ⅱ)的解不是(Ⅰ)的解

3. 若 n 阶方阵 $\boldsymbol{A}$ 相似于对角阵,则( ).

(A) $\boldsymbol{A}$ 有 n 个不同的特征值 (B) $\boldsymbol{A}$ 为实对称阵

(C) $\boldsymbol{A}$ 有 n 个线性无关的特征向量 (D) $r(\boldsymbol{A})=n$

三、证明两直线 $l_1:x=y=z-4$,$l_2:-x=y=z$ 异面;求两直线间的距离;并求与 l_1、l_2 都垂直且相交的直线方程.

四、线性方程组

$$\begin{bmatrix}\lambda & 1 & 1\\ 1 & \lambda & 1\\ 1 & 1 & \lambda\end{bmatrix}\begin{bmatrix}x_1\\ x_2\\ x_3\end{bmatrix}=\begin{bmatrix}\lambda-3\\ -2\\ -2\end{bmatrix},$$

讨论 λ 取何值时,该方程组有唯一解、无解、有无穷多解?并在有无穷多解时,求出该方程组的通解.

五、已知二次曲面方程 $x^2+ay^2+z^2+2bxy+2xz+2yz=4$ 可经过正交变换 $\begin{bmatrix}x\\ y\\ z\end{bmatrix}=\boldsymbol{P}\begin{bmatrix}x'\\ y'\\ z'\end{bmatrix}$ 化为柱面方程 $y'^2+4z'^2=4$,求 a、b 的值及正交矩阵 $\boldsymbol{P}$.

六、设 $\boldsymbol{A}=\begin{pmatrix}1 & 0 & 1\\ 0 & 2 & 0\\ 1 & 0 & 1\end{pmatrix}$,矩阵 $\boldsymbol{X}$ 满足 $\boldsymbol{AX}+\boldsymbol{I}=\boldsymbol{A}^2+\boldsymbol{X}$,其中 $\boldsymbol{I}$ 为三阶单位矩阵,求矩阵 $\boldsymbol{X}$.

七、解答题

(1) 矩阵 $\boldsymbol{A}=\begin{bmatrix}1 & -1 & 2 & 3\\ 1 & 3 & 0 & 1\\ 0 & 1 & -1 & -1\\ 1 & -4 & -3 & -2\end{bmatrix}$,线性空间 $V=\{b\mid b\in F^4$,方程组 $\boldsymbol{Ax}=\boldsymbol{b}$ 有解$\}$ 求 V 的基与维数.

(2) 设 $T\in L(R^3)$,T 在 R^3 的基 $\boldsymbol{\alpha}_1=(-1,1,1)^{\mathrm{T}}$,$\boldsymbol{\alpha}_2=(1,0,-1)^{\mathrm{T}}$,$\boldsymbol{\alpha}_3=(0,1,1)^{\mathrm{T}}$ 下的矩阵为 $\boldsymbol{A}=\begin{pmatrix}1 & 0 & 1\\ 1 & 1 & 0\\ -1 & 2 & 1\end{pmatrix}$,求 T 在基 $\boldsymbol{\beta}_1=(1,0,0)^{\mathrm{T}}$,$\boldsymbol{\beta}_2=(0,1,0)^{\mathrm{T}}$,$\boldsymbol{\beta}_3=(0,0,1)^{\mathrm{T}}$ 下的矩阵.

八、设 $\boldsymbol{\alpha}_1,\boldsymbol{\alpha}_2,\cdots,\boldsymbol{\alpha}_n$ 是 n 维列向量组,矩阵

$$A = \begin{bmatrix} \boldsymbol{\alpha}_1^T\boldsymbol{\alpha}_1 & \boldsymbol{\alpha}_1^T\boldsymbol{\alpha}_2 & \cdots & \boldsymbol{\alpha}_1^T\boldsymbol{\alpha}_n \\ \boldsymbol{\alpha}_2^T\boldsymbol{\alpha}_1 & \boldsymbol{\alpha}_2^T\boldsymbol{\alpha}_2 & \cdots & \boldsymbol{\alpha}_2^T\boldsymbol{\alpha}_n \\ \vdots & \vdots & & \vdots \\ \boldsymbol{\alpha}_n^T\boldsymbol{\alpha}_1 & \boldsymbol{\alpha}_n^T\boldsymbol{\alpha}_2 & \cdots & \boldsymbol{\alpha}_n^T\boldsymbol{\alpha}_n \end{bmatrix}.$$

证明：$\boldsymbol{\alpha}_1,\boldsymbol{\alpha}_2,\cdots,\boldsymbol{\alpha}_n$ 线性无关的充要条件是对任意 n 维列向量 $\boldsymbol{b}$，方程组 $\boldsymbol{Ax}=\boldsymbol{b}$ 均有解.

模拟试题三

一、单项选择题

1. 设向量组 $\boldsymbol{\alpha}_1$、$\boldsymbol{\alpha}_2$、$\boldsymbol{\alpha}_3$ 线性无关，则下列向量组线性相关的是（　）.

(A) $\boldsymbol{\alpha}_1-\boldsymbol{\alpha}_2,\boldsymbol{\alpha}_2-\boldsymbol{\alpha}_3,\boldsymbol{\alpha}_3-\boldsymbol{\alpha}_1$　　(B) $\boldsymbol{\alpha}_1+\boldsymbol{\alpha}_2,\boldsymbol{\alpha}_2+\boldsymbol{\alpha}_3,\boldsymbol{\alpha}_3+\boldsymbol{\alpha}_1$.

(C) $\boldsymbol{\alpha}_1-2\boldsymbol{\alpha}_2,\boldsymbol{\alpha}_2-2\boldsymbol{\alpha}_3,\boldsymbol{\alpha}_3-2\boldsymbol{\alpha}_1$　　(D) $\boldsymbol{\alpha}_1+2\boldsymbol{\alpha}_2,\boldsymbol{\alpha}_2+2\boldsymbol{\alpha}_3,\boldsymbol{\alpha}_3+2\boldsymbol{\alpha}_1$

2. 若 $\boldsymbol{AB}=\boldsymbol{E}$，则（　）.

(A) $\boldsymbol{A}$ 的行向量线性相关　　(B) $\boldsymbol{B}$ 的行向量线性无关

(C) $\boldsymbol{A}$ 是列满秩的　　(D) $\boldsymbol{B}$ 是列满秩的

3. 设矩阵 $\boldsymbol{A}=\begin{pmatrix} 2 & -1 & -1 \\ -1 & 2 & -1 \\ -1 & -1 & 2 \end{pmatrix}$，$\boldsymbol{B}=\begin{pmatrix} 1 & 0 & 0 \\ 0 & 1 & 0 \\ 0 & 0 & 0 \end{pmatrix}$，则 $\boldsymbol{A}$ 与 $\boldsymbol{B}$（　）.

(A) 合同，相似　　(B) 合同，不相似　　(C) 不合同，相似　　(D) 不合同，不相似

二、填空题

1. 在 $\boldsymbol{Ax}=\boldsymbol{b}$ 中，$\sum_{j=1}^{n} a_{3j}A_{3j}=3$，$\sum_{i=1}^{n} b_iA_{i3}=6$，则 $x_3=$ ________.

2. 若 n 阶矩阵 $\boldsymbol{A}$ 的特征值为 $0,1,2,\cdots,n-1$，且 $\boldsymbol{B}\sim\boldsymbol{A}$，则 $|\boldsymbol{B}+\boldsymbol{E}|=$ ________.

3. $\begin{pmatrix} \boldsymbol{O} & \boldsymbol{A}_n \\ \boldsymbol{B}_n & \boldsymbol{O} \end{pmatrix}^{-1}=$ ________.（其中：A_n,B_n 可逆）

三、求以 Γ：$\begin{cases} y=0 \\ z=x^2 \end{cases}$ 为准线，母线平行于向量 $(2,1,1)$ 的柱面方程.

四、设线性方程组 $\begin{cases} x_1+x_2+x_3=0 \\ x_1+2x_2+ax_3=0 \\ x_1+4x_2+a^2x_3=0 \end{cases}$ 与方程 $x_1+2x_2+x_3=a-1$ 有公共解，求 a 的值及所有公共解.

五、设二次型 $f(\boldsymbol{x})=\boldsymbol{x}^T\boldsymbol{Ax}$，其中 $\boldsymbol{A}=\begin{pmatrix} 0 & 2 & 2 \\ 2 & 0 & 2 \\ 2 & 2 & 0 \end{pmatrix}$.

(1) 求一个正交矩阵 $\boldsymbol{P}$，使 $\boldsymbol{P}^{-1}\boldsymbol{AP}$ 成对角矩阵；

(2) 若 $f(\boldsymbol{x})=-1$，指出方程所表示的图形名称.

六、设 $\boldsymbol{A}=\begin{pmatrix} 2 & 3 & -1 \\ 2 & 1 & 0 \\ 0 & 4 & 3 \end{pmatrix}$ 且知 $\boldsymbol{AX}-\boldsymbol{A}=3\boldsymbol{X}$，求矩阵 $\boldsymbol{X}$.

七、$1+x, x+x^2, x^2-1$ 是否可作为 $\mathrm{span}\{1+x, x+x^2, x^2-1\}$ 的一个基?求 $\mathrm{span}\{1+x, x+x^2, x^2-1\}$ 维数.

八、求 $V \to W$ 的线性变换 $T(a,b,c) = \begin{pmatrix} a+b+c & a+c \\ 0 & 2a+b+2c \end{pmatrix}$ 的值域的基和零度空间的基.

九、设 $\boldsymbol{\alpha}_1, \boldsymbol{\alpha}_2, \cdots, \boldsymbol{\alpha}_k$ 是齐次线性方程组 $\boldsymbol{Ax}=\boldsymbol{0}$ 的基础解系,向量 $\boldsymbol{\beta}$ 满足 $\boldsymbol{A\beta} \neq \boldsymbol{0}$,证明:向量组 $\boldsymbol{\alpha}_1+\boldsymbol{\beta}, \boldsymbol{\alpha}_2+\boldsymbol{\beta}, \cdots, \boldsymbol{\alpha}_k+\boldsymbol{\beta}$ 线性无关.

模拟试题四

一、填空题

1. 若矩阵 $\boldsymbol{A} = \begin{pmatrix} 0 & 2 & 1 \\ 0 & 3 & 2 \\ 5 & 0 & 0 \end{pmatrix}$,则 $\det(2\boldsymbol{AA}^*) =$ ________.

2. 已知 $\boldsymbol{\alpha} = (1,2,-2)^{\mathrm{T}}$,则 $\mathrm{tr}(\boldsymbol{\alpha\alpha}^{\mathrm{T}}) =$ ________.

3. 若向量组 $\boldsymbol{\alpha}_1 = (0,1,\lambda)^{\mathrm{T}}, \boldsymbol{\alpha}_2 = (\lambda,1,0)^{\mathrm{T}}, \boldsymbol{\alpha}_3 = (0,\lambda,1)^{\mathrm{T}}$ 线性相关,则 $\lambda =$ ________.

4. 设矩阵 $\boldsymbol{A} = \begin{pmatrix} 1 & 0 & 0 \\ 0 & a & 1 \\ 3 & -1 & -a \end{pmatrix}$ 为正定矩阵,则 a 的取值范围是________.

二、单项选择题

1. 设 $\boldsymbol{AB} = \boldsymbol{C}$,则必有( ).

(A) $r(\boldsymbol{A}+\boldsymbol{B}) \geqslant r(\boldsymbol{A}) + r(\boldsymbol{B})$　　(B) $r(\boldsymbol{A}) + r(\boldsymbol{B}) = r(\boldsymbol{C})$

(C) $r(\boldsymbol{C}) \leqslant r(\boldsymbol{A})$　　(D) $r(\boldsymbol{B}) \leqslant r(\boldsymbol{C})$

2. 直线 $L_1: \dfrac{x-1}{0} = \dfrac{y+1}{1} = \dfrac{z-2}{1}$ 和直线 $L_2: \begin{cases} x+y=1 \\ z=3 \end{cases}$ ( ).

(A) 重合　　(B) 相交　　(C) 平行　　(D) 异面

3. $\boldsymbol{Ax} = \boldsymbol{0}$ 只有零解的充分必要条件是( ).

(A) $\boldsymbol{A}$ 的列向量线性相关　　(B) $\boldsymbol{A}$ 的行向量线性相关

(C) $\boldsymbol{A}$ 是行满秩的　　(D) $\boldsymbol{A}$ 是列满秩的

4. 设矩阵 $\boldsymbol{A}^* = \begin{pmatrix} 1 & 1 & -1 \\ 0 & 2 & 3 \\ 0 & 0 & 2 \end{pmatrix}$,则 $\boldsymbol{A}^{-1} =$ ( ).

(A) $\dfrac{1}{2}\boldsymbol{A}^*$　　(B) $\dfrac{1}{2}\boldsymbol{A}$　　(C) $\dfrac{1}{4}\boldsymbol{A}$　　(D) $\dfrac{1}{4}\boldsymbol{A}^*$

三、写出以 $(0,0,0)$ 为顶点,$\begin{cases} x^2+y^2+2z^2=1 \\ x+y=z+1 \end{cases}$ 为准线的锥面方程. 并指出其在平面 $z=2$ 上的投影曲线的名称.

四、a, b 取何值时,线性方程组

$$\begin{pmatrix}1 & 0 & 2 & a\\0 & 1 & -1 & 0\\1 & 1 & 0 & a+b\\1 & 1 & 1 & 2a\end{pmatrix}\begin{pmatrix}x_1\\x_2\\x_3\\x_4\end{pmatrix}=\begin{pmatrix}2\\-1\\0\\b+1\end{pmatrix}$$

有唯一解、无解、有无穷多解,并在有无穷多解时,求出该方程组的结构式通解.

五、设二次型 $f(\boldsymbol{x}) = \boldsymbol{x}^{\mathrm{T}}\boldsymbol{B}\boldsymbol{x}$,其中 $\boldsymbol{B} = \begin{pmatrix}2 & 0 & 2\\2 & 2 & 0\\0 & 2 & 2\end{pmatrix}$.

(1) 写出二次型 $f(\boldsymbol{x}) = \boldsymbol{x}^{\mathrm{T}}\boldsymbol{A}\boldsymbol{x}$ 的矩阵 $\boldsymbol{A}$;

(2) 求一个正交矩阵 $\boldsymbol{P}$,使 $\boldsymbol{P}^{-1}\boldsymbol{A}\boldsymbol{P}$ 成对角矩阵;

(3) 求一个矩阵 $\boldsymbol{C}$,写出 $\boldsymbol{f}$ 在线性变换 $\boldsymbol{x} = \boldsymbol{C}\boldsymbol{y}$ 下的规范形.

六、向量组 $\boldsymbol{\beta}_1 = (3,4,2,3)$,$\boldsymbol{\beta}_2 = (4,2,6,3)$,能否由向量组 $\boldsymbol{\alpha}_1 = (2,2,2,1)$,$\boldsymbol{\alpha}_2 = (1,0,2,1)$,$\boldsymbol{\alpha}_3 = (1,2,0,1)$ 线性表示. 若能,求出它们的表达式.

七、设数域 $\mathbf{R}$ 上的三维线性空间 V 中定义的两个运算是 $\oplus$ 和 $\circ$,即 $\boldsymbol{\alpha}\oplus\boldsymbol{\beta}\in V$,$k\circ\boldsymbol{\alpha}\in V$,且 $\boldsymbol{\varepsilon}_1,\boldsymbol{\varepsilon}_2,\boldsymbol{\varepsilon}_3$ 是 V 的一个基,θ 是 V 的零元,若

$\boldsymbol{\alpha}_1 = \boldsymbol{\varepsilon}_1\oplus(-1)\circ\boldsymbol{\varepsilon}_2\oplus 2\circ\boldsymbol{\varepsilon}_3$,$\boldsymbol{\alpha}_2 = 3\circ\boldsymbol{\varepsilon}_1\oplus(-2)\circ\boldsymbol{\varepsilon}_2\oplus 5\circ\boldsymbol{\varepsilon}_3$,$\boldsymbol{\alpha}_3 = 2\circ\boldsymbol{\varepsilon}_1\oplus\boldsymbol{\varepsilon}_2\oplus\boldsymbol{\varepsilon}_3$

(1) 求 $\mathrm{span}\{\boldsymbol{\alpha}_1,\boldsymbol{\alpha}_2,\boldsymbol{\alpha}_3\}$ 的基与维数.

(2) 若 V 中的线性算子 T 在基 $\varepsilon_1,\varepsilon_2,\varepsilon_3$ 下的矩阵 $\boldsymbol{A} = \begin{pmatrix}1 & 3 & 2\\-1 & -2 & 1\\2 & 5 & 1\end{pmatrix}$,求 $\ker(T)$ 和 $T(V)$ 的一个基.

八、设 $\boldsymbol{\alpha} = (a_1,a_2,a_3)^{\mathrm{T}}$,$\boldsymbol{\beta} = (b_1,b_2,b_3)^{\mathrm{T}}$,且 $\boldsymbol{\alpha}^{\mathrm{T}}\boldsymbol{\beta} = 2$,$\boldsymbol{A} = \boldsymbol{\alpha}\boldsymbol{\beta}^{\mathrm{T}}$,

(1) 求 $\boldsymbol{A}$ 的特征值,

(2) 求可逆阵 $\boldsymbol{P}$ 及对角阵 $\boldsymbol{\Lambda}$,使 $\boldsymbol{P}^{-1}\boldsymbol{A}\boldsymbol{P} = \boldsymbol{\Lambda}$.

模拟试题五

一、填空题

1. 若矩阵 $\boldsymbol{A} = \begin{pmatrix}2 & 0 & 1\\0 & 3 & 0\\5 & 0 & 3\end{pmatrix}$,则 $\det(2\boldsymbol{A}\boldsymbol{A}^{\mathrm{T}}) =$ ________.

2. 若向量组 $\boldsymbol{\alpha}_1 = \begin{pmatrix}1\\1\\\lambda\end{pmatrix}$,$\boldsymbol{\alpha}_2 = \begin{pmatrix}1\\\lambda\\1\end{pmatrix}$,$\boldsymbol{\alpha}_3 = \begin{pmatrix}\lambda\\1\\1\end{pmatrix}$ 的秩为 2,则 $\lambda =$ ________.

3. 设矩阵 $\boldsymbol{A} = \begin{pmatrix}1 & 2 & 1 & 2\\0 & 1 & a & a\\1 & a & 0 & 1\end{pmatrix}$,已知齐次线性方程组 $\boldsymbol{A}\boldsymbol{x} = \boldsymbol{0}$ 的基础解系含有两个向量,则 $a =$ ________.

4. 设矩阵 $\boldsymbol{A}=\begin{pmatrix}1&0&3\\0&1&-1\\3&-1&a\end{pmatrix}$ 为正定矩阵,则 a 的取值范围是________.

二、单项选择题

1. 设两个非零矩阵 $\boldsymbol{A}$、$\boldsymbol{B}$,满足 $\boldsymbol{AB}=\boldsymbol{O}$,则必有(　).

(A) $\boldsymbol{A}$ 的列向量组线性相关　　(B) $\boldsymbol{A}$ 的列向量组线性无关

(C) $\boldsymbol{B}$ 的列向量组线性相关　　(D) $\boldsymbol{B}$ 的列向量组线性无关

2. 曲线 $\begin{cases}2x^2-y^2=2\\z=0\end{cases}$ 绕 x 轴旋转一周所形成旋转面的名称是(　).

(A) 单叶双曲面　(B) 双叶双曲面　(C) 椭圆面　(D) 抛物面

3. 已知 3 阶矩阵 $\boldsymbol{A}$ 的特征值为 1,2,3,则 $\boldsymbol{A}^*-\boldsymbol{I}$ 必相似于对角矩阵(　).

(A) $\begin{pmatrix}0&&\\&1&\\&&2\end{pmatrix}$　(B) $\begin{pmatrix}-1&&\\&-2&\\&&5\end{pmatrix}$　(C) $\begin{pmatrix}-5&&\\&1&\\&&2\end{pmatrix}$　(D) $\begin{pmatrix}1&&\\&2&\\&&5\end{pmatrix}$

4. 设矩阵 $\boldsymbol{A}=\begin{pmatrix}1&1&-1\\0&2&3\\0&0&4\end{pmatrix}$,则 $\left(\frac{1}{2}\boldsymbol{A}^*\right)^{-1}=$(　).

(A) $\frac{1}{2}\boldsymbol{A}$　(B) $\frac{1}{4}\boldsymbol{A}$　(C) $\frac{1}{8}\boldsymbol{A}$　(D) $\frac{1}{16}\boldsymbol{A}$

三、设方阵 $\boldsymbol{B}$ 满足 $\boldsymbol{A}^*\boldsymbol{B}=2\boldsymbol{I}+2\boldsymbol{B}$,其中 $\boldsymbol{A}=\begin{pmatrix}1&1&-1\\-1&1&1\\1&-1&1\end{pmatrix}$,求矩阵 $\boldsymbol{B}$.

四、已知直线 L_1:$\frac{x-1}{-2}=\frac{y}{-3}=\frac{z}{2}$,直线 L_2:$\frac{x-3}{2}=\frac{y+1}{1}=\frac{z+2}{-2}$.

(1) 记 L_i 的方向向量为 $\boldsymbol{a}_i(i=1,2)$,求过 L_1 且与 $\boldsymbol{a}_1\times\boldsymbol{a}_2$ 平行的平面 π 的方程.

(2) 求 L_2 与 π 的交点. 并写出 L_1 与 L_2 的公垂线的方程.

五、a、b 取何值时,线性方程组

$$\begin{pmatrix}1&2&0&2\\1&1&2&3\\0&1&-a&-1\\1&4&-4&a-2\end{pmatrix}\begin{pmatrix}x_1\\x_2\\x_3\\x_4\end{pmatrix}=\begin{pmatrix}0\\-1\\1\\b+3\end{pmatrix}$$

有唯一解、无解、有无穷多解,并在有无穷多解时,求出该方程组的通解.

六、设二次型 $f(x_1,x_2,x_3)=4(x_1^2+x_2^2+x_3^2+x_1x_2+x_1x_3-x_2x_3)$,

(1) 写出二次型 $f(x_1,x_2,x_3)=\boldsymbol{x}^{\mathrm{T}}\boldsymbol{Ax}$ 的矩阵 $\boldsymbol{A}$;

(2) 求一个正交矩阵 $\boldsymbol{P}$,使 $\boldsymbol{P}^{-1}\boldsymbol{AP}$ 成对角矩阵;

(3) 写出 f 在正交变换 $\boldsymbol{x}=\boldsymbol{Py}$ 下化成的标准形.

七、设矩阵 $\boldsymbol{A}=\begin{pmatrix}1&2&-3\\-1&4&-3\\1&a&5\end{pmatrix}$ 的全部特征值之积为 24.

(1) 求 a 的值;

(2) 讨论 $\boldsymbol{A}$ 能否对角化,若能,求一个可逆矩阵 $\boldsymbol{P}$ 使 $\boldsymbol{P}^{-1}\boldsymbol{AP}=\boldsymbol{D}$ 为对角阵.

八、在 $\mathbf{R}^{2\times 2}$ 中,所有2阶实对称矩阵所组成的集合构成 $\mathbf{R}^{2\times 2}$ 的一个子空间 W. 证明元素组 $\boldsymbol{A}_1=\begin{pmatrix}1 & -2\\ -2 & 1\end{pmatrix}$,$\boldsymbol{A}_2=\begin{pmatrix}2 & 1\\ 1 & 3\end{pmatrix}$,$\boldsymbol{A}_3=\begin{pmatrix}4 & -1\\ -1 & -5\end{pmatrix}$是 W 的一个基.

九、设 $\boldsymbol{T}$ 是 $F[x]_2$ 上的线性算子,T 在 $F[x]_2$ 的基(Ⅰ):$x^2,x,1$ 下的矩阵为 $\boldsymbol{A}=\begin{bmatrix}1 & 2 & 3\\ -1 & 0 & 3\\ 2 & 1 & 5\end{bmatrix}$,求 T 在 $F[x]_2$ 的基(Ⅱ):x^2,x^2+x,x^2+x+1 下的矩阵.

十、设 $\boldsymbol{A}$ 为 n 阶方阵,$\boldsymbol{A}\neq\boldsymbol{O}$ 且 $\boldsymbol{A}\neq\boldsymbol{I}$. 证明:$\boldsymbol{A}^2=\boldsymbol{A}$ 的充分必要条件是 $r(\boldsymbol{A})+r(\boldsymbol{A}-\boldsymbol{I})=\boldsymbol{n}$.

自测题参考答案

1.5 自测题

一、填空题

1. -4；　2. 2；　3. 1；　4. 16；　5. 0

二、选择题

1. B；　2. B；　3. C；　4. C；　5. B

三、计算题

1. (1) -1000；　(2) 0；　(3) 0

2. $x_1=3, x_2=-5, x_3=2$

3. **解**　因为系数行列式为 0，所以该齐次线性方程组有非零解.

四、证明题

1. **证明**　左端 $\xlongequal{r_1+r_2+r_3}\begin{vmatrix} 2x+2y & 2x+2y & 2x+2y \\ y & x+y & x \\ x+y & x & y \end{vmatrix}=2(x+y)\begin{vmatrix} 1 & 1 & 1 \\ y & x+y & x \\ x+y & x & y \end{vmatrix}$

$=2(x+y)\begin{vmatrix} 1 & 0 & 0 \\ y & x & x-y \\ x+y & -y & -x \end{vmatrix}=2(x+y)[-x^2+y(x-y)]=-2(x^3+y^3)=$ 右端

2. **证明**　当 $x=0$ 时，$D=0$.

左端 $\xlongequal{r_i+(-1)r_1}\begin{vmatrix} 1+x & 1 & 1 & 1 \\ -x & -x & 0 & 0 \\ -x & 0 & y & 0 \\ -x & 0 & 0 & -y \end{vmatrix}=\begin{vmatrix} 1 & 1 & 1 & 1 \\ 0 & -x & 0 & 0 \\ 0 & 0 & y & 0 \\ 0 & 0 & 0 & -y \end{vmatrix}+\begin{vmatrix} x & 1 & 1 & 1 \\ -x & -x & 0 & 0 \\ -x & 0 & y & 0 \\ -x & 0 & 0 & -y \end{vmatrix}$

$=xy^2+x\begin{vmatrix} 1 & 1 & 1 & 1 \\ -1 & -x & 0 & 0 \\ -1 & 0 & y & 0 \\ -1 & 0 & 0 & -y \end{vmatrix}=xy^2+x\begin{vmatrix} 1-\frac{1}{x}+\frac{1}{y}-\frac{1}{y} & 1 & 1 & 1 \\ 0 & -x & 0 & 0 \\ 0 & 0 & y & 0 \\ 0 & 0 & 0 & -y \end{vmatrix}$

$=xy^2+x^2y^2\left(1-\frac{1}{x}\right)=x^2y^2=$ 右端.

2.5 自测题

一、填空题

1. 0； 2. $3^{k-1}\begin{bmatrix}1 & \frac{1}{2} & \frac{1}{3}\\ 2 & 1 & \frac{2}{3}\\ 3 & \frac{3}{2} & 1\end{bmatrix}$； 3. $-\frac{27}{8}$； 4. $a=5$； 5. 0

二、选择题

1. A； 2. D； 3. A； 4. B； 5. C

三、计算题

1. 解 利用初等行变换，得 $\boldsymbol{A}^{-1}=\begin{bmatrix}\frac{1}{3} & \frac{1}{3} & \frac{1}{3}\\ \frac{1}{2} & 0 & \frac{1}{2}\\ \frac{1}{6} & \frac{1}{3} & -\frac{1}{6}\end{bmatrix}=\frac{1}{6}\begin{bmatrix}2 & 2 & 2\\ 3 & 0 & 3\\ 1 & 2 & -1\end{bmatrix}$

$$\boldsymbol{X}=\boldsymbol{A}^{-1}\boldsymbol{B}\boldsymbol{A}=\begin{bmatrix}\frac{2}{3} & -\frac{2}{3} & \frac{4}{3}\\ -1 & 0 & 1\\ \frac{2}{3} & \frac{1}{3} & \frac{4}{3}\end{bmatrix}=\frac{1}{3}\begin{bmatrix}2 & -2 & 4\\ -3 & 0 & 3\\ 2 & 1 & 4\end{bmatrix},$$

$$\boldsymbol{X}^5=\boldsymbol{A}^{-1}\boldsymbol{B}^5\boldsymbol{A}=\boldsymbol{A}^{-1}\begin{bmatrix}1 & & \\ & 2^5 & \\ & & -1\end{bmatrix}\boldsymbol{A}=\frac{1}{3}\begin{bmatrix}32 & -2 & 64\\ -3 & 0 & 3\\ 32 & 1 & 64\end{bmatrix}$$

2. 解 对 $\boldsymbol{A}^{-1}\boldsymbol{B}\boldsymbol{A}=6\boldsymbol{A}+\boldsymbol{B}\boldsymbol{A}$ 两端左乘 $\boldsymbol{A}$，右乘 $\boldsymbol{A}^{-1}$，有 $\boldsymbol{B}=6\boldsymbol{A}(\boldsymbol{E}-\boldsymbol{A})^{-1}=\begin{bmatrix}3 & & \\ & 2 & \\ & & 1\end{bmatrix}$.

3. 解 $\boldsymbol{A}\boldsymbol{B}+\boldsymbol{E}=\boldsymbol{A}^2+\boldsymbol{B}\Rightarrow\boldsymbol{B}=\boldsymbol{A}+\boldsymbol{E}=\begin{bmatrix}2 & 0 & 1\\ 1 & 3 & 0\\ 0 & 0 & 4\end{bmatrix}$.

4. 解 $|A|=4$，

对 $\boldsymbol{A}^*\boldsymbol{X}=\boldsymbol{A}^{-1}+2\boldsymbol{X}$ 两端左乘 $\boldsymbol{A}$，得 $|\boldsymbol{A}|\boldsymbol{X}=\boldsymbol{E}+2\boldsymbol{A}\boldsymbol{X}\Rightarrow\boldsymbol{X}=(|\boldsymbol{A}|\boldsymbol{E}-2\boldsymbol{A})^{-1}=\frac{1}{4}\begin{bmatrix}1 & 1 & 0\\ 0 & 1 & 1\\ 1 & 0 & 1\end{bmatrix}$

5. 解 $|\boldsymbol{A}|=9$，对 $\boldsymbol{A}\boldsymbol{B}\boldsymbol{A}^*=2\boldsymbol{B}\boldsymbol{A}^*+3\boldsymbol{A}^{-1}$ 两端右乘 $\boldsymbol{A}$，得 $\boldsymbol{A}\boldsymbol{B}|\boldsymbol{A}|=2\boldsymbol{B}|\boldsymbol{A}|+3\boldsymbol{E}$，进一步化简得

$\boldsymbol{B}=(3\boldsymbol{A}-6\boldsymbol{E})^{-1}$，

又 $\boldsymbol{B}^*=|\boldsymbol{B}|\boldsymbol{B}^{-1}=\dfrac{1}{|\boldsymbol{B}^{-1}|}\boldsymbol{B}^{-1}=\dfrac{1}{|3\boldsymbol{A}-6\boldsymbol{E}|}(3\boldsymbol{A}-6\boldsymbol{E})=\dfrac{1}{9}\dfrac{1}{|\boldsymbol{A}-2\boldsymbol{E}|}(\boldsymbol{A}-2\boldsymbol{E})=$
$-\dfrac{1}{9}\begin{bmatrix}0&1&0\\1&0&0\\0&0&1\end{bmatrix}$

6. **解** $\boldsymbol{AXA}-\boldsymbol{ABA}=\boldsymbol{XA}-\boldsymbol{AB}\Rightarrow(\boldsymbol{A}-\boldsymbol{E})\boldsymbol{XA}=\boldsymbol{AB}(\boldsymbol{A}-\boldsymbol{E})$，左乘 $\boldsymbol{A}^{-1}$，右乘 $\boldsymbol{A}^{-1}$，得 $(\boldsymbol{E}-\boldsymbol{A}^{-1})\boldsymbol{X}=\boldsymbol{B}(\boldsymbol{E}-\boldsymbol{A}^{-1})\Rightarrow\boldsymbol{X}=(\boldsymbol{E}-\boldsymbol{A}^{-1})^{-1}\boldsymbol{B}(\boldsymbol{E}-\boldsymbol{A}^{-1})$

又 $\boldsymbol{E}-\boldsymbol{A}^{-1}=\begin{bmatrix}\frac{1}{2}&&\\&\frac{1}{2}&\\&&\frac{2}{3}\end{bmatrix}\Rightarrow(\boldsymbol{E}-\boldsymbol{A}^{-1})^{-1}=\begin{bmatrix}2&&\\&2&\\&&\frac{3}{2}\end{bmatrix}$，$\boldsymbol{B}^2=3\boldsymbol{B}\Rightarrow\boldsymbol{B}^3=9\boldsymbol{B}$

$$\text{故 }\boldsymbol{X}^3=(\boldsymbol{E}-\boldsymbol{A}^{-1})^{-1}\boldsymbol{B}^3(\boldsymbol{E}-\boldsymbol{A}^{-1})=9\begin{bmatrix}2&&\\&2&\\&&\frac{2}{3}\end{bmatrix}\begin{bmatrix}1&1&1\\3&3&3\\2&2&2\end{bmatrix}\begin{bmatrix}\frac{1}{2}&&\\&\frac{1}{2}&\\&&\frac{2}{3}\end{bmatrix}$$

$$=\begin{bmatrix}9&9&12\\27&27&36\\6&6&8\end{bmatrix}.$$

四、证明题

1. **证明** $(\boldsymbol{A}^2-2\boldsymbol{A}-4\boldsymbol{E})=\boldsymbol{O}\Rightarrow(\boldsymbol{A}-\boldsymbol{E})(\boldsymbol{A}-\boldsymbol{E})=5\boldsymbol{E}\Rightarrow|\boldsymbol{A}-\boldsymbol{E}|\neq0\Rightarrow\boldsymbol{A}-\boldsymbol{E}$ 可逆.

$(\boldsymbol{A}-\boldsymbol{E})^{-1}=\dfrac{1}{5}(\boldsymbol{A}-\boldsymbol{E})$.

2. **证明** 因为 $\boldsymbol{A}$、$\boldsymbol{B}$ 都是对称矩阵，所以有 $\boldsymbol{A}^{\mathrm{T}}=\boldsymbol{A},\boldsymbol{B}^{\mathrm{T}}=\boldsymbol{B},(\boldsymbol{A}^{-1})^{\mathrm{T}}=(\boldsymbol{A}^{\mathrm{T}})^{-1}=\boldsymbol{A}^{-1}$

$(\boldsymbol{E}+\boldsymbol{AB})^{-1}\boldsymbol{A}=(\boldsymbol{AA}^{-1}+\boldsymbol{AB})^{-1}\boldsymbol{A}=[\boldsymbol{A}(\boldsymbol{A}^{-1}+\boldsymbol{B})]^{-1}\boldsymbol{A}=(\boldsymbol{A}^{-1}+\boldsymbol{B})^{-1}$

$[(\boldsymbol{E}+\boldsymbol{AB})^{-1}\boldsymbol{A}]^{\mathrm{T}}=[(\boldsymbol{A}^{-1}+\boldsymbol{B})^{-1}]^{\mathrm{T}}=[(\boldsymbol{A}^{-1}+\boldsymbol{B})^{\mathrm{T}}]^{-1}=[(\boldsymbol{A}^{-1})^{\mathrm{T}}+\boldsymbol{B}^{\mathrm{T}}]^{-1}$
$=(\boldsymbol{A}^{-1}+\boldsymbol{B})^{-1}$

故 $(\boldsymbol{E}+\boldsymbol{AB})^{-1}\boldsymbol{A}$ 是对称矩阵.

3.5 自测题

一、填空题

1. 6； 2. 3 和 $\sqrt{5}$；$\arccos\dfrac{1}{\sqrt{5}}$； 3. $\dfrac{x}{2}=\dfrac{y-1}{-1}=\dfrac{z-1}{1}$； 4. $4x+3(y-1)-z=0$；

5. $(x-1)-3(y-2)+z-3=0$

二、选择题

1. C； 2. C； 3. A； 4. D； 5. B.

三、计算题

1. **解** 联立三个平面方程，求得交点为(1,1,1).

由题设条件知，所求平面法向量为(1,1,2)，故所求平面方程为$(x-1)+(y-1)+2(z-1)=0$.

2. **解** 因为所求平面过直线，故直线上的点(2,−1,2)在所求平面上.

由题设条件，所求平面法向量为$(5,2,4)\times(1,4,-3)=(-22,19,18)$，

故所求平面方程为$-22(x-2)+19(y+1)+18(z-2)=0$

3. **解** (1)直线L_1上取一点$A(0,0,4)$，L_2上取一点$B(0,0,0)$，L_1的方向向量为$\boldsymbol{l}_1=(1,1,1)$，L_2的方向向量为$\boldsymbol{l}_2=(-1,1,1)$，因为$\boldsymbol{l}_1\times\boldsymbol{l}_2\cdot\overrightarrow{AB}\neq0$，所以$L_1$与$L_2$为异面直线.

(2)两异面直线间的距离为$d=\dfrac{|\boldsymbol{l}_1\times\boldsymbol{l}_2\cdot\overrightarrow{AB}|}{\|\boldsymbol{l}_1\times\boldsymbol{l}_2\|}=\dfrac{8}{\sqrt{8}}=8\sqrt{2}$

(3)与两直线均垂直相交的直线即为它们的公垂线.

设公垂线L的方向向量为$\boldsymbol{l}=\boldsymbol{l}_1\times\boldsymbol{l}_2=(0,-2,2)$

公垂线L和直线L_1所确定的平面为Π_1，Π_1的法向量为$\boldsymbol{n}_1=\boldsymbol{l}\times\boldsymbol{l}_1=(-4;2,2)$

从而Π_1的方程为：$-4x+2y+2(z-4)=0$，化简为：$2x-y-2z+2=0$ (1)

公垂线L和直线L_2所确定的平面为Π_2，Π_2的法向量为$\boldsymbol{n}_2=\boldsymbol{l}\times\boldsymbol{l}_2=(-4,-2,-2)$

从而Π_2的方程为：$-4x-2y-2z=0$，化简为：$2x+y+z=0$ (2)

联立(1)，(2)立即为所求公垂线方程：$\begin{cases}2x-y-2z+2=0\\2x+y+z=0\end{cases}$.

4. **解** 设所求直线L的方向向量为$\boldsymbol{l}=(m,n,p)$，在直线L_2上取一点$B=(0,0,0)$.

则向量$\boldsymbol{l}$，$\overrightarrow{AB}$与L_2的方向向量$\boldsymbol{l}_2=(2,1,-1)$共面.

又直线L垂直于L_1，所以$\boldsymbol{l}$与直线L_1的方向向量$\boldsymbol{l}_1=(3,2,1)$垂直.

由上得到如下关系式：$\begin{cases}\boldsymbol{l}\cdot\boldsymbol{l}_1=0\\\boldsymbol{l}\times\boldsymbol{l}_2\cdot\overrightarrow{AB}=0\end{cases}$即$\begin{cases}3m+2n+p=0\\m-n+p=0\end{cases}$解之得，$\boldsymbol{l}=(-3,2,5)$

故所求直线方程为$\dfrac{x+3}{1}=\dfrac{y-2}{2}=\dfrac{z-5}{1}$.

5. (1)**证明** 设L_1的方向向量为$\boldsymbol{l}_1=(1,1,-1)\times(2,1,-1)=(0,-1,-1)$

设L_1的方向向量为$\boldsymbol{l}_2=(1,2,-1)\times(1,2,2)=(6,-3,0)$

在L_1上取一点$A(1,0,0)$，在L_2上取一点$B(-2,1,-2)$，

因为$\boldsymbol{l}_1\times\boldsymbol{l}_2\cdot\overrightarrow{AB}=(-3,-6,6)\cdot(3,-1,2)=9\neq0$，所以直线$L_1$与$L_2$为异面直线.

(2)类似第3题的方法，得二直线间的距离为$d=\dfrac{|\boldsymbol{l}_1\times\boldsymbol{l}_2\cdot\overrightarrow{AB}|}{\|\boldsymbol{l}_1\times\boldsymbol{l}_2\|}=1$

(3)公垂线的方程为$\begin{cases}4x-y+z-4=0\\2x+4y+5z+10=0\end{cases}$.

四、证明题

1. **证明** $V_{A-BCD}=\frac{1}{3}S_{\triangle BCD}\cdot h=\frac{1}{3}\cdot\frac{1}{2}\|\overrightarrow{AB}\times\overrightarrow{AC}\|h$

高 h 可看做$\overrightarrow{AD}$在$\overrightarrow{BC}\times\overrightarrow{BD}$上的投影的绝对值，即 $h=\frac{|\overrightarrow{AD}\cdot(\overrightarrow{AB}\times\overrightarrow{AC})|}{\|\overrightarrow{AB}\times\overrightarrow{AC}\|}$

故 $V_{A-BCD}=\frac{1}{6}\|\overrightarrow{AB}\times\overrightarrow{AC}\|h=\frac{1}{6}|[\overrightarrow{AD},\overrightarrow{AB},\overrightarrow{AC}]|$

$$=\frac{1}{6}\left\|\begin{matrix} x_4-x_1 & y_4-y_1 & z_4-z_1 \\ x_2-x_1 & y_2-y_1 & z_2-z_1 \\ x_3-x_1 & y_3-y_1 & z_3-z_1 \end{matrix}\right\|=\frac{1}{6}\left\|\begin{matrix} x_1 & y_1 & z_1 & 1 \\ x_2-x_1 & y_2-y_1 & z_2-z_1 & 0 \\ x_3-x_1 & y_3-y_1 & z_3-z_1 & 0 \\ x_4-x_1 & y_4-y_1 & z_4-z_1 & 0 \end{matrix}\right\|$$

$$=\frac{1}{6}\left\|\begin{matrix} x_1 & y_1 & z_1 & 1 \\ x_2 & y_2 & z_2 & 1 \\ x_3 & y_3 & z_3 & 1 \\ x_4 & y_4 & z_4 & 1 \end{matrix}\right\|.$$

2. **证明** 两端与 $\boldsymbol{a}$ 做点积，可得$[\boldsymbol{a},\boldsymbol{b},\boldsymbol{c}]=0 \Rightarrow \boldsymbol{a},\boldsymbol{b},\boldsymbol{c}$ 共面.

4.5 自测题

一、填空题

1. $s\geqslant n$； 2. 0； 3. $\leqslant 2$； 4. $(1,-1,-1)$； 5. 3

二、选择题

1. B； 2. D； 3. D； 4. C； 5. D

三、计算题

1. **解** (1)由题设知，$\boldsymbol{P}$ 可逆，

$$\boldsymbol{AP}=[\boldsymbol{Ax},\boldsymbol{A}^2\boldsymbol{x},\boldsymbol{A}^3\boldsymbol{x}]=[\boldsymbol{Ax},\boldsymbol{A}^2\boldsymbol{x},3\boldsymbol{Ax}-2\boldsymbol{A}^2\boldsymbol{x}]=[\boldsymbol{x},\boldsymbol{Ax},\boldsymbol{A}^2\boldsymbol{x}]\begin{bmatrix} 0 & 0 & 0 \\ 1 & 0 & 3 \\ 0 & 1 & -2 \end{bmatrix}=\boldsymbol{PB}$$

所以 $\boldsymbol{B}=\begin{bmatrix} 0 & 0 & 0 \\ 1 & 0 & 3 \\ 0 & 1 & -2 \end{bmatrix}$

(2)由①得 $\boldsymbol{A}=\boldsymbol{PBP}^{-1}$

所以$|\boldsymbol{A}+\boldsymbol{I}|=|\boldsymbol{PBP}^{-1}+\boldsymbol{PP}^{-1}|=|\boldsymbol{B}+\boldsymbol{I}|=-4$

2. **解** 因为 $\boldsymbol{Ax}=\boldsymbol{0}$的基础解系含有 2 个解向量，所以 $r(\boldsymbol{A})=2$. $\boldsymbol{A}$ 的所有三阶子式均为 0，由此得 $a=1$.

$\boldsymbol{A}=\begin{bmatrix} 1 & 2 & 1 & 2 \\ 0 & 1 & 1 & 1 \\ 1 & 1 & 0 & 1 \end{bmatrix}\rightarrow\begin{bmatrix} 1 & 0 & -1 & 0 \\ 0 & 1 & 1 & 1 \\ 0 & 0 & 0 & 0 \end{bmatrix}$，得基础解系为 $\boldsymbol{\xi}_1=(1,-1,1,0)^{\mathrm{T}}$，$\boldsymbol{\xi}_2=(0,-1,0,1)^{\mathrm{T}}$

原方程组的通解为 $\boldsymbol{x}=k_1\boldsymbol{\xi}_1+k_2\boldsymbol{\xi}_2$，其中 k_1,k_2 为任意实数.

3. **解** $\boldsymbol{AB}=\boldsymbol{O}\Rightarrow \boldsymbol{Ax}=\boldsymbol{0}$有非零解 $\Rightarrow |\boldsymbol{A}|=0\Rightarrow \lambda=1\Rightarrow r(\boldsymbol{A})=2$

另外 $\boldsymbol{AB}=\boldsymbol{O}\Rightarrow r(\boldsymbol{B})\leqslant 3-r(\boldsymbol{A})=1\Rightarrow |\boldsymbol{B}|=0$.

4. **解** $\boldsymbol{B}=\boldsymbol{\beta}^{\mathrm{T}}\boldsymbol{\alpha}\Rightarrow \boldsymbol{B}=2$

$\boldsymbol{A}=\boldsymbol{\alpha}\boldsymbol{\beta}^{\mathrm{T}}\Rightarrow \boldsymbol{A}^2=2\boldsymbol{\alpha}\boldsymbol{\beta}^{\mathrm{T}}\Rightarrow \boldsymbol{A}^4=8\boldsymbol{\alpha}\boldsymbol{\beta}^{\mathrm{T}}$

$\boldsymbol{B}^2\boldsymbol{A}^2\boldsymbol{x}=\boldsymbol{A}^4\boldsymbol{x}+\boldsymbol{B}^4\boldsymbol{x}+\boldsymbol{\gamma}\Rightarrow \boldsymbol{x}=-\dfrac{1}{16}\boldsymbol{\gamma}=\left(0,0,-\dfrac{1}{2}\right)^{\mathrm{T}}$.

5. **解** 由通解的表达式可知，基础解系中只含一个解向量，说明 $r(\boldsymbol{A})=3$，故只有一个自由未知量，取 x_4 为自由未知量，齐次的通解为$\begin{cases}x_1=\dfrac{1}{4}x_4\\x_2=\dfrac{1}{2}x_4\\x_3=-\dfrac{3}{4}x_4\end{cases}$，等价于$\begin{cases}4x_1-x_4=0\\2x_2-x_4=0\\4x_3+3x_4=0\end{cases}$

故设非齐次方程为为$\begin{cases}4x_1-x_4=b_1\\2x_2-x_4=b_2\\4x_3+3x_4=b_3\end{cases}$，取 $x_1=2,x_2=1,x_3=-4,x_4=3$，得 $b_1=5,b_2=-1$，$b_3=0$，所以所求非齐次方程组为$\begin{cases}4x_1-x_4=5\\2x_2-x_4=-1.\\4x_3+3x_4=0\end{cases}$

四、证明题

1. **证明** $r(\mathrm{II})=2\Rightarrow \alpha_4$ 可以由 $\alpha_1,\alpha_2,\alpha_3$ 唯一地线性表示. 令 $\boldsymbol{\alpha}_4=l_1\boldsymbol{\alpha}_1+l_2\boldsymbol{\alpha}_2+l_3\boldsymbol{\alpha}_3$.（$*$）

要证 $r(\mathrm{IV})=4$，即证向量组(Ⅳ)线性无关.

故设 $k_1\boldsymbol{\alpha}_1+k_2\boldsymbol{\alpha}_2+k_3\boldsymbol{\alpha}_3+k_4(\boldsymbol{\alpha}_5-\boldsymbol{\alpha}_4)=0$，将($*$)式代入，得

$(k_1-k_4l_1)\boldsymbol{\alpha}_1+(k_2-k_4l_2)\boldsymbol{\alpha}_2+(k_3-k_4l_3)\boldsymbol{\alpha}_3+k_4\boldsymbol{\alpha}_5=0$

题设知 $r(\mathrm{III})=4$，故向量组(Ⅲ)线性无关，从而有

$\begin{cases}k_1-k_4l_1=0\\k_2-k_4l_2=0\\k_3-k_4l_3=0\\k_4=0\end{cases}\Rightarrow k_1=k_2=k_3=k_4=0$，故向量组(Ⅳ)线性无关，从而 $r(\mathrm{IV})=4$.

2. **证明** 由 1.1 行列式的性质(6)知，$\boldsymbol{B\alpha}_i=0(i=1,2,\cdots,n-r)$，

故 $\boldsymbol{\alpha}_1,\boldsymbol{\alpha}_2,\cdots,\boldsymbol{\alpha}_{n-r}$是 $\boldsymbol{Bx}=\boldsymbol{0}$的解.

$r(\boldsymbol{A})=n$，由例 4.15 知 $\boldsymbol{r}(\boldsymbol{A})=\boldsymbol{r}(\boldsymbol{A}^*)=\boldsymbol{n}\Rightarrow \boldsymbol{\alpha}_1,\boldsymbol{\alpha}_2,\cdots,\boldsymbol{\alpha}_{n-r}$线性无关.

$r(\boldsymbol{A})=\boldsymbol{n}\Rightarrow r(\boldsymbol{B})=r\Rightarrow \boldsymbol{Bx}=\boldsymbol{0}$的基础解系中含有 $n-r$ 个线性无关的解向量.

综上，知 $\boldsymbol{\alpha}_1,\boldsymbol{\alpha}_2,\cdots,\boldsymbol{\alpha}_{n-r}$是 $\boldsymbol{Bx}=\boldsymbol{0}$的基础解系.

3. **证明** 由秩的定义可知 $r(\boldsymbol{A})=r(\boldsymbol{A}^{\mathrm{T}})$

一方面，$\boldsymbol{Ax}=\boldsymbol{0}\Rightarrow \boldsymbol{A}^{\mathrm{T}}\boldsymbol{Ax}=0\Rightarrow \boldsymbol{Ax}=\boldsymbol{0}$的解均是 $\boldsymbol{A}^{\mathrm{T}}\boldsymbol{Ax}=\boldsymbol{0}$的解，

所以有 $n-r(\boldsymbol{A})\leqslant n-r(\boldsymbol{A}^{\mathrm{T}}\boldsymbol{A})\Rightarrow r(\boldsymbol{A})\geqslant r(\boldsymbol{A}^{\mathrm{T}}\boldsymbol{A})$(此结论也可由矩阵秩的性质得到).

另一方面，$\boldsymbol{A}^{\mathrm{T}}\boldsymbol{Ax}=0\Rightarrow \boldsymbol{x}^{\mathrm{T}}\boldsymbol{A}^{\mathrm{T}}\boldsymbol{Ax}=0\Rightarrow \|\boldsymbol{Ax}\|=0\Rightarrow r(\boldsymbol{A})\leqslant r(\boldsymbol{A}^{\mathrm{T}}\boldsymbol{A})$

综上，可得 $r(\boldsymbol{A})=r(\boldsymbol{A}^{\mathrm{T}})=r(\boldsymbol{A}^{\mathrm{T}}\boldsymbol{A})$.

5.5 自测题

一、填空题

1. $\frac{1}{\sqrt{2}}(1,0,-1)^{\mathrm{T}},\frac{1}{\sqrt{6}}(1,-2,1)^{\mathrm{T}}$； 2. $0,-2,1$； 3. $3,-\frac{1}{5},\frac{2}{5}$； 4. $\frac{1}{\sqrt{6}}(1,0,2,-1)^{\mathrm{T}}$, $\frac{1}{\sqrt{14}}(0,2,1,3)^{\mathrm{T}}$； 5. $\frac{1}{\sqrt{26}}(4,0,1,-3)^{\mathrm{T}}$

二、选择题

1. C； 2. B； 3. B； 4. A； 5. A

三、计算题

1. **解** 由定义知

(1) $\langle\boldsymbol{\beta},\boldsymbol{\alpha}\rangle=(\boldsymbol{A\beta})^{\mathrm{T}}(\boldsymbol{A\alpha})=[(\boldsymbol{A\beta})^{\mathrm{T}}(\boldsymbol{A\alpha})]^{\mathrm{T}}=(\boldsymbol{A\alpha})^{\mathrm{T}}(\boldsymbol{A\alpha})=\langle\boldsymbol{\alpha},\boldsymbol{\beta}\rangle$，所以满足对称性；

(2) $\langle\boldsymbol{\alpha}+\boldsymbol{\beta},\boldsymbol{\gamma}\rangle=(\boldsymbol{A}(\boldsymbol{\alpha}+\boldsymbol{\beta}))^{\mathrm{T}}(\boldsymbol{A\gamma})=(\boldsymbol{A\alpha}+\boldsymbol{A\beta})^{\mathrm{T}}(\boldsymbol{A\gamma})=(\boldsymbol{A\alpha})^{\mathrm{T}}(\boldsymbol{A\gamma})+(\boldsymbol{A\beta})^{\mathrm{T}}(\boldsymbol{A\gamma})$
$=\langle\boldsymbol{\alpha},\boldsymbol{\beta}\rangle+\langle\boldsymbol{\alpha},\boldsymbol{\gamma}\rangle$，所以满足线性性质；

$\langle\boldsymbol{\alpha},\boldsymbol{\alpha}\rangle=(\boldsymbol{A\alpha})^{\mathrm{T}}(\boldsymbol{A\alpha})=\|\boldsymbol{A\alpha}\|^2\geqslant 0$，所以满足非负性.

故所定义的运算是内积.

2. **解** (1)由题设知，
$$(\boldsymbol{\alpha}_1,\boldsymbol{\alpha}_2,\boldsymbol{\alpha}_3)=(\boldsymbol{\varepsilon}_1,\boldsymbol{\varepsilon}_2,\boldsymbol{\varepsilon}_3)\boldsymbol{A}=(\boldsymbol{\varepsilon}_1,\boldsymbol{\varepsilon}_2,\boldsymbol{\varepsilon}_3)\begin{bmatrix}1&0&1\\0&1&2\\1&0&2\end{bmatrix}\tag{4}$$

$$(\boldsymbol{\beta}_1,\boldsymbol{\beta}_2,\boldsymbol{\beta}_3)=(\boldsymbol{\varepsilon}_1,\boldsymbol{\varepsilon}_2,\boldsymbol{\varepsilon}_3)\boldsymbol{B}=(\boldsymbol{\varepsilon}_1,\boldsymbol{\varepsilon}_2,\boldsymbol{\varepsilon}_3)\begin{bmatrix}1&2&1\\0&3&3\\-1&1&1\end{bmatrix}\tag{5}$$

因为 $|\boldsymbol{A}|\neq 0,|\boldsymbol{B}|\neq 0$，所以 $|\boldsymbol{\alpha}_1,\boldsymbol{\alpha}_2,\boldsymbol{\alpha}_3|\neq 0,|\boldsymbol{\beta}_1,\boldsymbol{\beta}_2,\boldsymbol{\beta}_3|\neq 0$，

故 $\boldsymbol{\alpha}_1,\boldsymbol{\alpha}_2,\boldsymbol{\alpha}_3$ 和 $\boldsymbol{\beta}_1,\boldsymbol{\beta}_2,\boldsymbol{\beta}_3$ 均线性无关，从而都是 V 的基.

(2)由(4)式知，$(\boldsymbol{\varepsilon}_1,\boldsymbol{\varepsilon}_2,\boldsymbol{\varepsilon}_3)=(\boldsymbol{\alpha}_1,\boldsymbol{\alpha}_2,\boldsymbol{\alpha}_3)\boldsymbol{A}^{-1}$ (6)

把(6)式代入(5)式，有 $(\boldsymbol{\beta}_1,\boldsymbol{\beta}_2,\boldsymbol{\beta}_3)=(\boldsymbol{\varepsilon}_1,\boldsymbol{\varepsilon}_2,\boldsymbol{\varepsilon}_3)\boldsymbol{B}=(\boldsymbol{\alpha}_1,\boldsymbol{\alpha}_2,\boldsymbol{\alpha}_3)\boldsymbol{A}^{-1}\boldsymbol{B}$

故从 $\boldsymbol{\alpha}_1,\boldsymbol{\alpha}_2,\boldsymbol{\alpha}_3$ 到 $\boldsymbol{\beta}_1,\boldsymbol{\beta}_2,\boldsymbol{\beta}_3$ 的过度矩阵为 $\boldsymbol{A}^{-1}\boldsymbol{B}=\begin{bmatrix}3&3&1\\4&5&3\\-2&-1&0\end{bmatrix}$.

3, **解** (1)因为 $\begin{bmatrix}1&b&c\\0&0&c\end{bmatrix}+\begin{bmatrix}1&\tilde{b}&\tilde{c}\\0&0&\tilde{c}\end{bmatrix}=\begin{bmatrix}2&b+\tilde{b}&c+\tilde{c}\\0&0&c+\tilde{c}\end{bmatrix}\notin W$，对加法不封闭

所以，W 不构成 U 的子空间.

(2)因为 $\forall\boldsymbol{A},\boldsymbol{B}\in W,\boldsymbol{A}^{\mathrm{T}}=-\boldsymbol{A},\boldsymbol{B}^{\mathrm{T}}=-\boldsymbol{B}$，

所以 $(\boldsymbol{A}+\boldsymbol{B})^{\mathrm{T}}=\boldsymbol{A}^{\mathrm{T}}+\boldsymbol{B}^{\mathrm{T}}=(-\boldsymbol{A})+(-\boldsymbol{B})=-(\boldsymbol{A}+\boldsymbol{B})\in W$

又 因为$\forall \boldsymbol{A}\in W,\forall k\in F,(k\boldsymbol{A})^{\mathrm{T}}=k\boldsymbol{A}^{\mathrm{T}}=-(k\boldsymbol{A})\in W$

所以，W 按 U 中所定义的加法和数乘运算封闭，故构成 U 的线性子空间.

W 的一个基为$\begin{bmatrix} & 1 & \\ -1 & & \\ & & \end{bmatrix},\begin{bmatrix} & & 1\\ & & \\ -1 & & \end{bmatrix},\begin{bmatrix} & & \\ & & 1\\ & -1 & \end{bmatrix}$.

(3)**解** 由题设知 $W=\{f(x)\mid(x+a)^2,a\in\mathbf{R}\}$,

因为$\forall f(x)\in W,g(x)=(x+\tilde{a})^2\in W,f(x)+g(x)=(x+a)^2+(x+\tilde{a})^2$

上式有两个实根 $x_1=-a,x_2=-\tilde{a}$. 故对加法不封闭，所以 W 不构成 U 的子空间.

4. **解** $\boldsymbol{A}=\begin{bmatrix}1&1&1&1\\1&0&0&1\\0&1&1&0\end{bmatrix}\to\begin{bmatrix}1&0&0&1\\0&1&1&0\\0&0&0&0\end{bmatrix}$,

因为 $r(\boldsymbol{A})=2$ 所以基础解系为 $\boldsymbol{\xi}_1=(0,-1,1,0)^{\mathrm{T}},\boldsymbol{\xi}_2=(-1,0,0,1)^{\mathrm{T}}$.

故 $W(\boldsymbol{A})=\mathrm{span}\{(1,0,0,-1)^{\mathrm{T}},(0,1,-1,0)^{\mathrm{T}}\}$

设 $\boldsymbol{\beta}=(x_1,x_2,x_3,x_4)^{\mathrm{T}}\in W(\boldsymbol{A})^{\perp}$，因为 $W(\boldsymbol{A})^{\perp}\perp W(\boldsymbol{A})$，则$\langle\boldsymbol{\beta},\boldsymbol{\xi}_1\rangle=0,\langle\boldsymbol{\beta},\boldsymbol{\xi}_2\rangle=0$

于是有$\begin{cases}-x_2+x_3=0\\-x_1+x_4=0\end{cases}$，解之得基础解系为 $\boldsymbol{\gamma}_1=(0,1,1,0)^{\mathrm{T}},\boldsymbol{\gamma}_2=(1,0,0,1)^{\mathrm{T}}$.

所以 $W(\boldsymbol{A})^{\perp}=\mathrm{span}\{(1,0,0,1)^{\mathrm{T}},(0,1,1,0)^{\mathrm{T}}\}$

5. **解** 设 $\boldsymbol{\alpha}_1=\boldsymbol{x},\boldsymbol{\alpha}_2=\sin x,\boldsymbol{\alpha}_3=\cos x$，容易计算按所定义的内积运算

$\langle\boldsymbol{\alpha}_1,\boldsymbol{\alpha}_2\rangle=\langle\boldsymbol{\alpha}_1,\boldsymbol{\alpha}_3\rangle=\langle\boldsymbol{\alpha}_2,\boldsymbol{\alpha}_3\rangle=0$，所以$\{1,\sin x,\cos x\}$是 W 的正交基.

又 $\|\boldsymbol{\alpha}_1\|^2=\int_{-\pi}^{\pi}\mathrm{d}x=2\pi\Rightarrow\|\boldsymbol{\alpha}_1\|=\sqrt{2\pi}$. $\|\boldsymbol{\alpha}_2\|^2=\int_{-\pi}^{\pi}\cos^2x\mathrm{d}x=\pi\Rightarrow\|\boldsymbol{\alpha}_2\|=\sqrt{\pi}$.

$\|\boldsymbol{\alpha}_3\|^2=\int_{-\pi}^{\pi}\sin^2x\mathrm{d}x=\pi\Rightarrow\|\boldsymbol{\alpha}_2\|=\sqrt{\pi}$.

所以$\left\{\sqrt{2\pi},\dfrac{\sin x}{\sqrt{\pi}},\dfrac{\cos x}{\sqrt{\pi}}\right\}$是 W 的标准正交基.

四、证明题

1. **证明** 根据标准正交基的定义$\langle\boldsymbol{x},\boldsymbol{A}\boldsymbol{y}\rangle=(\boldsymbol{A}\boldsymbol{y})^{\mathrm{T}}\boldsymbol{x}=\boldsymbol{y}^{\mathrm{T}}\boldsymbol{A}^{\mathrm{T}}\boldsymbol{x}=\langle\boldsymbol{A}^{\mathrm{T}}\boldsymbol{x},\boldsymbol{y}\rangle$证毕.

2. **证明** 右$=\dfrac{1}{4}(\langle\boldsymbol{\alpha}+\boldsymbol{\beta},\boldsymbol{\alpha}+\boldsymbol{\beta}\rangle-\langle\boldsymbol{\alpha}-\boldsymbol{\beta},\boldsymbol{\alpha}-\boldsymbol{\beta}\rangle)$

$$=\frac{1}{4}[(\|\boldsymbol{\alpha}\|^2+\|\boldsymbol{\beta}\|^2+2\langle\boldsymbol{\alpha},\boldsymbol{\beta}\rangle)-(\|\boldsymbol{\alpha}\|^2+\|\boldsymbol{\beta}\|^2-2\langle\boldsymbol{\alpha},\boldsymbol{\beta}\rangle)]=\langle\boldsymbol{\alpha},\boldsymbol{\beta}\rangle=$$

左，证毕.

3. **证明** $(x^3,x^3+x,x^2+1,x+1)=(1,x,x^2,x^3)A=(1,x,x^2,x^3)\begin{bmatrix}0&0&1&1\\0&1&0&1\\0&0&1&0\\1&1&0&0\end{bmatrix}$

因为$|\boldsymbol{A}|\neq0$ 所以 $\boldsymbol{A}$ 为满秩矩阵，故$\{x^3,x^3+x,x^2+1,x+1\}$是 $F[x]_3$ 的基.

$f=x^2+2x+3=(1,x,x^2,x^3)b=(1,x,x^2,x^3)\begin{bmatrix}3\\2\\1\\0\end{bmatrix}$

$=(x^3,x^3+x,x^2+1,x+1)A^{-1}b$

所以，f 在基 $\{x^3,x^3+x,x^2+1,x+1\}$ 下的坐标为 $\boldsymbol{A}^{-1}\boldsymbol{b}=(0,0,1,2)^{\mathrm{T}}$.

4. **证明** 由题设条件知 $(\boldsymbol{\beta}_1,\boldsymbol{\beta}_2,\boldsymbol{\beta}_3)=\frac{1}{3}(\boldsymbol{\alpha}_1,\boldsymbol{\alpha}_2,\boldsymbol{\alpha}_3)\boldsymbol{A}=\frac{1}{3}(\boldsymbol{\alpha}_1,\boldsymbol{\alpha}_2,\boldsymbol{\alpha}_3)\begin{bmatrix}1&2&2\\-2&-1&2\\-2&2&-1\end{bmatrix}$

因为 $|\boldsymbol{A}|\neq 0$ 所以 $\boldsymbol{A}$ 为满秩矩阵，故 $\boldsymbol{\beta}_1,\boldsymbol{\beta}_2,\boldsymbol{\beta}_3$ 线性无关.

又因为 $\boldsymbol{\alpha}_1,\boldsymbol{\alpha}_2,\boldsymbol{\alpha}_3$ 为标准正交基，有 $\langle\boldsymbol{\alpha}_i,\boldsymbol{\alpha}_j\rangle=\begin{cases}1,i=j\\0,i\neq j\end{cases}$

所以 $\langle\boldsymbol{\beta}_i,\boldsymbol{\beta}_j\rangle=\begin{cases}1,i=j\\0,i\neq j\end{cases}$，从而 $\boldsymbol{\beta}_1,\boldsymbol{\beta}_2,\boldsymbol{\beta}_3$ 也为标准正交基.

6.5 自测题

一、填空题

1. 0 和 n； 2. $-3,5,-1$； 3. a 任意非零三维列向量； 4. $4,(1,1,\cdots,1)^{\mathrm{T}}$；
5. $(1,-2,1)^{\mathrm{T}}$

二、选择题

1. A； 2. D； 3. B； 4. A,C； 5. A,B,D

三、计算题

1. **解** 由题设条件知，存在可逆矩阵 $P=[\alpha_1,\alpha_2,\alpha_3]$，使得

$\boldsymbol{P}^{-1}\boldsymbol{AP}=\mathrm{diag}(1,2,-3)\Rightarrow \boldsymbol{P}^{-1}\boldsymbol{A}^*\boldsymbol{P}=|\boldsymbol{A}|\boldsymbol{P}^{-1}\boldsymbol{A}^{-1}\boldsymbol{P}=|\boldsymbol{A}|(\boldsymbol{P}^{-1}\boldsymbol{AP})^{-1}$

$=-6\mathrm{diag}(1,\frac{1}{2},-\frac{1}{3})=|\boldsymbol{A}|(\boldsymbol{P}^{-1}\boldsymbol{AP})^{-1}=-6\mathrm{diag}(1,\frac{1}{2},-\frac{1}{3})=\mathrm{diag}(-6,-3,2)$

于是 $\boldsymbol{P}^{-1}\boldsymbol{BP}=\boldsymbol{P}^{-1}\boldsymbol{A}^*\boldsymbol{P}-2\boldsymbol{P}^{-1}\boldsymbol{AP}+3\boldsymbol{P}^{-1}\boldsymbol{P}=\mathrm{diag}(-6,-3,2)-2\mathrm{diag}(1,2,-3)+3\mathrm{diag}(1,1,1)=\mathrm{diag}(-5,-4,11)$

故 $\boldsymbol{P}^{-1}\boldsymbol{B}^{-1}\boldsymbol{P}=\mathrm{diag}(-\frac{1}{5},-\frac{1}{4},\frac{1}{11})$，所以 B^{-1} 的特征值为 $-\frac{1}{5},-\frac{1}{4},\frac{1}{11}$. 从而 $|\boldsymbol{B}^{-1}|=\frac{1}{220}$.

$\boldsymbol{P}^{-1}\boldsymbol{B}^{-1}\boldsymbol{P}=\mathrm{diag}(-\frac{1}{5},-\frac{1}{4},\frac{1}{11})\Rightarrow \boldsymbol{B}^{-1}\boldsymbol{P}=\boldsymbol{P}\mathrm{diag}(-\frac{1}{5},-\frac{1}{4},\frac{1}{11})$

即 $\boldsymbol{B}^{-1}[\boldsymbol{\alpha}_1,\boldsymbol{\alpha}_2,\boldsymbol{\alpha}_3]=[\boldsymbol{\alpha}_1,\boldsymbol{\alpha}_2,\boldsymbol{\alpha}_3]\mathrm{diag}(-\frac{1}{5},-\frac{1}{4},\frac{1}{11})$

$\Rightarrow \boldsymbol{B}^{-1}\boldsymbol{\alpha}_1=-\frac{1}{5}\boldsymbol{\alpha}_1,\boldsymbol{B}^{-1}\boldsymbol{\alpha}_2=-\frac{1}{4}\boldsymbol{\alpha}_2,\boldsymbol{B}^{-1}\boldsymbol{\alpha}_3=\frac{1}{11}\boldsymbol{\alpha}_3$

所以 $\boldsymbol{B}^{-1}$ 的特征向量为 $\boldsymbol{\alpha}_1,\boldsymbol{\alpha}_2,\boldsymbol{\alpha}_3$.

2. **解** (1) 由题设知 $|\boldsymbol{A}|=24\Rightarrow a=-2$.

(2) $|\boldsymbol{A}-\lambda\boldsymbol{E}|=0\Rightarrow \lambda_1=\lambda_2=2,\lambda_3=6$

对于 $\lambda=2$：$(\boldsymbol{A}-2\boldsymbol{E})\boldsymbol{x}=\boldsymbol{0}$的基础解系为 $\xi_1=(2,1,0)^{\mathrm{T}}$，$\xi_2=(-3,0,1)^{\mathrm{T}}$

对于 $\lambda=6$：$(\boldsymbol{A}-6\boldsymbol{E})\boldsymbol{x}=\boldsymbol{0}$的基础解系为 $\xi_3=(-1,-1,1)^{\mathrm{T}}$

因为 3 阶矩阵 $\boldsymbol{A}$ 有 3 个线性无关的特征向量，所以 $\boldsymbol{A}$ 可对角化.

且存在可逆矩阵 $\boldsymbol{P}=[\xi_1,\xi_2,\xi_3]=\begin{bmatrix}2&-3&-1\\1&0&-1\\0&1&1\end{bmatrix}$，使得 $\boldsymbol{P}^{-1}\boldsymbol{AP}=\begin{bmatrix}2&&\\&2&\\&&6\end{bmatrix}$.

3. **解** $\boldsymbol{A}^2=\boldsymbol{E}\Rightarrow(\boldsymbol{A}+\boldsymbol{E})(\boldsymbol{A}-\boldsymbol{E})=0\Rightarrow|\boldsymbol{A}+\boldsymbol{E}||\boldsymbol{A}-\boldsymbol{E}|=0\Rightarrow\boldsymbol{A}$ 只有特征值 1 或 -1.

$r(\boldsymbol{A}+\boldsymbol{E})=2\Rightarrow-1$ 为 A 的特征值，

$\boldsymbol{A}^2=\boldsymbol{E}\Rightarrow\boldsymbol{A}+\boldsymbol{E})(\boldsymbol{A}-\boldsymbol{E})=0\Rightarrow r(\boldsymbol{A}-\boldsymbol{E})\leqslant n-r(\boldsymbol{A}+\boldsymbol{E})=n-2\Rightarrow|\boldsymbol{A}-\boldsymbol{E}|=0$，所以 1 也是 $\boldsymbol{A}$ 的特征值.

$\boldsymbol{A}^2=\boldsymbol{E}\Rightarrow n=r(\boldsymbol{A}^2)\leqslant r(\boldsymbol{A})\Rightarrow r(\boldsymbol{A})=n$，

所以，$\boldsymbol{A}$ 相似于对角矩阵 $\begin{bmatrix}1&&&&\\&\ddots&&&\\&&1&&\\&&&-1&\\&&&&-1\\&&&&\end{bmatrix}$.

4. **解** 设 $\boldsymbol{\alpha}=(x_1,x_2,x_3)^{\mathrm{T}}$ 是 $\boldsymbol{A}$ 的对应于特征值 3 的特征向量，则它与 $\boldsymbol{\alpha}_1$ 正交，从而由 $\langle\boldsymbol{\alpha},\boldsymbol{\alpha}_1\rangle=x_1+x_2+x_3=0$ 得 A 的对应于特征值 3 的两个特征向量为：

$$\boldsymbol{\alpha}_2=(-1,1,0)^{\mathrm{T}},\boldsymbol{\alpha}_3=(-1,0,1)^{\mathrm{T}}$$

令 $\boldsymbol{P}=[\boldsymbol{\alpha}_1,\boldsymbol{\alpha}_2,\boldsymbol{\alpha}_3]=\begin{bmatrix}1&-1&-1\\1&1&0\\1&0&1\end{bmatrix}$，则 $\boldsymbol{P}^{-1}\boldsymbol{AP}=\boldsymbol{\Lambda}-\begin{bmatrix}6&&\\&3&\\&&3\end{bmatrix}$，

所以 $\boldsymbol{A}=\boldsymbol{P\Lambda P}^{-1}=\begin{bmatrix}1&-1&-1\\1&1&0\\1&0&1\end{bmatrix}\begin{bmatrix}6&&\\&3&\\&&3\end{bmatrix}\cdot\frac{1}{3}\begin{bmatrix}1&1&1\\-1&2&-1\\-1&-1&2\end{bmatrix}=\begin{bmatrix}4&1&1\\1&4&1\\1&1&4\end{bmatrix}$.

5. **解** $\boldsymbol{AA}^{\mathrm{T}}=2\boldsymbol{E}$，$|\boldsymbol{A}|<0\Rightarrow|\boldsymbol{A}|=-4$

$|3\boldsymbol{E}+\boldsymbol{A}|=0\Rightarrow|3\boldsymbol{A}^*+\boldsymbol{A}^*\boldsymbol{A}|=0\Rightarrow|3\boldsymbol{A}^*-4\boldsymbol{E}|=0\Rightarrow\boldsymbol{A}^*$ 的一个特征值为$\frac{4}{3}$.

四、证明题

1. **证明** λ 是 $\boldsymbol{A}$ 的特征值 $\Rightarrow|\boldsymbol{A}-\lambda\boldsymbol{E}|=0\Rightarrow|(\boldsymbol{A}-\lambda\boldsymbol{E})^{\mathrm{T}}|=0\Rightarrow|\boldsymbol{A}^{\mathrm{T}}-\lambda\boldsymbol{E}|=0\Rightarrow\lambda$ 是 $\boldsymbol{A}^{\mathrm{T}}$ 的特征值.

2. **证明** $|\boldsymbol{A}+\boldsymbol{E}|=-|\boldsymbol{A}||(\boldsymbol{A}+\boldsymbol{E})^{\mathrm{T}}|=-|\boldsymbol{AA}^{\mathrm{T}}+\boldsymbol{A}|=-|\boldsymbol{A}+\boldsymbol{E}|\Rightarrow2|\boldsymbol{A}+\boldsymbol{E}|=0$

所以，-1 是 $\boldsymbol{A}$ 的特征值.

3. **证明** $|\boldsymbol{A}-\lambda\boldsymbol{E}|=0\Rightarrow\lambda_1=\lambda_2=\lambda_3=k$，

对于 $\lambda=k$：$(\boldsymbol{A}-k\boldsymbol{E})\boldsymbol{x}=0$ 的基础解系只含一个解向量$(0,0,1)^{\mathrm{T}}$，由于特征根 k 的代数重数为 3，对应的特征向量的几何重数为 1，不相等，故无论 k 为何值，A 都不能对角化.

4. **证明** $\boldsymbol{A}^2-3\boldsymbol{A}+2\boldsymbol{E}=\boldsymbol{O}\Rightarrow(\boldsymbol{A}-\boldsymbol{E})(\boldsymbol{A}-2\boldsymbol{E})=\boldsymbol{O}\Rightarrow|\boldsymbol{A}-\boldsymbol{E}|=0$ 或$|\boldsymbol{A}-2\boldsymbol{E}|=0$

所以 $\boldsymbol{A}$ 有特征值只能为 1 或 2.

5. **证明** 设 $\boldsymbol{x}\neq\boldsymbol{0}$是矩阵 $\boldsymbol{AB}$ 的对应于特征值 λ 的特征向量，所以有 $\boldsymbol{ABx}=\lambda\boldsymbol{x}$，又因 $\lambda\neq0$，所以 $\boldsymbol{Bx}\neq\boldsymbol{0}$.

于是 $\boldsymbol{BA}(\boldsymbol{Bx})=\boldsymbol{B}(\boldsymbol{AB})\boldsymbol{x}=\lambda(\boldsymbol{Bx})$，从而 λ 也是 $\boldsymbol{BA}$ 的特征向量.

7.5 自测题

一、填空题

1. $\dfrac{x^2}{\frac{1}{2}}+\dfrac{\left(y-\frac{1}{2}\right)^2}{\frac{1}{4}}=1$； 2. $y^2+z^2=3x$； 3. $\{(x,y)\mid x^2+y^2\leqslant1\}$； 4. 3；

5. $\begin{bmatrix}1 & \frac{5}{2} & 4\\ \frac{5}{2} & 4 & \frac{11}{2}\\ 4 & \frac{11}{2} & 7\end{bmatrix}$

6. $(-\sqrt{2},\sqrt{2})$； 7. $(-\sqrt{2},\sqrt{2})$； 8. 2,1,3； 9. -1； 10. $y_1^2+y_2^2-y_3^2$

二、选择题

1. B； 2. A； 3. B； 4. D； 5. C； 6. C； 7. D； 8. A 9. C； 10. D

三、计算题

1. **解** 因为 f 的秩为 2，所以有 $|A|=0\Rightarrow c=1$ 或 $c=2$

当 $c=-1$ 时，$r(\boldsymbol{A})=1$；当 $c=-2$ 时，$r(\boldsymbol{A})=2$. 故 $c=2$.

2. **解** f 的矩阵为 $\boldsymbol{A}=\begin{bmatrix}0 & 2 & -2\\ 2 & 4 & 4\\ -2 & 4 & -3\end{bmatrix}$，令 $|\boldsymbol{A}-\lambda\boldsymbol{E}|=0\Rightarrow\lambda_1=-6,\lambda_2=1,\lambda_3=6$.

对于 $\lambda_1=-6$：求解 $(\boldsymbol{A}+6\boldsymbol{E})\boldsymbol{x}=\boldsymbol{0}$，得基础解系为 $\boldsymbol{\xi}_1=(1,-1,2)^{\mathrm{T}}$；

对于 $\lambda_2=1$：求解 $(\boldsymbol{A}-\boldsymbol{E})\boldsymbol{x}=\boldsymbol{0}$，得基础解系为 $\boldsymbol{\xi}_2=(-2,0,1)^{\mathrm{T}}$；

对于 $\lambda_3=6$：求解 $(\boldsymbol{A}-6\boldsymbol{E})\boldsymbol{x}=\boldsymbol{0}$，得基础解系为 $\boldsymbol{\xi}_3=(1,5,2)^{\mathrm{T}}$；

因 $\boldsymbol{A}$ 有三个不同的特征值，所以 $\boldsymbol{\xi}_1,\boldsymbol{\xi}_2,\boldsymbol{\xi}_3$ 两两正交，再单位化，

令 $\boldsymbol{p}_1=\dfrac{1}{\sqrt{6}}(1,-1,2)^{\mathrm{T}},\boldsymbol{p}_2=\dfrac{1}{\sqrt{5}}(-2,0,1)^{\mathrm{T}},\boldsymbol{p}_3=\dfrac{1}{\sqrt{30}}(1,5,2)^{\mathrm{T}}$，则有

$$\boldsymbol{P}=[\boldsymbol{p}_1,\boldsymbol{p}_2,\boldsymbol{p}_3]=\begin{bmatrix}\frac{1}{\sqrt{6}} & \frac{-2}{\sqrt{5}} & \frac{1}{\sqrt{30}}\\ -\frac{1}{\sqrt{6}} & 0 & \frac{5}{\sqrt{30}}\\ \frac{2}{\sqrt{6}} & \frac{1}{\sqrt{5}} & \frac{2}{\sqrt{30}}\end{bmatrix}$$，$\boldsymbol{P}$ 为正交矩阵.

当 $\boldsymbol{x}=\boldsymbol{P}\boldsymbol{y}$ 时，有 $f=-6y_1^2+y_2^2+6y_3^2$.

3. **解** f 的矩阵为 $\boldsymbol{A}=\begin{bmatrix}2&0&0\\0&3&a\\0&a&3\end{bmatrix}$，由题设条件知 A 的特征值为 1,2,5.

将 $\lambda=1$ 代入 $|\boldsymbol{A}-\lambda\boldsymbol{E}|=0 \Rightarrow a=\pm 2$.

当 $a=2$ 时，f 的矩阵为 $\boldsymbol{A}=\begin{bmatrix}2&0&0\\0&3&2\\0&2&3\end{bmatrix}$，得到正交矩阵为

$$\boldsymbol{P}=\begin{bmatrix}0&1&0\\-\frac{1}{\sqrt{2}}&0&\frac{1}{\sqrt{2}}\\\frac{1}{\sqrt{2}}&0&\frac{1}{\sqrt{2}}\end{bmatrix}$$

当 $a=-2$ 时，f 的矩阵为 $\boldsymbol{A}=\begin{bmatrix}2&0&0\\0&3&-2\\0&-2&3\end{bmatrix}$，得到正交矩阵为

$$\boldsymbol{P}=\begin{bmatrix}0&1&0\\-\frac{1}{\sqrt{2}}&0&-\frac{1}{\sqrt{2}}\\-\frac{1}{\sqrt{2}}&0&\frac{1}{\sqrt{2}}\end{bmatrix}$$

4. **解** 令 $\begin{cases}x_1=y_1-y_2\\x_2=y_1+y_2\\x_3=y_3\end{cases}$ 即 $\boldsymbol{x}=\begin{bmatrix}1&-1&0\\1&1&0\\0&0&1\end{bmatrix}\boldsymbol{y}$ 代入 f 中，则

$$\begin{aligned}f&=y_1^2-y_2^2+y_1y_3+y_2y_3=(y_1^2+y_1y_3)-(y_2^2-y_2y_3)\\&=\left(y_1+\frac{1}{2}y_3\right)^2-\left(y_2-\frac{1}{2}y_3\right)^2\end{aligned}$$

令 $\begin{cases}z_1=y_1+\frac{1}{2}y_3\\z_2=y_2-\frac{1}{2}y_3\\z_3=y_3\end{cases}$，即 $y=\begin{bmatrix}1&0&-\frac{1}{2}\\0&1&\frac{1}{2}\\0&0&1\end{bmatrix}z$，可将 f 化为 $f=z_1^2-z_2^2$

$f=z_1^2-z_2^2=1$ 表示双曲柱面.

5. **解** (1) f 的矩阵为 $\boldsymbol{A}=\frac{1}{2}(\boldsymbol{B}+\boldsymbol{B}^{\mathrm{T}})=\begin{bmatrix}2&3&0\\3&2&0\\0&0&5\end{bmatrix}$；

(2) 令 $|\boldsymbol{A}-\lambda\boldsymbol{E}|=0 \Rightarrow \lambda_1=-1,\lambda_2=5,\lambda_3=5$.

对于 $\lambda_1=-1$，求解 $(\boldsymbol{A}+\boldsymbol{E})\boldsymbol{x}=0$，得基础解系为 $\boldsymbol{\xi}_1=(1,-1,0)^{\mathrm{T}}$

对于 $\lambda_2=\lambda_3=5$，求解 $(\boldsymbol{A}-5\boldsymbol{E})\boldsymbol{x}=\boldsymbol{O}$，得基础解系为 $\boldsymbol{\xi}_2=(0,0,1)^{\mathrm{T}},\boldsymbol{\xi}_3=(1,1,0)^{\mathrm{T}}$.

由于所取基础解系 $\boldsymbol{\xi}_1,\boldsymbol{\xi}_2,\boldsymbol{\xi}_3$ 两两正交，再单位化，即可得正交矩阵 $\boldsymbol{P}$，

$$P=\begin{bmatrix}\frac{1}{\sqrt{2}} & 0 & \frac{1}{\sqrt{2}}\\ -\frac{1}{\sqrt{2}} & 0 & \frac{1}{\sqrt{2}}\\ 0 & 1 & 0\end{bmatrix}.$$

从而有 $P^{-1}AP=\begin{bmatrix}-1 & & \\ & 5 & \\ & & 5\end{bmatrix}$

(3)令 $x=Py$,可得 f 的标准形为 $f=-y_1^2+5y_2^2+5y_3^2$.

四、证明题

1. **证明** $B^{\mathrm{T}}=(\lambda E+A^{\mathrm{T}}A)^{\mathrm{T}}=\lambda E+A^{\mathrm{T}}A=B$. $\forall x\neq 0, x^{\mathrm{T}}Bx=\lambda\|x\|^2+\|Ax\|^2>0\Rightarrow B$ 为正定矩阵.

2. **证明** 因为 A 是正定矩阵,故存在正交矩阵 P,使得 $P^{-1}AP=P^{\mathrm{T}}AP=\begin{bmatrix}\lambda_1 & & & \\ & \lambda_2 & & \\ & & \ddots & \\ & & & \lambda_n\end{bmatrix}$

其中 $\lambda_1,\lambda_2,\cdots,\lambda_n$ 为 A 的特征值,且均大于 0.

从而有 $A=P\begin{bmatrix}\lambda_1 & & & \\ & \lambda_2 & & \\ & & \ddots & \\ & & & \lambda_n\end{bmatrix}P^{-1}$,将 A 变形为

$$A=P\begin{bmatrix}\sqrt{\lambda_1} & & & \\ & \sqrt{\lambda_2} & & \\ & & \ddots & \\ & & & \sqrt{\lambda_n}\end{bmatrix}P^{-1}P\begin{bmatrix}\sqrt{\lambda_1} & & & \\ & \sqrt{\lambda_2} & & \\ & & \ddots & \\ & & & \sqrt{\lambda_n}\end{bmatrix}P^{-1}$$

令 $B=P\begin{bmatrix}\sqrt{\lambda_1} & & & \\ & \sqrt{\lambda_2} & & \\ & & \ddots & \\ & & & \sqrt{\lambda_n}\end{bmatrix}P^{-1}$,且 B 是正定阵于是有 $A=B^2$.

3. **证明** 因为 A 是正定矩阵,故存在正交矩阵 P,使得

$$P^{\mathrm{T}}AP=\begin{bmatrix}\lambda_1 & & & \\ & \lambda_2 & & \\ & & \ddots & \\ & & & \lambda_n\end{bmatrix} \tag{7}$$

其中 $\lambda_1,\lambda_2,\cdots,\lambda_n$ 为 A 的特征值,且均大于 0.

对(7)两端取转置,得

$$P^{\mathrm{T}}A^{\mathrm{T}}P=\begin{bmatrix}\lambda_1 & & & \\ & \lambda_2 & & \\ & & \ddots & \\ & & & \lambda_n\end{bmatrix} \tag{8}$$

(7)式与(8)相乘,并利用 A 的正交性,得

$$P^{\mathrm{T}}APP^{\mathrm{T}}A^{\mathrm{T}}P=P^{\mathrm{T}}AA^{\mathrm{T}}P=E=\begin{bmatrix}\lambda_1^2 & & & \\ & \lambda_2^2 & & \\ & & \ddots & \\ & & & \lambda_n^2\end{bmatrix}\Rightarrow \lambda_i=1(i=1,\cdots,n)$$

由(7)得,$A=(P^{\mathrm{T}})^{-1}EP^{-1}=E$.

4. **证明** 因为 A 正定,所以 A 与单位矩阵合同,即存在可逆矩阵 N,使得 $N^{\mathrm{T}}AN=E$.

又因 B 为实对称矩阵,所以 $N^{\mathrm{T}}BN$ 也是实对称矩阵,从而存在正交矩阵 A,使得

$$P^{\mathrm{T}}(N^{\mathrm{T}}BN)P=(NP)^{\mathrm{T}}B(NP)=\Lambda(\Lambda\text{ 为一对角阵})$$

记 $NP=T$,则 T 可逆,且 $T^{\mathrm{T}}BT=\Lambda$ 及

$T^{\mathrm{T}}AT=(NP)^{\mathrm{T}}A(NP)=(NP)^{\mathrm{T}}(NN^{\mathrm{T}})(NP)=P^{\mathrm{T}}P=E$.

5. **证明** A 是反对称矩阵 $\Rightarrow A^{\mathrm{T}}=-A$

$\forall x, x^{\mathrm{T}}Ax=(x^{\mathrm{T}}Ax)^{\mathrm{T}}=-x^{\mathrm{T}}Ax\Rightarrow x^{\mathrm{T}}Ax=0$

6. **证明** 设 λ 为矩阵 A 的最小特征值,$\forall x, x^{\mathrm{T}}Ax\geqslant\lambda\|x\|^2$

从而 $\forall x\neq 0, x^{\mathrm{T}}(A-aE)x=x^{\mathrm{T}}Ax-a\|x\|^2\geqslant(\lambda-a)\|x\|^2>0$

所以 $A-aE$ 是正定矩阵. 同理,$B-bE$ 也是正定矩阵.

于是,$\forall x\neq 0, x^{\mathrm{T}}(A-aE+B-bE)x=x^{\mathrm{T}}(A-aE)x+x^{\mathrm{T}}(B-bE)x>0$

说明 $A+B-(a+b)E$ 是正定矩阵.

另外,因为 $A+B$ 正定,所以存在正交矩阵 P,使得 $P^{\mathrm{T}}(A+B)P=\begin{bmatrix}\gamma_1 & & & \\ & \gamma_2 & & \\ & & \ddots & \\ & & & \gamma_n\end{bmatrix}$

其中 $\gamma_i(i=1,\cdots,n)$ 为矩阵 $A+B$ 的特征值,且均大于 0.

于是 $P^{\mathrm{T}}(A+B-(a+b)E)P=\begin{bmatrix}\gamma_1-(a+b) & & & \\ & \gamma_2-(a+b) & & \\ & & \ddots & \\ & & & \gamma_n-(a+b)\end{bmatrix}$

由于 $A+B-(a+b)E$ 是正定的,所以 $\gamma_i-(a+b)>0(i=1,\cdots,n)$,即 $A+B$ 的特征值均大于 $a+b$.

7. **证明** 必要性 设 $B^{\mathrm{T}}A^{\mathrm{T}}B$ 正定,则对任何 n 维列向量 $x\neq\mathbf{0}$,有 $x^{\mathrm{T}}(B^{\mathrm{T}}AB)x>0$,即 $(Bx)^{\mathrm{T}}A(Bx)>0$. 所以,$Bx\neq\mathbf{0}$,于是方程组 $Bx=\mathbf{0}$ 只有零解,故 $r(B)=n$.

充分性 因 $(B^{\mathrm{T}}AB)^{\mathrm{T}}=B^{\mathrm{T}}A^{\mathrm{T}}B$,故 $B^{\mathrm{T}}AB$ 为实对称矩阵. 设 $r(B)=n$,则 $Bx=0$ 只有零解,故对 n 维列向量 $x\neq 0$,有 $Bx\neq 0$. 由于 A 正定,对 $Bx\neq 0$,有 $(Bx)^{\mathrm{T}}A(Bx)>0$,于是对 $x\neq 0$,有 $x^{\mathrm{T}}(B^{\mathrm{T}}AB)x>0$. 故 $B^{\mathrm{T}}AB$ 正定.

8.5 自测题

一、填空题

1. $(4,0,0)^{\mathrm{T}}$, $\begin{bmatrix}1&2&3\\0&0&0\\0&0&0\end{bmatrix}$, $\begin{bmatrix}1&1&1\\0&0&0\\0&0&0\end{bmatrix}$;

2. $(0,0,-1)^{\mathrm{T}},(1,2,1)^{\mathrm{T}},(-1,2,2)^{\mathrm{T}}$, $\begin{bmatrix}-1&1&0\\1&0&1\\1&-1&1\end{bmatrix}$;

3. $(7,-3,1)^{\mathrm{T}}$; $(1,-1,2)^{\mathrm{T}}$ 和 $(3,-2,5)^{\mathrm{T}}$; 4. $\begin{bmatrix}1&0&0\\1&1&0\\1&2&1\end{bmatrix}$

二、选择题

1. A,B; 2. B; 3. A,D; 4. A,D

三、判断题

1. (1) $\forall \boldsymbol{\alpha}\in V, T(2\boldsymbol{\alpha})=\boldsymbol{\alpha}_0\neq 2T(\boldsymbol{\alpha})$,所以 T 不是线性变换;

(2) $T\begin{bmatrix}x\\y\\y\end{bmatrix}=x\begin{bmatrix}2\\0\\0\end{bmatrix}+y\begin{bmatrix}-3\\0\\4\end{bmatrix}+z\begin{bmatrix}0\\-1\\0\end{bmatrix}$,所以 T 是线性变换;

(3)因为 $T(kx,ky,kz)^{\mathrm{T}}\neq kT(x,y,z)^{\mathrm{T}}$,所以 T 不是线性变换;

(4)因为 $\forall \boldsymbol{A},\boldsymbol{C}\in F^{n\times n}, T(k\boldsymbol{A})=kT(\boldsymbol{A}), T(\boldsymbol{A}+\boldsymbol{C})=T(\boldsymbol{A})+T(\boldsymbol{C})$,所以 T 是线性变换.

四、计算题

1. **解** $\boldsymbol{T}_1+\boldsymbol{T}_2=(2\boldsymbol{x}_1-\boldsymbol{x}_2-\boldsymbol{x}_3, 2\boldsymbol{x}_2+\boldsymbol{x}_3, 0)^{\mathrm{T}}$

$\boldsymbol{T}_1\boldsymbol{T}_2=(-2\boldsymbol{x}_3-\boldsymbol{x}_2, \boldsymbol{x}_2-\boldsymbol{x}_1, \boldsymbol{x}_3)^{\mathrm{T}}$, $\boldsymbol{T}_2\boldsymbol{T}_1=(-\boldsymbol{x}_2, \boldsymbol{x}_2+\boldsymbol{x}_3, -2\boldsymbol{x}_1+\boldsymbol{x}_2)^{\mathrm{T}}$

2. **解** $\boldsymbol{T}(\boldsymbol{E}_{11})=\begin{bmatrix}1&0\\0&0\end{bmatrix}\begin{bmatrix}a&b\\c&d\end{bmatrix}=\begin{bmatrix}a&b\\0&0\end{bmatrix}=a\boldsymbol{E}_{11}+b\boldsymbol{E}_{12}$

类似得到, $\boldsymbol{T}(\boldsymbol{E}_{12})=c\boldsymbol{E}_{11}+d\boldsymbol{E}_{12}$, $\boldsymbol{T}(\boldsymbol{E}_{21})=a\boldsymbol{E}_{21}+b\boldsymbol{E}_{22}$, $\boldsymbol{T}(\boldsymbol{E}_{22})=c\boldsymbol{E}_{21}+d\boldsymbol{E}_{22}$

故 $\boldsymbol{T}$ 在基 $\boldsymbol{E}_{11},\boldsymbol{E}_{12},\boldsymbol{E}_{21},\boldsymbol{E}_{22}$ 下的矩阵为 $\begin{bmatrix}a&c&0&0\\b&d&0&0\\0&0&a&c\\0&0&b&d\end{bmatrix}$.

3. **解** (1)因为

$$T(\boldsymbol{\xi}_1,\boldsymbol{\xi}_2,\boldsymbol{\xi}_3)=(\boldsymbol{\xi}_1,\boldsymbol{\xi}_2,\boldsymbol{\xi}_3)\begin{bmatrix}-1&2&0\\1&1&-1\\0&1&-1\end{bmatrix}$$

所以，T 在基 $\boldsymbol{\xi}_1,\boldsymbol{\xi}_2,\boldsymbol{\xi}_3$ 下的矩阵 $\boldsymbol{A}=\begin{bmatrix}-1&2&0\\1&1&-1\\0&1&-1\end{bmatrix}$.

(2)由 $(\boldsymbol{\alpha}_1,\boldsymbol{\alpha}_2,\boldsymbol{\alpha}_3)=(\boldsymbol{\xi}_1,\boldsymbol{\xi}_2,\boldsymbol{\xi}_3)\begin{bmatrix}1&1&1\\1&1&0\\1&0&0\end{bmatrix}=(\boldsymbol{\xi}_1,\boldsymbol{\xi}_2,\boldsymbol{\xi}_3)\boldsymbol{C}$，可以得到

$$(\boldsymbol{\xi}_1,\boldsymbol{\xi}_2,\boldsymbol{\xi}_3)=(\boldsymbol{\alpha}_1,\boldsymbol{\alpha}_2,\boldsymbol{\alpha}_3)\boldsymbol{C}^{-1}=(\boldsymbol{\alpha}_1,\boldsymbol{\alpha}_2,\boldsymbol{\alpha}_3)\begin{bmatrix}0&0&1\\0&1&-1\\1&-1&0\end{bmatrix}$$

还可得到，$T(\boldsymbol{\alpha}_1,\boldsymbol{\alpha}_2,\boldsymbol{\alpha}_3)=T(\boldsymbol{\xi}_1,\boldsymbol{\xi}_2,\boldsymbol{\xi}_3)\boldsymbol{C}=(\boldsymbol{\xi}_1,\boldsymbol{\xi}_2,\boldsymbol{\xi}_3)\boldsymbol{AC}$，将上式代入，得 $T(\boldsymbol{\alpha}_1,\boldsymbol{\alpha}_2,\boldsymbol{\alpha}_3)=(\boldsymbol{\alpha}_1,\boldsymbol{\alpha}_2,\boldsymbol{\alpha}_3)\boldsymbol{C}^{-1}\boldsymbol{AC}$. 所以，$T$ 在基 $(\boldsymbol{\alpha}_1,\boldsymbol{\alpha}_2,\boldsymbol{\alpha}_3)$ 下的坐标为

$$\boldsymbol{C}^{-1}\boldsymbol{AC}=\begin{bmatrix}0&1&0\\1&1&1\\0&-1&-2\end{bmatrix}$$

4. **解** (1)由题设知，$T(\boldsymbol{x}_1,\boldsymbol{x}_2,\boldsymbol{x}_3)^{\mathrm{T}}=\begin{bmatrix}1&2&-1\\0&1&1\\1&1&-2\end{bmatrix}\begin{bmatrix}x_1\\x_2\\x_3\end{bmatrix}$，即 $T\boldsymbol{x}=\boldsymbol{Ax}$

从而，T 的值域即为矩阵 $\boldsymbol{A}$ 的列空间.

$\boldsymbol{A}=\begin{bmatrix}1&2&-1\\0&1&1\\1&1&-2\end{bmatrix}\rightarrow\begin{bmatrix}1&0&-3\\0&1&1\\0&0&0\end{bmatrix}\Rightarrow R(T)=\mathrm{span}\{(1,0,1)^{\mathrm{T}},(2,1,1)^{\mathrm{T}}\}$，秩为 2.

T 的核即为方程组 $\boldsymbol{Ax}=\boldsymbol{O}$ 的解空间.

故 $\ker(T)=\{\mathrm{span}(3,-1,1)^{\mathrm{T}}\}$，秩为 1.

五、证明题

1. **证明** 假设 $\boldsymbol{\alpha}_1,\boldsymbol{\alpha}_2,\cdots,\boldsymbol{\alpha}_n$ 线性相关，即存在一组不全为 0 的数 $k_1,k_2,\cdots,k_n$

使得
$$k_1\boldsymbol{\alpha}_1+k_2\boldsymbol{\alpha}_2+\cdots+k_n\boldsymbol{\alpha}_n=0$$
从而有
$$T(k_1\boldsymbol{\alpha}_1+k_2\boldsymbol{\alpha}_2+\cdots+k_n\boldsymbol{\alpha}_n)=0$$
因为 T 为线性变换，所以有 $k_1T(\boldsymbol{\alpha}_1)+k_2T(\boldsymbol{\alpha}_2)+k_nT(\boldsymbol{\alpha}_n)=0$

即 $T(\boldsymbol{\alpha}_1),T(\boldsymbol{\alpha}_2),\cdots,T(\boldsymbol{\alpha}_n)$ 线性相关，与已知矛盾.

2. **证明** 由题设知，$T(\boldsymbol{x}_1,\boldsymbol{x}_2,\boldsymbol{x}_3)^{\mathrm{T}}=\begin{bmatrix}1&\alpha&0\\0&1&\beta\\0&0&1\end{bmatrix}\begin{bmatrix}x_1\\x_2\\x_3\end{bmatrix}$，即 $T(\boldsymbol{x})=\boldsymbol{Ax}$.

于是
$$T(\boldsymbol{a})=\boldsymbol{Aa},T(\boldsymbol{b})=\boldsymbol{Ab},T(\boldsymbol{c})=\boldsymbol{Ac}$$
故有
$$T(\boldsymbol{a},\boldsymbol{b},\boldsymbol{c})=(T(\boldsymbol{a}),T(\boldsymbol{b}),T(\boldsymbol{c}))=\boldsymbol{A}(\boldsymbol{a},\boldsymbol{b},\boldsymbol{c})$$
因为 $\boldsymbol{A}$ 可逆，向量 $\boldsymbol{a},\boldsymbol{b},\boldsymbol{c}$ 线性无关，所以，向量 $T(\boldsymbol{a}),T(\boldsymbol{b}),T(\boldsymbol{c})$ 也线性无关.

模拟试题参考答案

模拟试题一

一、1. 660； 2. 2； 3. $\frac{15}{2}$； 4. 6.

二、1. (A)； 2. (D)； 3. (D)； 4. (D).

三、$D=\begin{vmatrix}0&7&6&3\\1&2&5&7\\0&5&4&3\\1&4&6&5\end{vmatrix}=\begin{vmatrix}0&7&6&3\\1&2&5&7\\0&5&4&3\\0&2&1&-2\end{vmatrix}=-\begin{vmatrix}7&6&3\\5&4&3\\2&1&-2\end{vmatrix}=-10.$

四、$(\boldsymbol{A}-2\boldsymbol{E})\boldsymbol{X}=\boldsymbol{B}$

$$[\boldsymbol{A}-2\boldsymbol{E},\boldsymbol{B}]=\begin{bmatrix}0&1&1&1&4&3\\-1&-1&1&1&-1&2\\1&-1&-2&6&8&1\end{bmatrix}$$

$$\xrightarrow{行}\begin{bmatrix}1&0&0&16&27&13\\0&1&0&-8&-11&-6\\0&0&1&9&15&9\end{bmatrix},$$

所以 $\boldsymbol{X}=(\boldsymbol{A}-2\boldsymbol{E})^{-1}\boldsymbol{B}=\begin{bmatrix}16&27&13\\-8&-11&-6\\9&15&9\end{bmatrix}.$

五、$4-r(\boldsymbol{A})=2$，故 $r(\boldsymbol{A})=2$，

由 $\boldsymbol{A}\xrightarrow{行}\begin{bmatrix}1&-1&6&0\\0&1&-2&-1\\0&0&2-a&4-2a\end{bmatrix}$ 得 $a=2$.

当 $a=2$ 时通解为 $\boldsymbol{x}=c_1(-4,2,1,0)^{\mathrm{T}}+c_2(1,1,0,1)^{\mathrm{T}}$.

六、增广矩阵 $\boldsymbol{B}\xrightarrow{行}\left[\begin{array}{cccc:c}1&1&2&3&1\\0&1&2&-1&1\\0&0&a+2&2&2\\0&0&0&3&b+6\end{array}\right]$，

(1) 当 $a\neq-2$ 时有唯一解；

(2) 当 $a=-2$ 时，由 $\boldsymbol{B}\xrightarrow{行}\left[\begin{array}{cccc:c}1&1&2&3&1\\0&1&2&-1&1\\0&0&0&1&2\\0&0&0&0&b\end{array}\right]$，知当 $a=-2$ 且 $b\neq0$ 时无解；

(3) 当 $a=-2$ 且 $b=0$ 时有无穷多解，通解为 $\boldsymbol{x}=(-8,3,0,2)^{\mathrm{T}}+c(0,-2,1,0)^{\mathrm{T}}$.

七、由 $\boldsymbol{Ax}=\boldsymbol{0}$ 的解的性质知 $\boldsymbol{\beta}_1,\boldsymbol{\beta}_2,\boldsymbol{\beta}_3$ 均为 $\boldsymbol{Ax}=\boldsymbol{0}$ 的解. 由条件知 $\boldsymbol{Ax}=\boldsymbol{0}$ 的任何 3 个线性无关解均可作为它的基础解系.

由矩阵 $\begin{bmatrix}1 & 1 & 2\\ 2 & 3 & 5\\ 5 & 9 & 3\end{bmatrix}$ 可逆知 $\boldsymbol{\beta}_1,\boldsymbol{\beta}_2,\boldsymbol{\beta}_3$ 线性无关. 故 $\boldsymbol{\beta}_1,\boldsymbol{\beta}_1,\boldsymbol{\beta}_3$ 也可作为 $\boldsymbol{Ax}=\boldsymbol{0}$ 的基础解系.

八、(1) $\boldsymbol{AA}^*=4\boldsymbol{E}$；(2) 两端左乘 $\boldsymbol{A}$ 得 $\lambda\boldsymbol{A\alpha}=4\boldsymbol{\alpha}$，

比较分量得 $\begin{cases}\lambda(2+k+1)=4\\ \lambda(1+2k+1)=4k\end{cases}$，解得 $k=1,\lambda=1$；及 $k=-2,\lambda=4$.

九、取方程组 $\boldsymbol{A}^{\mathrm{T}}\boldsymbol{x}=\boldsymbol{0}$ 的基础解系 $\boldsymbol{\xi}_1,\cdots,\boldsymbol{\xi}_{n-m}$，令矩阵 $\boldsymbol{B}=[\boldsymbol{\xi}_1,\cdots,\boldsymbol{\xi}_{n-m}]$，则满足要求.

用定义可证 $\boldsymbol{A}$ 的列向量组与 $\boldsymbol{\xi}_1,\cdots,\boldsymbol{\xi}_{n-m}$ 合在一起的 n 个向量线性无关，故 $[\boldsymbol{A},\boldsymbol{B}]$ 为 n 阶可逆方阵.

模拟试题二

一、填空题

1. $\dfrac{3}{4}$； 2. $\begin{bmatrix}2 & \frac{1}{2}\\ \frac{1}{2} & 0\end{bmatrix}$； 3. $k(3,2,1,0)^{\mathrm{T}}+(2,2,2,2)^{\mathrm{T}}$，$k$ 为任意常数.

二、单选题

1. (B) 2. (A) 3. (C)

三、$\boldsymbol{a}_1=(1,1,1)^{\mathrm{T}},\boldsymbol{a}_2=(-1,1,1)^{\mathrm{T}}$，

取点 $P_1(0,0,4)\in l_1$，点 $P_2(0,0,0)\in l_2$，$\overrightarrow{P_1P_2}=(0,0,-4)$，

混合积 $[\boldsymbol{a}_1,\boldsymbol{a}_2,\overrightarrow{P_1P_2}]=-8\neq 0$，故 l_1,l_2 异面.

l_1 与 l_2 的距离 $d=\dfrac{|[\boldsymbol{a}_1\quad \boldsymbol{a}_2\quad \overrightarrow{P_1P_2}]|}{\|\boldsymbol{a}_1\times\boldsymbol{a}_2\|}=\dfrac{8}{2\sqrt{2}}=2\sqrt{2}$，

公垂线 l 的方向向量 $\boldsymbol{l}\,/\!/\,(0,1,-1)$，

含 l,l_1 的平面方程为 $-2(x-0)+1(y-0)+1(z-4)=0$ 含 l,l_2 的平面方程为 $-2(x-0)-1(y-0)-1(z+0)=0$ 故公垂线 l 的方程为：

$$\begin{cases}2x-y-z+4=0,\\ 2x+y+z=0.\end{cases}$$

四、$\bar{\boldsymbol{A}}=\left[\begin{array}{ccc:c}\lambda & 1 & 1 & \lambda-3\\ 1 & \lambda & 1 & -2\\ 1 & 1 & \lambda & -2\end{array}\right]\longrightarrow\begin{bmatrix}1 & 1 & \lambda & -2\\ 0 & \lambda-1 & (1-\lambda) & 0\\ 0 & 0 & (\lambda+2)(1-\lambda) & 3(\lambda-1)\end{bmatrix}$，

① 当 $\lambda\neq-2$ 且 $\lambda\neq 1$ 时，$r(\bar{\boldsymbol{A}})=r(\boldsymbol{A})=3$ 方程组有唯一解；

② 当 $\lambda\neq-2$ 时，$r(\bar{\boldsymbol{A}})=2,r(\bar{\boldsymbol{A}})=3$ 方程组无解；

③ 当 $\lambda=1$ 时，$\bar{\boldsymbol{A}}\rightarrow\begin{bmatrix}1 & 1 & 1 & -2\\ 0 & 0 & 0 & 0\\ 0 & 0 & 0 & 0\end{bmatrix}$，$r(\boldsymbol{A})=(\bar{\boldsymbol{A}})=1<3$ 方程组有无穷多解，取一个特

解 $\boldsymbol{\eta}=(-2,0,0)^{\mathrm{T}}$，易得导出组的一个基础解系为：$\boldsymbol{\xi}_1=(-1,1,0)^{\mathrm{T}}$，$\boldsymbol{\xi}_2=(-1,0,1)^{\mathrm{T}}$，

故结构式通解为 $\boldsymbol{x}=\boldsymbol{\eta}+c_1\boldsymbol{\xi}_1+c_2\boldsymbol{\xi}_2$，$c_1$、$c_2$ 为任意常数.

五、记 $\boldsymbol{A}=\begin{bmatrix}1&b&1\\b&a&1\\1&1&1\end{bmatrix}$，$\boldsymbol{D}=\begin{bmatrix}0&&\\&1&\\&&4\end{bmatrix}$，有 $\boldsymbol{P}^{-1}\boldsymbol{AP}=\boldsymbol{P}^{\mathrm{T}}\boldsymbol{AP}=\boldsymbol{D}$，$\lambda_1=0$，$\lambda_2=1$，$\lambda_3=4$.

$\begin{cases}0+1+4=1+a+1\\0\times1\times4=|\boldsymbol{A}|=-(b-1)^2\end{cases}$，故 $a=3$，$b=1$.

对 $\lambda_1=0$，解 $(0\cdot\boldsymbol{I}-\boldsymbol{A})\boldsymbol{x}=\boldsymbol{0}$，得属于 λ_1 的特征向量 $(1,0,-1)^{\mathrm{T}}$；

对 $\lambda_2=1$，解 $(1\cdot\boldsymbol{I}-\boldsymbol{A})\boldsymbol{x}=\boldsymbol{0}$，得属于 λ_2 的特征向量 $(1,-1,1)^{\mathrm{T}}$；

对 $\lambda_3=4$，解 $(4\cdot\boldsymbol{I}-\boldsymbol{A})\boldsymbol{x}=\boldsymbol{0}$，得属于 λ_3 的特征向量 $(1,1,1)^{\mathrm{T}}$.

将上述 3 个特征向量再正交化，单位化，得正交矩阵

$$\boldsymbol{P}=\begin{bmatrix}\frac{1}{\sqrt{2}}&\frac{1}{\sqrt{3}}&\frac{1}{\sqrt{6}}\\0&-\frac{1}{\sqrt{3}}&\frac{2}{\sqrt{6}}\\-\frac{1}{\sqrt{2}}&\frac{1}{\sqrt{3}}&\frac{1}{\sqrt{6}}\end{bmatrix}.$$

六、由题知 $(\boldsymbol{A}-\boldsymbol{I})\boldsymbol{X}=\boldsymbol{A}^2-\boldsymbol{I}=(\boldsymbol{A}-\boldsymbol{I})(\boldsymbol{A}+\boldsymbol{I})$，$\boldsymbol{A}-\boldsymbol{I}=\begin{bmatrix}0&0&1\\0&1&0\\1&0&0\end{bmatrix}$ 可逆.

故 $\boldsymbol{X}=(\boldsymbol{A}-\boldsymbol{I})^{-1}(\boldsymbol{A}-\boldsymbol{I})(\boldsymbol{A}+\boldsymbol{I})=\boldsymbol{A}+\boldsymbol{I}=\begin{bmatrix}2&0&1\\0&3&0\\1&0&2\end{bmatrix}$.

七、(1) W 的基与维数为 A 的列向量组的极大无关组和秩. 记 $\boldsymbol{A}=[\boldsymbol{\alpha}_1\quad\boldsymbol{\alpha}_2\quad\boldsymbol{\alpha}_3\quad\boldsymbol{\alpha}_4]$，可计算出 $\boldsymbol{A}$ 的极大无关组为 $\boldsymbol{\alpha}_1,\boldsymbol{\alpha}_2,\boldsymbol{\alpha}_3$，故 W 的基为 $\boldsymbol{\alpha}_1,\boldsymbol{\alpha}_2,\boldsymbol{\alpha}_3$，维数为 3.

(2) 基 $\boldsymbol{\alpha}_1$、$\boldsymbol{\alpha}_2$、$\boldsymbol{\alpha}_3$ 到 $\boldsymbol{\beta}_1$、$\boldsymbol{\beta}_2$、$\boldsymbol{\beta}_3$ 的过渡矩阵记为 $\boldsymbol{P}$，

即 $\begin{bmatrix}1&0&0\\0&1&0\\0&0&1\end{bmatrix}=\begin{bmatrix}-1&1&0\\1&0&1\\1&-1&1\end{bmatrix}\boldsymbol{P}$，

则 T 在 $\boldsymbol{\beta}_1,\boldsymbol{\beta}_2,\boldsymbol{\beta}_3$ 下的矩阵为 $\boldsymbol{PAP}^{-1}=\begin{bmatrix}-1&1&-2\\2&2&0\\3&0&2\end{bmatrix}$.

八、记 $\boldsymbol{D}=[\boldsymbol{\alpha}_1,\boldsymbol{\alpha}_2,\cdots,\boldsymbol{\alpha}_n]$.

"⇒"由 $\boldsymbol{\alpha}_1,\cdots,\boldsymbol{\alpha}_n$ 线性无关知 $|\boldsymbol{D}|\neq0$，而 $|\boldsymbol{A}|=|\boldsymbol{D}^{\mathrm{T}}\boldsymbol{D}|=|\boldsymbol{D}|^2\neq0$，即 $\boldsymbol{A}$ 可逆，故对任意 n 维列向量 $\boldsymbol{b}$，方程组 $\boldsymbol{AX}=\boldsymbol{b}$ 均有解 $\boldsymbol{X}=\boldsymbol{A}^{-1}\boldsymbol{b}$.

"⇐"分别取 $\boldsymbol{b}=\boldsymbol{\varepsilon}_1,\boldsymbol{\varepsilon}_2,\cdots,\boldsymbol{\varepsilon}_n$，由方程组 $\boldsymbol{AX}=\boldsymbol{b}$ 均有解知，$\boldsymbol{\varepsilon}_1,\boldsymbol{\varepsilon}_2,\cdots,\boldsymbol{\varepsilon}_n$ 与 $\boldsymbol{A}$ 的列向量组等价，故 $r(\mathbf{A})=n$，从而 $|\boldsymbol{A}|=|\boldsymbol{D}^{\mathrm{T}}\boldsymbol{D}|=|\boldsymbol{D}|^2\neq0$，得 $|\boldsymbol{D}|\neq0$，故 $\boldsymbol{\alpha}_1,\cdots,\boldsymbol{\alpha}_n$ 线性无关.

模拟试题三

一、单项选择题

1. (A)； 2. (D)； 3. (B)

二、填空题

1. $x_3 = 2$. 2. $n!$. 3. $\begin{pmatrix} \boldsymbol{O} & \boldsymbol{B}_n^{-1} \\ \boldsymbol{A}_n^{-1} & \boldsymbol{O} \end{pmatrix}$.

三、设柱面上的点为 $\boldsymbol{p}(x,y,z)$，准线 Γ 上的点为 $\boldsymbol{p}_\Gamma(x_\Gamma,y_\Gamma,z_\Gamma)$，则

$$\boldsymbol{p}_\Gamma - \boldsymbol{p} = t(2,1,1),$$

即 $\begin{cases} x_\Gamma - x = 2t \\ y_\Gamma - y = t \\ z_\Gamma - z = t \end{cases}$， 或 $\begin{cases} x_\Gamma = x + 2t \\ y_\Gamma = y + t \\ z_\Gamma = z + t \end{cases}$，

代入 Γ：$\begin{cases} y = 0 \\ z = x^2 \end{cases}$， 得 $\begin{cases} y + t = 0 \\ z + t = (x + 2t)^2 \end{cases}$，

消去 t，即得所求柱面方程 $z - y = (x - 2y)^2$ 或 $x^2 + 4y^2 - 4xy + y - z = 0$.

四、因为方程组 ① 与 ② 的公共解即为联立方程组

$$\begin{cases} x_1 + x_2 + x_3 = 0 \\ x_1 + 2x_2 + ax_3 = 0 \\ x_1 + 4x_2 + a^2 x_3 = 0 \\ x_1 + 2x_2 + x_3 = a - 1 \end{cases} \qquad (*)$$

的解. 所以，对方程组(*)的增广矩阵 $\bar{\mathbf{A}}$ 施以行初等变换：

$$\bar{\mathbf{A}} = \left[\begin{array}{ccc|c} 1 & 1 & 1 & 0 \\ 1 & 2 & a & 0 \\ 1 & 4 & a^2 & 0 \\ 1 & 2 & 1 & a-1 \end{array}\right] \to \left[\begin{array}{ccc|c} 1 & 0 & 1 & 1-a \\ 0 & 1 & 0 & a-1 \\ 0 & 0 & a-1 & 1-a \\ 0 & 0 & 0 & (a-1)(a-2) \end{array}\right] = \boldsymbol{B}.$$

因为方程组(*)有解，所以 $a = 1$ 或 $a = 2$，

当 $a = 1$ 时，$\boldsymbol{B} = \left[\begin{array}{ccc|c} 1 & 0 & 1 & 0 \\ 0 & 1 & 0 & 0 \\ 0 & 0 & 0 & 0 \\ 0 & 0 & 0 & 0 \end{array}\right]$，① 与 ② 的公共解为 $\boldsymbol{x} = k\begin{bmatrix} -1 \\ 0 \\ 1 \end{bmatrix}$；

当 $a = 2$ 时，$\boldsymbol{B} = \left[\begin{array}{ccc|c} 1 & 0 & 0 & 0 \\ 0 & 1 & 0 & 1 \\ 0 & 0 & 1 & -1 \\ 0 & 0 & 0 & 0 \end{array}\right]$，① 与 ② 的公共解为 $\boldsymbol{x} = \begin{bmatrix} 0 \\ 1 \\ -1 \end{bmatrix}$.

五、(1) $|\boldsymbol{A} - \lambda \boldsymbol{E}| = \begin{vmatrix} -\lambda & 2 & 2 \\ 2 & -\lambda & 2 \\ 2 & 2 & -\lambda \end{vmatrix} = (4-\lambda)\begin{vmatrix} 1 & 1 & 1 \\ 2 & -\lambda & 2 \\ 2 & 2 & -\lambda \end{vmatrix} = (4-\lambda)(\lambda+2)^2 = 0$，

解得 $\lambda_1 = 4, \lambda_2 = \lambda_3 = -2$.

当 $\lambda_1 = 4$ 时，$\begin{bmatrix} -4 & 2 & 2 \\ 2 & -4 & 2 \\ 2 & 2 & -4 \end{bmatrix} \rightarrow \begin{bmatrix} 1 & -2 & 1 \\ 0 & -3 & 3 \\ 0 & 0 & 0 \end{bmatrix} \rightarrow \begin{bmatrix} 1 & 0 & -1 \\ 0 & 1 & -1 \\ 0 & 0 & 0 \end{bmatrix} \Rightarrow \boldsymbol{\alpha}_1 = \begin{bmatrix} 1 \\ 1 \\ 1 \end{bmatrix}$；

当 $\lambda_2 = \lambda_3 = -2$ 时，$\begin{bmatrix} 2 & 2 & 2 \\ 2 & 2 & 2 \\ 2 & 2 & 2 \end{bmatrix} \rightarrow \begin{bmatrix} 1 & 1 & 1 \\ 0 & 0 & 0 \\ 0 & 0 & 0 \end{bmatrix} \Rightarrow \boldsymbol{\alpha}_2 = \begin{bmatrix} -1 \\ 1 \\ 0 \end{bmatrix}, \boldsymbol{\alpha}_3 = \begin{bmatrix} -1 \\ 0 \\ 1 \end{bmatrix}$，

正交化，$\boldsymbol{\beta}_1 = \boldsymbol{\alpha}_1, \boldsymbol{\beta}_2 = \boldsymbol{\alpha}_2, \boldsymbol{\beta}_3 = \boldsymbol{\alpha}_3 - \dfrac{\langle \boldsymbol{\alpha}_3, \boldsymbol{\beta}_2 \rangle}{\langle \boldsymbol{\beta}_2, \boldsymbol{\beta}_2 \rangle}\boldsymbol{\beta}_2 = (-\dfrac{1}{2}, -\dfrac{1}{2}, 1)^{\mathrm{T}}$，

单位化，

$$\boldsymbol{\varepsilon}_1 = \frac{\boldsymbol{\beta}_1}{\|\boldsymbol{\beta}_1\|} = (\frac{1}{\sqrt{3}}, \frac{1}{\sqrt{3}}, \frac{1}{\sqrt{3}})^{\mathrm{T}}, \boldsymbol{\varepsilon}_2 = (-\frac{1}{\sqrt{2}}, \frac{1}{\sqrt{2}}, 0)^{\mathrm{T}}, \boldsymbol{\varepsilon}_3 = (-\sqrt{\frac{1}{6}}, -\sqrt{\frac{1}{6}}, \sqrt{\frac{2}{3}})^{\mathrm{T}},$$

令 $\boldsymbol{P} = [\boldsymbol{\varepsilon}_1, \boldsymbol{\varepsilon}_2, \boldsymbol{\varepsilon}_3]$，则 $\boldsymbol{P}^{-1}\boldsymbol{A}\boldsymbol{P} = \begin{bmatrix} 4 & & \\ & -2 & \\ & & -2 \end{bmatrix}$

(2) 做变换 $\boldsymbol{x} = \boldsymbol{P}\boldsymbol{y}$，则 $f(\boldsymbol{x}) = \boldsymbol{x}^{\mathrm{T}}\boldsymbol{A}\boldsymbol{x} = \boldsymbol{y}^{\mathrm{T}}\boldsymbol{P}^{\mathrm{T}}\boldsymbol{A}\boldsymbol{P}\boldsymbol{y} = \boldsymbol{y}^{\mathrm{T}}\boldsymbol{\Lambda}\boldsymbol{y} = 4y_1^2 - 2y_2^2 - 2y_3^2 = -1$，

整理得 $-\dfrac{y_1^2}{\frac{1}{4}} + \dfrac{y_2^2}{\frac{1}{2}} + \dfrac{y_3^2}{\frac{1}{2}} = 1$，为单叶双曲面.

六、由 $\boldsymbol{AX} - \boldsymbol{A} = 3\boldsymbol{X}$，得 $\boldsymbol{AX} - 3\boldsymbol{X} = \boldsymbol{A}$，

$$\text{即 } \boldsymbol{X} = (\boldsymbol{A} - 3\boldsymbol{E})^{-1}\boldsymbol{A} = \begin{pmatrix} -1 & 3 & -1 \\ 2 & -2 & 0 \\ 0 & 4 & 0 \end{pmatrix}^{-1} \begin{pmatrix} 2 & 3 & -1 \\ 2 & 1 & 0 \\ 0 & 4 & 3 \end{pmatrix}$$

$$= \frac{1}{-8}\begin{pmatrix} 0 & -4 & -2 \\ 0 & 0 & -2 \\ 8 & 4 & -4 \end{pmatrix}\begin{pmatrix} 2 & 3 & -1 \\ 2 & 1 & 0 \\ 0 & 4 & 3 \end{pmatrix} = \frac{1}{-8}\begin{pmatrix} -8 & -12 & -6 \\ 0 & -8 & -6 \\ 24 & 12 & -20 \end{pmatrix}$$

$$= \begin{pmatrix} 1 & \frac{3}{2} & \frac{3}{4} \\ 0 & 1 & \frac{3}{4} \\ -3 & -\frac{3}{2} & \frac{5}{2} \end{pmatrix}.$$

七、$[1+x, x+x^2, x^2-1] = [1, x, x^2]\begin{bmatrix} 1 & 0 & -1 \\ 1 & 1 & 0 \\ 0 & 1 & 1 \end{bmatrix}$，而 $\begin{bmatrix} 1 & 0 & -1 \\ 1 & 1 & 0 \\ 0 & 1 & 1 \end{bmatrix} \rightarrow \begin{bmatrix} 1 & 0 & -1 \\ 0 & 1 & 1 \\ 0 & 0 & 0 \end{bmatrix}$，故 $1+x, x+x^2$ 可作为 $\mathrm{span}\{1+x, x+x^2, x^2+1\}$ 的一个基，维数是 2.

八、$T(a,b,c) = \begin{pmatrix} a+b+c & a+c \\ 0 & 2a+b+2c \end{pmatrix} = (E_{11}\ E_{12}\ E_{22})\begin{pmatrix} 1 & 1 & 1 \\ 1 & 0 & 1 \\ 2 & 1 & 2 \end{pmatrix}\begin{pmatrix} a \\ b \\ c \end{pmatrix}$，

而 $\begin{pmatrix} 1 & 1 & 1 \\ 1 & 0 & \\ 2 & 1 & 2 \end{pmatrix} \rightarrow \begin{pmatrix} 1 & 1 & 1 \\ 0 & -1 & 0 \\ 0 & 1 & 0 \end{pmatrix} \rightarrow \begin{pmatrix} 1 & 0 & 1 \\ 0 & 1 & 0 \\ 0 & 0 & 0 \end{pmatrix}$，

故 $R(T)$ 的基为$\begin{pmatrix}1&1\\0&2\end{pmatrix}$,$\begin{pmatrix}1&0\\0&1\end{pmatrix}$,$\ker(T)$ 的其为$\begin{pmatrix}-1&0\\0&1\end{pmatrix}$.

九、设 $t_1(\boldsymbol{\alpha}_1+\boldsymbol{\beta})+t_2(\boldsymbol{\alpha}_2+\boldsymbol{\beta})+\cdots+t_k(\boldsymbol{\alpha}_k+\boldsymbol{\beta})=\mathbf{0}$,则

$$t_1\boldsymbol{\alpha}_1+t_2\boldsymbol{\alpha}_2+\cdots+t_k\boldsymbol{\alpha}_k+(t_1+t_2+\cdots+t_k)\boldsymbol{\beta}=\mathbf{0}, \qquad (*)$$

(*)式左乘 $\boldsymbol{A}$,得 $t_1\boldsymbol{A}\boldsymbol{\alpha}_1+t_2\boldsymbol{A}\boldsymbol{\alpha}_2+\cdots+t_k\boldsymbol{A}\boldsymbol{\alpha}_k+(t_1+t_2+\cdots+t_k)\boldsymbol{A}\boldsymbol{\beta}=\mathbf{0}$,

因为 $\boldsymbol{\alpha}_1,\boldsymbol{\alpha}_2,\cdots,\boldsymbol{\alpha}_k$ 是齐次线性方程组 $\boldsymbol{A}\boldsymbol{x}=\mathbf{0}$ 的基础解系,

所以,$\boldsymbol{A}\boldsymbol{\alpha}_j=\mathbf{0}$,$(t_1+t_2+\cdots+t_k)\boldsymbol{A}\boldsymbol{\beta}=\mathbf{0}$,但 $\boldsymbol{A}\boldsymbol{\beta}\neq\mathbf{0}$,

从而 $t_1+t_2+\cdots+t_k=0$,继而 $t_1\boldsymbol{\alpha}_1+t_2\boldsymbol{\alpha}_2+\cdots+t_k\boldsymbol{\alpha}_k=\mathbf{0}$,

又 $\boldsymbol{\alpha}_1,\boldsymbol{\alpha}_2,\cdots,\boldsymbol{\alpha}_k$ 是齐次线性方程组 $\boldsymbol{A}\boldsymbol{x}=\mathbf{0}$ 的基础解系.

推得 $t_1=t_2=\cdots=t_k=0$, 证毕.

模拟试题四

一、填空题

1. 1000; 2. 9; 3. $-1,0,1$; 4. $0<a<1$.

二、单项选择题

1. (C) 2. (B) 3. (D) 4. (A)

三、设顶点为 $\boldsymbol{p}_0=\mathbf{0}$,准线上的点为 $\boldsymbol{p}_\Gamma$,锥面上的点为 $\boldsymbol{p}$,则

$\boldsymbol{p}_\Gamma-\boldsymbol{p}_0=t(\boldsymbol{p}-\boldsymbol{p}_0)$,即 $\boldsymbol{p}_\Gamma=t\boldsymbol{p}$,因而 $x_\Gamma=tx$,$y_\Gamma=ty$,$z_\Gamma=tz$,

故,$\begin{cases}(tx)^2+(ty)^2+2(tz)^2=1\\tx+ty=tz+1\end{cases}\Rightarrow x^2+y^2+2z^2=(x+y-z)^2$ 解得锥面方程为

$z^2-2xy+2xz+2yz=0$,其在平面 $z=2$ 上的投影为

$\begin{cases}2-xy+2x+2y=0\\z=2\end{cases}$,令 $x=s-t$,$y=s+t$,则

$\begin{cases}s^2-t^2-4s-2=0\\z=2\end{cases}\Rightarrow\begin{cases}(s-2)^2-t^2=6\\z=2\end{cases}\Rightarrow\begin{cases}\dfrac{(s-2)^2}{6}-\dfrac{t^2}{6}=1\\z=2\end{cases}$,此投影曲线是双曲线.

四、$\bar{\boldsymbol{A}}=\left(\begin{array}{cccc:c}1&0&2&a&2\\0&1&-1&0&-1\\1&1&0&a+b&0\\1&1&1&2a&b+1\end{array}\right)\to\left(\begin{array}{cccc:c}1&0&2&a&2\\0&1&-1&0&-1\\0&0&1&-b&1\\0&0&0&a&b\end{array}\right)$,

当 $a=0$,$b\neq0$ 时,无解. 当 $a\neq0$ 时,有唯一解. 当 $a=0$,$b=0$ 时,有无穷多解,此时:

$\left(\begin{array}{cccc:c}1&0&2&a&2\\0&1&-1&0&-1\\0&0&1&-b&1\\0&0&0&a&b\end{array}\right)\to\left(\begin{array}{cccc:c}1&0&0&0&0\\0&1&0&0&0\\0&0&1&0&1\\0&0&0&0&b\end{array}\right)$,故其结构式解为 $\boldsymbol{x}=\begin{pmatrix}0\\0\\1\\0\end{pmatrix}+k\begin{pmatrix}0\\0\\0\\1\end{pmatrix}$.

五、(1) $\boldsymbol{A}=\dfrac{1}{2}(\boldsymbol{B}+\boldsymbol{B}^{\mathrm{T}})=\begin{pmatrix}2&1&1\\1&2&1\\1&1&2\end{pmatrix}$.

(2) $|A-\lambda I| = \begin{vmatrix} 2-\lambda & 1 & 1 \\ 1 & 2-\lambda & 1 \\ 1 & 1 & 2-\lambda \end{vmatrix} = 0 \Rightarrow \lambda_1 = \lambda_2 = 1, \lambda_3 = 4$,

当 $\lambda_1 = \lambda_2 = 1$ 时，$\boldsymbol{\xi}_1 = \begin{pmatrix} -1 \\ 1 \\ 0 \end{pmatrix}, \boldsymbol{\xi}_2 = \begin{pmatrix} -1 \\ 0 \\ 1 \end{pmatrix}$.

正交化：$\boldsymbol{\eta}_1 = \boldsymbol{\xi}_1 = \begin{pmatrix} -1 \\ 1 \\ 0 \end{pmatrix}$；$\boldsymbol{\eta}_2 = \boldsymbol{\xi}_2 - \dfrac{\boldsymbol{\xi}_2^{\mathrm{T}}\boldsymbol{\eta}_1}{\boldsymbol{\eta}_1^{\mathrm{T}}\boldsymbol{\eta}_1}\boldsymbol{\eta}_1 = \dfrac{1}{2}\begin{pmatrix} -1 \\ -1 \\ 2 \end{pmatrix}$,

当 $\lambda_3 = 4$ 时，$\boldsymbol{\xi}_3 = \begin{pmatrix} 1 \\ 1 \\ 1 \end{pmatrix}$,

规范化：$\boldsymbol{\varepsilon}_1 = \dfrac{\boldsymbol{\eta}_1}{\|\boldsymbol{\eta}_1\|} = \begin{pmatrix} -\frac{1}{\sqrt{2}} \\ \frac{1}{\sqrt{2}} \\ 0 \end{pmatrix}, \boldsymbol{\varepsilon}_2 = \dfrac{\boldsymbol{\eta}_2}{\|\boldsymbol{\eta}_2\|} = \begin{pmatrix} -\frac{1}{\sqrt{6}} \\ -\frac{1}{\sqrt{6}} \\ \frac{2}{\sqrt{6}} \end{pmatrix}, \boldsymbol{\varepsilon}_3 = \dfrac{\boldsymbol{\xi}_3}{\|\boldsymbol{\xi}_3\|} = \begin{pmatrix} \frac{1}{\sqrt{3}} \\ \frac{1}{\sqrt{3}} \\ \frac{1}{\sqrt{3}} \end{pmatrix}$,

令 $\boldsymbol{P} = [\boldsymbol{\varepsilon}_1, \boldsymbol{\varepsilon}_2, \boldsymbol{\varepsilon}_3]$，则 $\boldsymbol{P}^{-1}\boldsymbol{AP} = \begin{bmatrix} 1 & & \\ & 1 & \\ & & 4 \end{bmatrix}$，且 $\boldsymbol{P} = [\boldsymbol{\varepsilon}_1, \boldsymbol{\varepsilon}_2, \boldsymbol{\varepsilon}_3]$ 为正交矩阵；

(3) 令 $\boldsymbol{C} = \boldsymbol{P}\begin{pmatrix} 1 & & \\ & 1 & \\ & & 1/2 \end{pmatrix}$，则 $f(\boldsymbol{x}) = \boldsymbol{x}^{\mathrm{T}}\boldsymbol{Ax} = \boldsymbol{y}^{\mathrm{T}}\boldsymbol{C}^{\mathrm{T}}\boldsymbol{ACy} = \boldsymbol{y}^{\mathrm{T}}\boldsymbol{y} = y_1^2 + y_2^2 + y_3^2$.

六、$(\boldsymbol{\alpha}_1, \boldsymbol{\alpha}_2, \boldsymbol{\alpha}_3 \mid \boldsymbol{\beta}_1, \boldsymbol{\beta}_3) = \left(\begin{array}{ccc|cc} 2 & 1 & 1 & 3 & 4 \\ 2 & 0 & 2 & 4 & 2 \\ 2 & 2 & 0 & 2 & 6 \\ 1 & 1 & 1 & 3 & 3 \end{array}\right) \to \left(\begin{array}{ccc|cc} 1 & 1 & 1 & 3 & 3 \\ 0 & -1 & -1 & -3 & -2 \\ 0 & 0 & -2 & -4 & 0 \\ 0 & -2 & 0 & -2 & -4 \end{array}\right) \to$

$\left(\begin{array}{ccc|cc} 1 & 0 & 0 & 0 & 1 \\ 0 & -1 & -1 & -3 & -2 \\ 0 & 0 & 1 & 2 & 0 \\ 0 & 1 & 0 & 1 & 0 \end{array}\right) \to \left(\begin{array}{ccc|cc} 1 & 0 & 0 & 0 & 1 \\ 0 & 1 & 0 & 1 & 2 \\ 0 & 0 & 1 & 2 & 0 \\ 0 & 0 & 0 & 0 & 0 \end{array}\right)$，故，$\boldsymbol{\beta}_1$、$\boldsymbol{\beta}_2$ 可以由向量组 $\boldsymbol{\alpha}_1$、$\boldsymbol{\alpha}_2$、$\boldsymbol{\alpha}_3$ 线性表示，且

$\boldsymbol{\beta}_1 = \boldsymbol{\alpha}_2 + 2\boldsymbol{\alpha}_3, \boldsymbol{\beta}_2 = \boldsymbol{\alpha}_1 + 2\boldsymbol{\alpha}_2$.

七、(1) 由题设知，$[\boldsymbol{\alpha}_1, \boldsymbol{\alpha}_2, \boldsymbol{\alpha}_3] = [\boldsymbol{\varepsilon}_1, \boldsymbol{\varepsilon}_2, \boldsymbol{\varepsilon}_3]\begin{pmatrix} 1 & 3 & 2 \\ -1 & -2 & 1 \\ 2 & 5 & 1 \end{pmatrix}$，而

$\begin{pmatrix} 1 & 3 & 2 \\ -1 & -2 & 1 \\ 2 & 5 & 1 \end{pmatrix} \to \begin{pmatrix} 1 & 3 & 2 \\ 0 & 1 & 3 \\ 0 & -1 & -3 \end{pmatrix} \to \begin{pmatrix} 1 & 3 & 2 \\ 0 & 1 & 3 \\ 0 & 0 & 0 \end{pmatrix}$ 故，$\boldsymbol{\alpha}_1$、$\boldsymbol{\alpha}_2$ 线性无关，可作为 span{$\boldsymbol{\alpha}_1, \boldsymbol{\alpha}_2$,

$\alpha_3\}$ 的一个基，且其维数为 2；

(2) $A = \begin{pmatrix} 1 & 3 & 2 \\ -1 & -2 & 1 \\ 2 & 5 & 1 \end{pmatrix} \to \begin{pmatrix} 1 & 3 & 2 \\ 0 & 1 & 3 \\ 0 & -1 & -3 \end{pmatrix} \to \begin{pmatrix} 1 & 0 & -7 \\ 0 & 1 & 3 \\ 0 & 0 & 0 \end{pmatrix}$，故 $\boldsymbol{Ax} = \boldsymbol{0}$ 的结构解 $\boldsymbol{x} = k\begin{pmatrix} 7 \\ -3 \\ 1 \end{pmatrix}$，

故，ker(T) 的一个基为 $7 \circ \varepsilon_1 \oplus (-3) \circ \varepsilon_2 \oplus \varepsilon_3$. $T(V)$ 的一个基为 $\varepsilon_1 \oplus (-1) \circ \varepsilon_2 \oplus 2 \circ \varepsilon_3, 3 \circ \varepsilon_1 \oplus (-2) \circ \varepsilon_2 \oplus 5 \circ \varepsilon_3$.

八、因为 $\boldsymbol{\alpha}^{\mathrm{T}}\boldsymbol{\beta} = a_1b_1 + a_2b_2 + a_3b_3 = 2 \neq 0$，故 $r(\boldsymbol{A}) = 1$，

故 $\lambda_1 = \lambda_2 = 0$ 是 A 的两个特征值，又 $0 + 0 + \lambda_3 = a_1b_1 + a_2b_2 + a_3b_3 = 2, \lambda_3 = 2$，

对应于 $\lambda_2 = \lambda_1 = 0$ 的特征向量是方程 $b_1x_1 + b_2x_2 + b_3x_3 = 0$，的基础解系，不妨设 $a_1b_1 \neq 0$，因而 $\boldsymbol{\xi}_1 = (b_2, -b_1, 0)^{\mathrm{T}}, \boldsymbol{\xi}_2 = (b_3, 0, -b_1)^{\mathrm{T}}$，又 $\boldsymbol{A\alpha} = (\boldsymbol{\alpha\beta}^{\mathrm{T}})\boldsymbol{\alpha} = \boldsymbol{\alpha}(\boldsymbol{\beta}^{\mathrm{T}}\boldsymbol{\alpha}) = 2\boldsymbol{\alpha}, \boldsymbol{\xi}_3 = \boldsymbol{\alpha}$，于是 $\boldsymbol{P} = (\boldsymbol{\xi}_1, \boldsymbol{\xi}_2, \boldsymbol{\xi}_3), \boldsymbol{\Lambda} = \begin{pmatrix} 0 & 0 & 0 \\ 0 & 0 & 0 \\ 0 & 0 & 2 \end{pmatrix}$.

模拟试题五

一、1. 72；　2. -2；　3. 1；　4. $a > 10$.

二、1. (A)；　2. (B)；　3. (D)；　4. (B).

三、因 $\boldsymbol{AA}^* = |\boldsymbol{A}|\boldsymbol{I}, (3')$，两端同乘 $\boldsymbol{A}$，$|\boldsymbol{A}| = 4$，化简得 $(2\boldsymbol{I} - \boldsymbol{A})\boldsymbol{B} = \boldsymbol{A}$，

$(2\boldsymbol{I} - \boldsymbol{A})^{-1} = \frac{1}{2}\begin{pmatrix} 1 & 1 & 0 \\ 0 & 1 & 1 \\ 1 & 0 & 1 \end{pmatrix}, \boldsymbol{B} = (2\boldsymbol{I} - \boldsymbol{A})^{-1}\boldsymbol{A} = \begin{pmatrix} 0 & 1 & 0 \\ 0 & 0 & 1 \\ 1 & 0 & 0 \end{pmatrix}$.

四、(1) $\boldsymbol{a}_1 \times \boldsymbol{a}_2 = (4, 0, 4) \parallel (1, 0, 1)$.

平面 π 的法向量为 $\boldsymbol{n} = (1, 0, 1) \times (-2, -3, 2) = (3, -4, -3)$，

故平面方程为 $3(x - 1) - 4y - 3z = 0$.

(2) 将 $L_2: x = 2t + 3, y = t - 1, z = -2t - 2$ 代入 π 得 $t = -2$，交点 $(-1, -3, 2)$.

故 L_1 与 L_2 的公垂线的方程 $\frac{x+1}{1} = \frac{y+3}{0} = \frac{z-2}{1}$.

五、增广矩阵 $(\boldsymbol{A}, \boldsymbol{b}) \to \begin{pmatrix} 1 & 2 & 0 & 2 & 0 \\ 0 & 1 & -2 & -1 & 1 \\ 0 & 0 & 2-a & 0 & 0 \\ 0 & 0 & 0 & a-2 & b+1 \end{pmatrix}$，

(1) 当 $a \neq 2$ 时，$r(\boldsymbol{A}) = r(\bar{\boldsymbol{A}}) = 4$，方程组有唯一解，

(2) 当 $a = 2$，且 $b \neq -1$ 时，$r(\boldsymbol{A}) = 2, r(\bar{\boldsymbol{A}}) = 3$，方程组无解，

(3) 当 $a = 2$ 且 $b = -1$ 时，$r(\boldsymbol{A}) = r(\bar{\boldsymbol{A}}) = 2$ 该方程组有无穷多解，其结构式通解为，$\boldsymbol{x} = (-2, 1, 0, 0)^{\mathrm{T}} + c_1(-4, 2, 1, 0)^{\mathrm{T}} + c_2(-4, 1, 0, 1)^{\mathrm{T}}$.

六、(1) $\boldsymbol{A}=\begin{pmatrix}4&2&2\\2&4&-2\\2&-2&4\end{pmatrix}$；(2) 特征值为 $\lambda_1=\lambda_2=6,\lambda_3=0$，当 $\lambda_1=\lambda_2=6$ 时特征向量为 $\boldsymbol{e}_1=\frac{1}{\sqrt{2}}\begin{pmatrix}0\\-1\\1\end{pmatrix}$，$\boldsymbol{e}_2=\frac{1}{\sqrt{6}}\begin{pmatrix}2\\1\\1\end{pmatrix}$，当 $\lambda_3=0$ 时，$\boldsymbol{e}_3=\frac{1}{\sqrt{3}}\begin{pmatrix}-1\\1\\1\end{pmatrix}$，取 $\boldsymbol{P}=(\boldsymbol{e}_1,\boldsymbol{e}_2,\boldsymbol{e}_3)$ 为正交矩阵，可，使 $\boldsymbol{P}^{-1}\boldsymbol{AP}=\mathrm{diag}(6,6,0)$；

(3) $f=6y_1^2+6y_2^2$ 在正交变换 $\boldsymbol{x}=\boldsymbol{Py}$ 下化成的标准形.

七、(1) 因 $\lambda_1\lambda_2\lambda_3=|\boldsymbol{A}|$ 得 $a=-2$；

(2) 特征值为 $\lambda_1=\lambda_2=2,\lambda_3=6$，又当 $\lambda_1=\lambda_2=2$ 时，$r(2\boldsymbol{I}-\boldsymbol{A})=1$，即代数重数等于几何重数，故 $\boldsymbol{A}$ 能对角化，由其特征向量得可逆矩阵 $\boldsymbol{P}=\begin{pmatrix}2&-3&1\\1&0&1\\0&1&-1\end{pmatrix}$，使 $\boldsymbol{P}^{-1}\boldsymbol{AP}=\boldsymbol{D}=\mathrm{diag}(2,2,6)$ 为对角阵.

八、W 为三维空间，故任意三个线性无关的元素均可作为其基，

令 $k_1A_1+k_2A_2+k_3A_3=0$，得 $k_1=k_2=k_3=0$ 故线性无关，是 W 的一个基.

九、由基(Ⅰ)到的基(Ⅱ)的过渡矩阵为 $\boldsymbol{C}=\begin{pmatrix}1&1&1\\0&1&1\\0&0&1\end{pmatrix}$，

则 T 在 $F[x]_2$ 的基(Ⅱ)：下的矩阵为 $\boldsymbol{C}^{-1}\boldsymbol{AC}=\begin{pmatrix}2&4&4\\-3&-4&-6\\2&3&8\end{pmatrix}$.

十、必要性：由 $\boldsymbol{A}^2=\boldsymbol{A}\Rightarrow\boldsymbol{A}(\boldsymbol{A}-\boldsymbol{I})=0\Rightarrow r(\boldsymbol{A})+r(\boldsymbol{A}-\boldsymbol{I})\leqslant n$，

又 $r(\boldsymbol{A})+r(\boldsymbol{A}-\boldsymbol{I})=r(\boldsymbol{A})+r(\boldsymbol{I}-\boldsymbol{A})\geqslant r(\boldsymbol{I})=n$ 故 $r(\boldsymbol{A})+r(\boldsymbol{A}-\boldsymbol{I})=n$.

充分性：设 $r(\boldsymbol{A})=r,0<r<n,r(\boldsymbol{A}-\boldsymbol{I})=n-r$，得方程组 $\boldsymbol{Ax}=\boldsymbol{0}$ 的基础解系含 $n-r$ 个向量，即得属于特征值零的线性无关的特征向量有 $n-r$ 个；又因方程组 $(\boldsymbol{A}-\boldsymbol{I})\boldsymbol{x}=\boldsymbol{0}$ 的基础解系含 r 个向量，即得属于特征值 1 的线性无关的特征向量有 r 个，即代数重数等于几何重数，$\boldsymbol{A}$ 有 n 个线性无关的特征向量，所以 $\boldsymbol{A}$ 可对角化. 即存在可逆的 $\boldsymbol{P}$，使 $\boldsymbol{P}^{-1}\boldsymbol{AP}=\boldsymbol{D}=\begin{pmatrix}I_r&0\\0&0_{n-r}\end{pmatrix}$，

$\boldsymbol{A}=\boldsymbol{PDP}^{-1}$，$\boldsymbol{A}^2=\boldsymbol{PDP}^{-1}\boldsymbol{PDP}^{-1}=\boldsymbol{PD}^2\boldsymbol{P}^{-1}=\boldsymbol{PDP}^{-1}=\boldsymbol{A}$